落实“中央城市工作会议”系列

装配式建筑丛

丛书 主 编 顾

副主编 胡

装配式建筑 EPC 总包管理

Prefabricated Building EPC Management

齐 奕 顾勇新 编著

中国建筑工业出版社

顾勇新

中国建筑学会监事（原副秘书长）；中国建筑学会建筑产业现代化发展委员会副主任、中国建筑学会数字建造学术委员会副主任、中国建筑学会工业化建筑学术委员会常务理事；教授级高级工程师，西南交通大学兼职教授。

具有三十年工程建设行业管理、工程实践及科研经历，主创项目曾荣获北京市科技进步奖。担任全国建筑业新技术应用示范工程、国家级工法评审及行业重大课题的评审工作。

近十年主要从事绿色建筑、数字建造、建筑工业化的理论研究和实践探索，著有《匠意创作——当代中国建筑师访谈录》《思辨轨迹——当代中国建筑师访谈录》《建筑业可持续发展思考》《清水混凝土工程施工技术与工艺》《住宅精品工程实施指南》《建筑精品工程策划与实施》《建筑设备安装工程创优策划与实施》等著作。

齐奕

齐奕，工学博士，硕士生导师，深圳大学建筑与城市规划学院副院长。

现为中国建筑学会医疗建筑分会理事、计算性设计学术委员会理事、乡土建筑分会理事、立体城市与复合建筑专业委员会委员、地下空间分会委员、建筑教育评估分会会员、深圳市装配式建筑专家库专家、第9届奥地利领袖计划（Austrian Leadership Programs, ALPS）成员。

主要研究方向为医疗建筑、装配式建筑、计算性设计。主持并参与包括国家自然科学基金在内的国家级、省市级课题10余项；在《建筑师》《世界建筑》等期刊上发表论文10余篇；指导学生参加UIA-PHG、UIA霍普、《中国建筑教育》清润奖等设计竞赛、论文竞赛获奖13项；在2017年、2019年深港城市\建筑双城双年展中联合策展两次。

总序

顾勇新

党的十九大提出了以创新、协调、绿色、开放和共享为核心的新时代发展理念，这也为建筑业指明了未来全新的发展方向。2016年9月，国务院办公厅在《关于大力发展装配式建筑的指导意见》（国办发［2016］71号）中要求："坚持标准化设计、工业化生产、装配化施工、一体化装修、信息化管理、智能化应用，提高技术水平和工程质量，促进建筑产业转型升级"。秉承绿色化、工业化、信息化、标准化的先进理念，促进建筑行业产业转型，实现高质量发展。

今天的建筑业已经站上了全新的起点。启程在即，我们必须认真思考两个重要的问题：第一，如何保证建筑业高质量的发展；第二，应用什么作为抓手来促进传统建筑业的转型与升级。

通过坚定不移的去走建筑工业化道路，相信能使我们找到想要的答案。

装配式建筑在中国出现已60余年，先后经历了兴起、停滞、重新认识和再次提升四个发展阶段，虽然提法几经转变，发展曲折起伏，但也证明了它将是历史发展的必然。早在1962年，梁思成先生就在人民日报撰文呼吁："在将来大规模建设中尽可能早日实现建筑工业化……我们的建筑工作不要再'拖泥带水'了。"时至今日，随着国家对装配式建筑在政策、市场和标准化等方面的大力扶持，装配式技术迈向了高速发展的春天，同时也迎来了新的挑战。

装配式建筑对国家发展的战略价值不亚于高铁，在"一带一路"规划的实施中也具有积极的引领作用。认真研究装配式建筑的战略机遇、分析现存的问题、思考加快工业化发展的对策，对装配式技术的良性发展具有重要的现实意义和长远的战略意义。

装配式建筑是实现建筑工业化的重要途径，然而，目前全方位展示我国装配式建筑成果、系统总结技术和管理经验的专著仍不够系统。为弥补缺憾，本丛书从建筑设计、实际案例、EPC总包、构件制造、建筑施工、装配式内装等全方位、全过程、全产业链，系统论述了中国装配建筑产业的现状与未来。

建筑工业化发展不仅强调高效，更要追求创新，目的在于提高品质。“集成”是这一轮建筑工业化的核心。工业化建筑的起点是工业化设计理念和集成一体化设计思维，以信息化、标准化、工业化、部品化（四化）生产和减少现场作业、减少现场湿作业、减少人工工作量、减少建筑垃圾（四减）为主，“让工厂的归工厂，工地的归工地”。可喜的是，在我们调研、考察的过程中，已经看到业内人士的相关探索与实践。要推进装配式建筑全产业链建设，需要全方位审视建筑设计、生产制作、运输配送、施工安装、验收运营等每个环节。走装配式建筑道路是为了提高效率、降低成本、减少污染、节约能源，促进建筑业产业转型与技术提升，所以，装配式建筑应大力推广和倡导EPC总包设计一体化。随着信息技术、互联网，尤其是5G技术的发展，新的数字工业化方式必将带来新的设计与建造理念、新的设计美学和建筑价值观。

本丛书主要以“访谈”为基本形式，同时运用经典案例、专家点评、大讲堂等方式，努力丰富内容表达。“访谈录”古已有之，上可溯至孔子的《论语》。通过当事人的讲述生动还原他们的时代背景、从业经历、技术理念和学术思想。访谈过程开放、兼容，为每位访谈者定制提问，带给读者精彩的阅读体验。

本丛书共计访谈100余位来自设计、施工、制造等不同领域的装配式行业翘楚，他们从各自的专业视角出发，坦言其在行业发展过程中的工作坎坷、成长经历及学术感悟，对装配式建筑的生态环境阐述自己的见解，赤诚之心溢于言表。

我们身处巨变的年代，每一天都是历史，每一个维度、每一刻都值得被客观专业的方式记录。本套丛书注重学术性与现实性，编者辗转中国、美国和日本，历时3年，共计采集150多小时的录音与视频、整理出500多万字的资料，最后精简为近300万字的书稿。书中收录了近1800张图片和照片，均由受访者亲自授权，为国内同类出版物所罕见，对于当代装配式建筑的研究与创作具有非常珍贵的史料价值。通过阅读本套丛书，希望读者领略装配式建筑的无限可能，在与行业精英思想的碰撞激荡中得到有益启迪。

丛书虽多方搜集资料和研究成果，但由于时间和精力所限，难免存在疏漏与不足，希望装配式建筑领域的同仁提出宝贵意见和建议，以便将来修订和进一步完善。最后，衷心感谢访谈者在百忙之中的积极合作，衷心感谢编辑为本丛书的出版所付出的巨大努力，希望装配式建筑领域的同仁通力合作，携手并进，共创装配式建筑的美好明天！

序

孟建民

我与装配式建筑的结缘，要追溯到十年前。当时深圳市缺少高质量建设保障性住房的顶层设计。因此，我向市里申请了一个课题——“深圳市保障性住房标准化系列化研究”。课题从居住者需求入手，对深圳市保障性住房建设的政策制定、标准化设计、工业化建造工法、BIM技术应用等方面等进行了系统性研究与探索，这些研究成果后来成为深圳市装配式建筑发展的基础。与此同时，具有设计、生产、施工一体化特征的装配式建筑也开始受到广泛关注。

装配式建筑以建造方式变革为切入，以标准化设计、工厂化生产、装配化施工、一体化装修、信息化管理、智慧化应用的“六化一体”为特征，关注建筑的全专业协同与全过程统合，这与我的本原设计理念之三全方法论有些共性，那就是大家都关注建筑在全生命周期内对人的终极关怀。然而，传统的设计与生产相分离的生产方式，已不满足装配式建筑的需求，新时代建筑业亟须一种适应装配式建筑特征的新型建造方式与建筑管理模式，因此EPC总包管理模式顺势而生。

顾勇新教授与齐奕老师共同编写的《装配式建筑EPC总包管理》一书，将装配式建筑EPC总包管理的核心理念、创新模式、过程管控、协同方法与技术应用进行了系统化的梳理与总结。该书着眼于全产业链的整合贯通，以“设计—制造—建造”一体化为指导思想，结合居住、办公、校园等多种建筑类型，展现出BIM、人工智能、无人机等新兴智能建造技术在装配式建筑EPC总包中的应用场景与技术优势。

该书的编写是一次跨学科、跨领域、跨类型的学术探索，既为建筑师、工程师等工程和建设从业者提供了全局视野和案例参考，也为我国未来深入推进装配式建筑EPC总包提供了宝贵经验。

孟建民

中国工程院院士　全国工程勘察设计大师

2020年12月于深圳

前言

齐奕

继《装配式建筑对话》《装配式建筑设计》《装配式建筑案例》三本装配式建筑丛书出版后，《装配式建筑EPC总包管理》如约而至。该书从EPC总包视角收录了10个具有代表性的案例。相较于前三本书侧重于从建筑设计的视域分析“装配式建筑”，本书则更倾向于从“设计—制造—建造”一体化的视角解读EPC工程总承包。全书以10个案例展开，由10位专家引领，分别是叶浩文、戴立先、朱竞翔、孙晖、刘威、邓世斌、龙玉峰、董浩明、龚咏晖、李华新。EPC引领专家的背景有建筑师，也有结构工程师。案例涵盖居住、办公、校园、厂房、商业等多种建筑类型。案例之间EPC理念不同，技术体系各具特色，全书涵盖PC、钢结构、箱式等结构体系，涉及BIM、人工智能、无人机等智能建造技术。所有案例均有一定代表性和示范性，在规模、装配率、类型、理念、技术体系等方面多为国内首创或者地区典型案例。多个案例被列入国家、省市的示范工程项目，有的案例更被列为国家重点研发计划示范项目。案例介绍与分析展现出装配式建筑EPC在深圳、上海、成都等地不同的理念与模式，探索与实践，也展现了项目在不同地区政策、气候、技术约束条件下的各自策略。书中有的以建筑设计团队牵头EPC总包模式，注重以“建筑师负责制”为指导思想；也有的以结构施工管理为牵头的EPC 总包模式，强调EPC过程中的管理创新。不同牵头团队在装配式EPC的理念、流程、体系存在差异，各具优势与特色，为建筑师、工程师、施工监理等不同读者提供了多样化视角和跨领域思维。书中案例通过项目概况、EPC管理模式、标准化设计、工厂化制造、装配化施工、信息化管理、EPC管理成效、团队档案八方面全景展现装配式建筑EPC的理念、方法、技术与流程，同时力图凸显每个案例各自的EPC模式、策略及特征。

1）裕璟幸福家园采用“研发（Research）+设计（Engineering）+制造（Manufacture）+采购（Procucement）+施工（Construction）”的“REMPC”的管理模式以及“11231”管理方法，以“深圳市保障性住房标准化系列化研究课题”研究成果为理论基础，通过标准化设计、智慧化建造等方式，成了深圳市预制、装配率最高的保障性住房项目。

2）深圳市公安局第三代指挥中心通过多线型架构、多团队协同，在结构、立面、构件部品进行标准化设计基础上，整合运用智能制造技术、装配施工技术以及融合无人机、AI人脸识别、VR、智能检测平台的施工管理技术，实现科学决策和智慧建造。

3）深圳市梅丽小学腾挪校舍是国内首创的校园腾挪模式，采取就近安置，利用城市零星土地，快速提供高品质装配式过渡期校舍。建筑采用轻型钢结构装配建筑系统，通过一体化设计、BIM信息统筹、工业化制作、高效装配式施工以及透明开放的建设管理，实现快速整合预制。建筑在设计研究先行，设计、制造、建造一体化，公众参与，技术创新与社会组织方面进行了EPC尝试与探索。

4）中建科技集团坪山三校EPC项目实为三所不同的装配式学校，三所学校充分发挥中建科技集团REMPC的EPC五位一体的总成包管理模式优势，辅以“装配式智慧建造平台”，实现装配式学校的“深圳速度”与“闪建模式”，为深圳学位紧张这一重要社会民生问题提供“建筑”智慧。案例通过空间模块化设计，使得有限模块，无限生长。建筑形式在遵循模数原则基础上，通过模块尺寸、位置、色彩、肌理实现了建筑形体的多样化，构建二维码追踪以及AI、无人机智能行为管控有效提升了施工的自动化、信息化和智能化。

5）顾村世界外国语学校新建工程在总包方统一策划下，探索装配式建筑+EPC模式，以设计为核心，发挥设计的主导作用，充分考虑模具设计、构建生产的标准化、模数化，发挥预制构件生产自动化、规模化优势。项目借助完善的施工工人培训机制、施工进度科学分配，达到了提质增效的目标。

6）天府新区新兴工业园服务中心为西部首例装配式高层公共建筑，规模大、功能多、造型相对复杂。EPC团队创新EPC流程，在平面、立面、节点设计方面充分进行多角度、多方案比选，达成建造过程最优化目标，凭借“五化一体”的EPC工程总承包模式，通过BIM信息平台数字信息化管理，实现了质量提升、造价控制、工期缩短等多重目标。

7）华阳国际现代建筑产业中心1号厂房中，团队首创PIGR科技建造体系（工业化、智慧化、绿色化、精细化），开发和应用BIM全过程应用、轻质混凝土预制、PC有轨定位等十项技术，实现项目的“四化”。在预制系统中，由5种标准化窗洞单元部品既体现了装配式建筑“少规格、多组合”的思想，又一定程度上实现了立面肌理的丰富多样性。

8）上海申旺路519号生产试验用房改扩建是上海首个工程总承包和建筑师负责制试点项目，该项目采用“工业化、绿色化、智能化”三化合一的技术体系，借助“6E、6借”设计理念实现绿色、健康的性能提升，探索出集“工程设计、设计管理、采购、施工、生产”为一体的建筑师负责制工程总承包模式，实现了绿色、低碳、智慧多维度的综合技术集成与模式创新。

9）南通市政务中心停车综合楼原方案设计采用现浇框架剪力墙体系，后因需缩短施工周期，提高建造效率，尽快解决项目周边停车位严重不足问题，项目改为装配式设计与建造，通过柱网优化、立面规整、结构简化、减少构件、节点设计等步骤实现了标准化、模数化设计和工业化快速建造、装修一体化的目标。多年积累的工业化施工以及全流程协同经验成为EPC总包的有效保障。

10）上海普洲电器有限公司新造厂房作为上海市第一个以设计牵头的EPC工程，凭借自主开发的BIM平台和EPC工程总承包模式，通过技术系统集成和管理高效协同，实现了设计的精细化、生产的标准化和施工的高效化。

在“中国制造2025”和“新基建”的宏观背景下，建筑业向工业化、信息化发展是未来的必然趋势。2020年7月，住房城乡建设部等13部委在共同发布的《推动智能建造与建筑工业化协同发展的指导意见》中明确提出未来建筑将向工业化、数字化、智能化升级纵深发展。智能建造产业体系涵盖科研、设计、生产加工、施工装配、运营全流程。装配式建筑EPC总包是对传统建筑业的一次全面整合升级，实际上可理解为“装配式建筑+EPC”，既包括以“两提两减”为目标的技术体系升级，也包括以“设计、制造、建造”一体化为目标的产业整合。伴随ICT、互联网+、BIM、建造机器人、人工智能等新兴技术的不断涌现，建筑工业化向智能建造发展迎来新契机，本书既是对装配式建筑EPC创新尝试的一次小结，更是对未来智慧建造场景的速写。

时不我待，正逢其时！装配式建筑EPC总包需要更多学者、行业专家通力协作，共同探索并发展智慧建造的新理论、新方法、新技术。

朱竞翔

董浩明

李新华

目录

叶浩文

教授级高级工程师，国家注册一级建造师。中建集团战略研究院特聘研究员、中建技术中心首席专家，曾任中国建筑股份有限公司副总工程师、中建科技集团有限公司董事长、中国建筑第四工程局有限公司董事长。

长期研究建筑工业化一体化建造系统理论与关键技术和工程施工技术，是国家“十三五”项目“预制装配式混凝土结构建筑产业化关键技术”的负责人和绿色建筑与建筑工业化专项协同攻关组组长，开展了建筑工业化一体化建造系统理论与关键技术的联动研究。

出版专著《一体化建造》，主编《装配式混凝土建筑设计》等；主编国家《装配式混凝土建筑技术标准》（施工安装部分）、参编《装配式钢结构建筑技术标准》和《装配式建筑评价标准》，主编高等学校规划教材《装配式建筑概论》，推进了我国装配式建筑的发展。主持建造了广州东塔（111层）和西塔（103层）、深圳市坪山裕璟幸福家园EPC工程总承包项目等10余项重大工程，曾获国家技术发明二等奖和国家科技进步二等奖、茅以升科学技术奖,全国优秀项目经理等。

设计理念

一体化建造：装配式建筑“三个一体化”发展理念，一是从技术与产品的角度提出建筑、结构、机电、装修一体化；二是从系统工程的角度提出设计、生产、施工一体化；三是从行业可持续发展的角度提出技术、管理、市场一体化。提出并推行装配式建筑REMPC管理模式，将“科研（R）、设计（E）、制造（M）、采购（P）、建造（C）”融为一体。从而实现设计施工的一体化建造。

标准化设计：预制装配式建筑“四个标准化”设计方法，即平面标准化、立面标准化、构件标准化和部品部件标准化。找到标准化与多样性的统一规律，使标准化构件能在工厂规模化生产，在现场组装成丰富多彩的平面和立面。

图1 裕璟幸福家园鸟瞰实景图

裕璟幸福家园

设计时间	2015年
竣工时间	2018年
建筑面积	64050m^2
地　　点	深圳
建筑类型	居住建筑
设计单位	中建科技集团有限公司
监理单位	深圳市邦迪工程顾问有限公司
施工单位	中国建筑股份有限公司/中建科技集团有限公司

1 项目概况

裕璟幸福家园项目位于深圳市坪山区，项目总建筑面积64050m^2，主要为高层保障性住房及相关配套功能。项目采用装配整体式混凝土剪力墙结构体系，工程预制率约为50%，装配率约为70%。

本项目按照“标准化设计、工业化生产、装配化施工、一体化装修、信息化管理”的原则，以科研设计一体化为技术支撑，以BIM为高效工具，以EPC管理为保障手段，探索践行以“研发、设计、采购、制造、施工管理”的装配式建筑项目实施全过程的REMPC管理模式。充分发挥装配式建筑总承包单位全产业链的自身实力和技术优势。

项目为“十三五”项目“绿色建筑及建筑工业化重点专项”示范项目，并先后荣获省、市绿色施工示范工程，省、市安全文明施工示范项目，省、市优质结构，市绿色建筑二星标识，中国建筑纪念改革开放40周年示范项目等奖项。

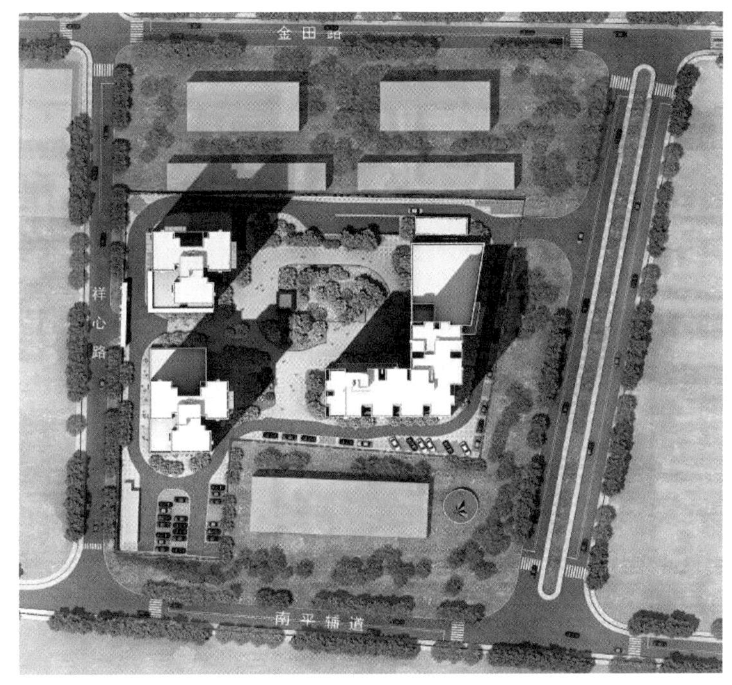

图2　裕璟幸福家园项目　总平面图

图3　裕璟幸福家园项目　鸟瞰效果图

2 EPC管理模式概述

项目紧密结合“研发+设计+制造+采购+施工”REMPC五位一体工程总承包建造模式，首次应用“11231”总承包管理办法进行施工过程管理，达到精细化项目管理的目的。“11231”总承包管理办法，即：

1：明确EPC建造总目标

公司和项目在科技与质量、安全与环境、利润、工期、BIM与信息化、设计管理等方面要有明确的目标，发挥各业务口的主观能动性和工作积极性。

1：完成全过程策划

只有策划好，才能建设好，全过程策划要从项目管理各个方面进行，且各项策划要紧密结合项目现金流，分析项目盈亏情况。

2：做好“设计管理、合约规划”工作

设计管理要把控好设计成果和进度，并实现项目对设计的标准化管理流程，设计需求前置，实施过程要全专业、各业务口进行联动。

合约规划要做好对招采内容的详细划分，招采的进度要与实体建造进度相匹配，做好目标成本的测算。

3：管好“全过程流程建设、PC构件和部品部件供应、施工总承包和各专业分包”

制定设计、生产、装配和现场管理所有信息的全过程流程，明确信息传递责任方，实现流程串联，工作方法、进度并联。

PC构件和部品部件供应，要做到先做质量样板、现场的管控要迁移至工厂、设计要参与验收、不合格的产品要及时处理等工作。

1：打造“中建科技智慧建造平台”

3 标准化设计

设计前期，在预制构件的集成设计过程中，设计以结构专业为主导，其他专业协作的方式进行，在充分考虑建筑的“品”字形及“L”字形平面布局，结构的抗震受力等特点，以及构件大小尺寸及重量，利于工厂加工制作、过程运输，现场施工吊装等因素，单体建筑对外墙、楼板、阳台、楼梯等位置进行工业化PC构件预制，最终形成了以预制剪力墙、预制叠合梁、预制叠合楼板、预制阳台板、预制楼梯等构件为主的装配式剪力墙结构体系，根据2015深圳市装配式建筑预制率装配率计算公式，本工程的预制率为50%，装配率为70%，成为当时华南地区预制率、装配率最高的项目。

在户型设计上，为了实现项目户型设计少规格、多组合的理念，针对项目塔楼的平面布局特点以及保障房的相关参数要求，对“深圳市保障性住房标准化系列化研究课题”进行调查、研究、论证，最终计划采用其中的ABC户型研究成果，进行组合应用，并形成了深圳市标准化图集的第一个落地项目；同时，设计联合制造、施工进行提前介入，从整体设计到局部优化，从标准户型到构件深化，到连接节点优化，充分探讨各个设计成果的可落地实施。

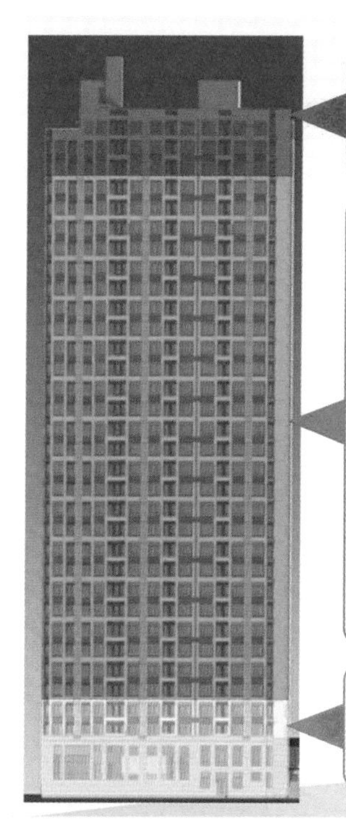

上部：屋顶层及机房层（现浇）
1号、2号楼——31层、机房层
3号楼——33层、机房层

中部：标准层（预制装配）
1号、2号楼——5层~30层
3号楼——6层~32层
预制构件：预制承重外墙、预制承重内墙、预制叠合板、预制叠合梁、预制楼梯、轻质混凝土隔板、预制空调机架+百叶+遮阳构件现浇节点和核心筒采用铝合金模板现浇施工

底部：底部加强区（现浇）
1号、2号楼——4层及以下
3号楼——5层及以下

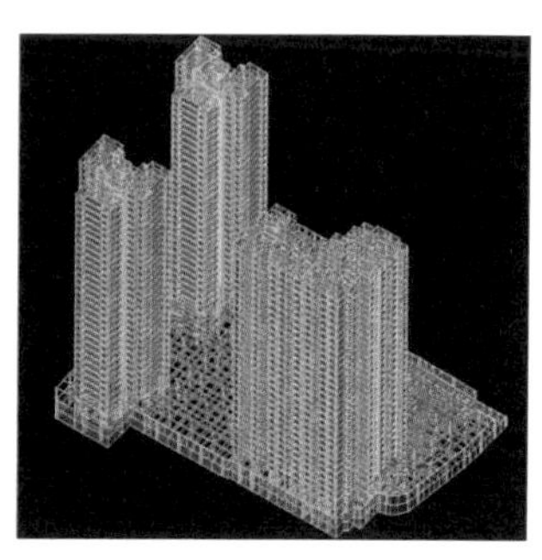

结构抗震分析

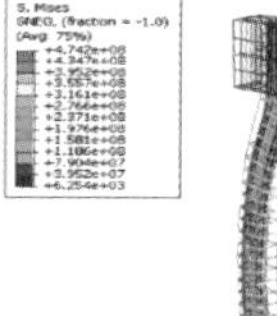

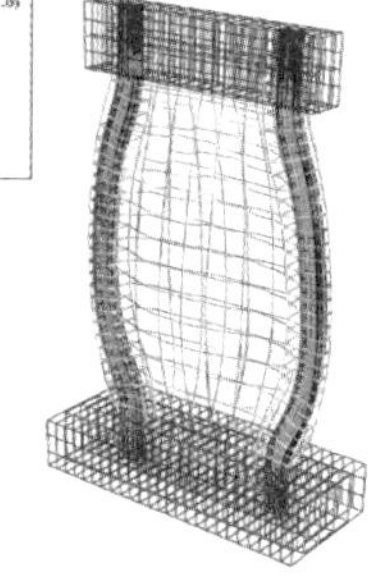

构件有限元分析

图4　装配式结构体系

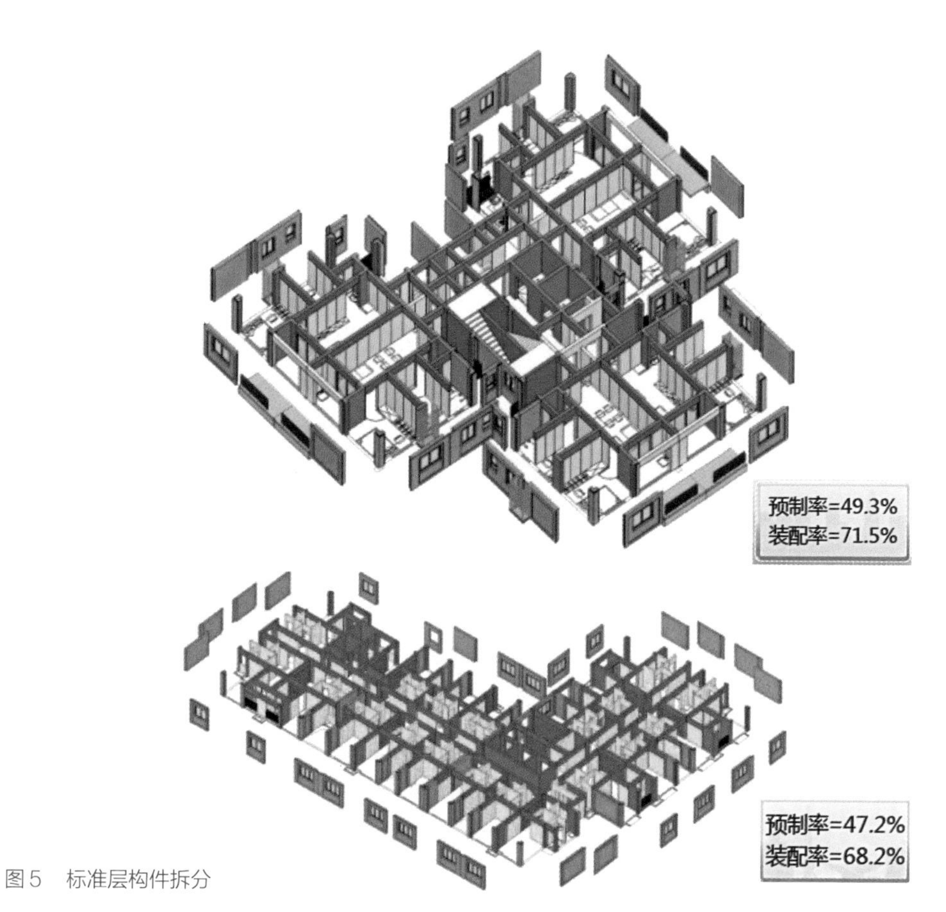

图5　标准层构件拆分

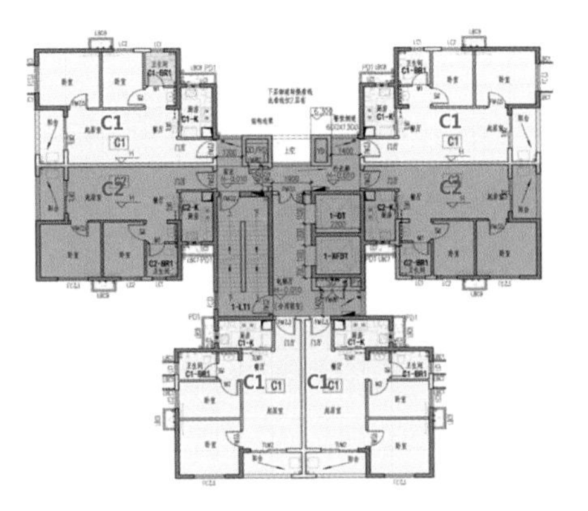

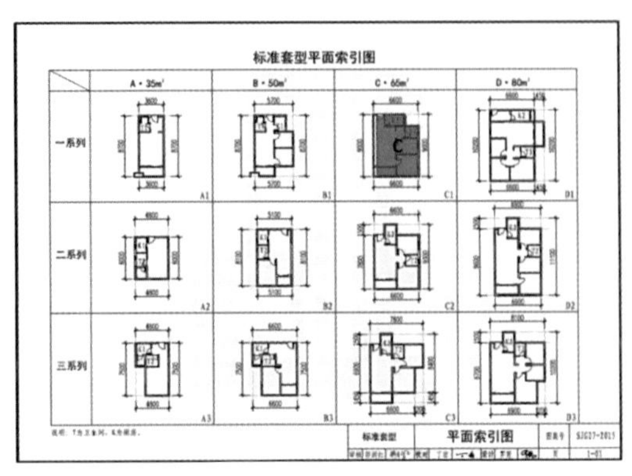

C户型

A、B户型

图6　A、B、C户型平面图及选用图集

在构件的标准化设计上，为了满足使不同的建筑物及各部分构件的尺寸统一协调，具有通用性和互换性，达到加快设计速度、提高施工效率、降低造价的效果。

项目在预制构件深化设计过程中，通过调研国内多个装配式建筑项目，对各项目使用频率较高的预制构件进行分析，结合本项目预制构件进行模数优化协调，坚持少种类，多数量的原则，项目1号、2号楼，在50%的预制率下，近百个构件中，只形成一种阳台（6个），一种楼梯板（4个），四种叠合板（33个），四种叠合梁（30个），九种预制墙板（66个），充分实现预制构件“少规则，多组合”。

这样做的好处也很多，比如：

（1）统一模具设计制作，能减少模具投资。

（2）实现不同厂家产品通用化，能实现多种选择，公平竞争，价格透明化。

（3）生产厂家可以专门化生产预制构件的一个分类，比如预制墙体，这样可以进一步降低成本。

（4）减少建设中的风险，在某一家预制构件生产厂家因意外无法供货时，可以便捷地选择替代厂家。

（5）在设计阶段可实现最优化设计，提高标准件的使用比例，减少对非标件的依赖。

项目创新提出“全专业使用BIM技术协同设计，设计、招采、施工全过程进行BIM技术应用，

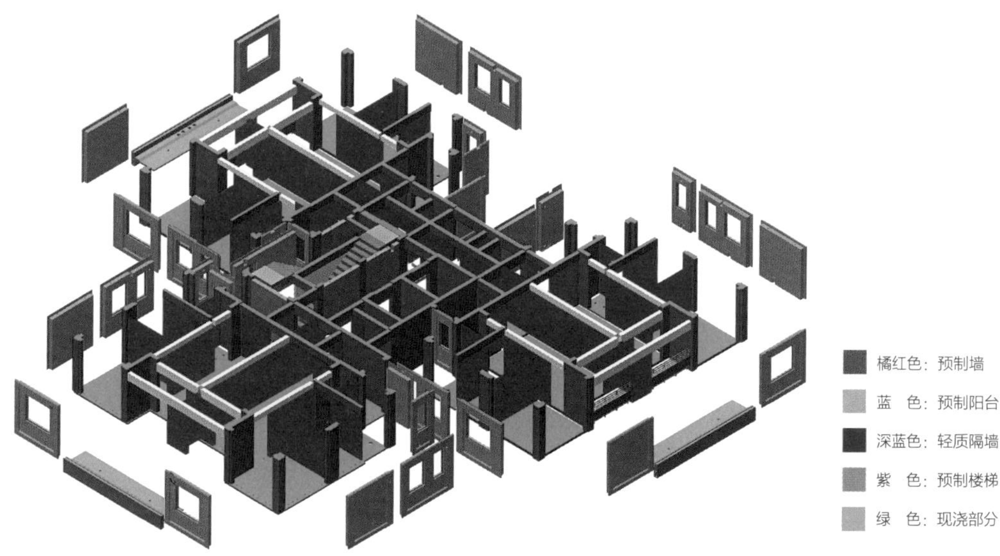

图7　预制构件概况图

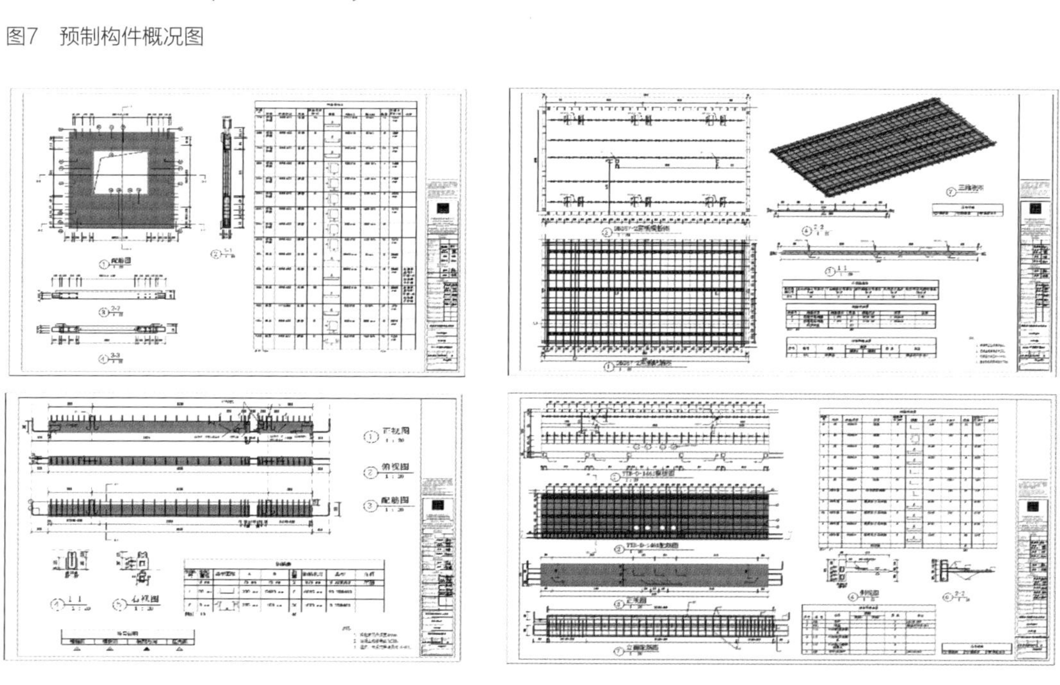

图8　预制构件深化图

全部参与人员熟悉使用BIM技术”，简称三全BIM技术应用。例如，设计通过BIM技术应用，将全专业整合至一个模型中进行系统的优化，三维图纸的深化设计，联动修改，提高设计效率，自动生成材料清单并指导工厂加工制作，构件的管线开槽、开关洁具也可实现精确定位；工厂通过BIM技术指导模具的加工生产，BIM软件导出钢筋设备可识别的钢筋加工信息，实现钢筋网片自动化加工施工。通过设计模型，对构件之间的连接节点、钢筋的绑扎、搭接进行预先模拟，对于直径较大、搭架的钢筋反馈至设计进行优化及工厂加工等。通过BIM技术的应用，有效地将设计、工厂、施工等各环节进行串联，相比与传统模式，工作更加高效，避免了重复返工造成的人力、财力和时间的浪费。

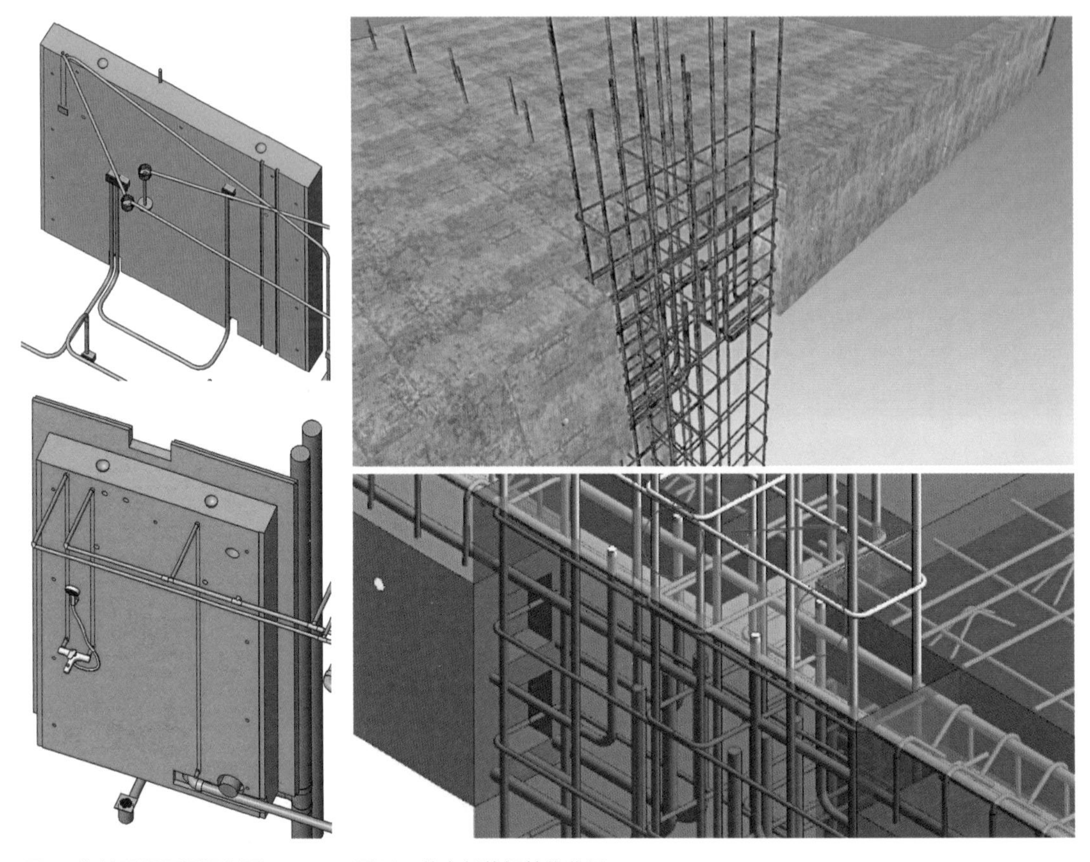

图9　构件预留预埋深化图　　图10　节点部位钢筋优化图

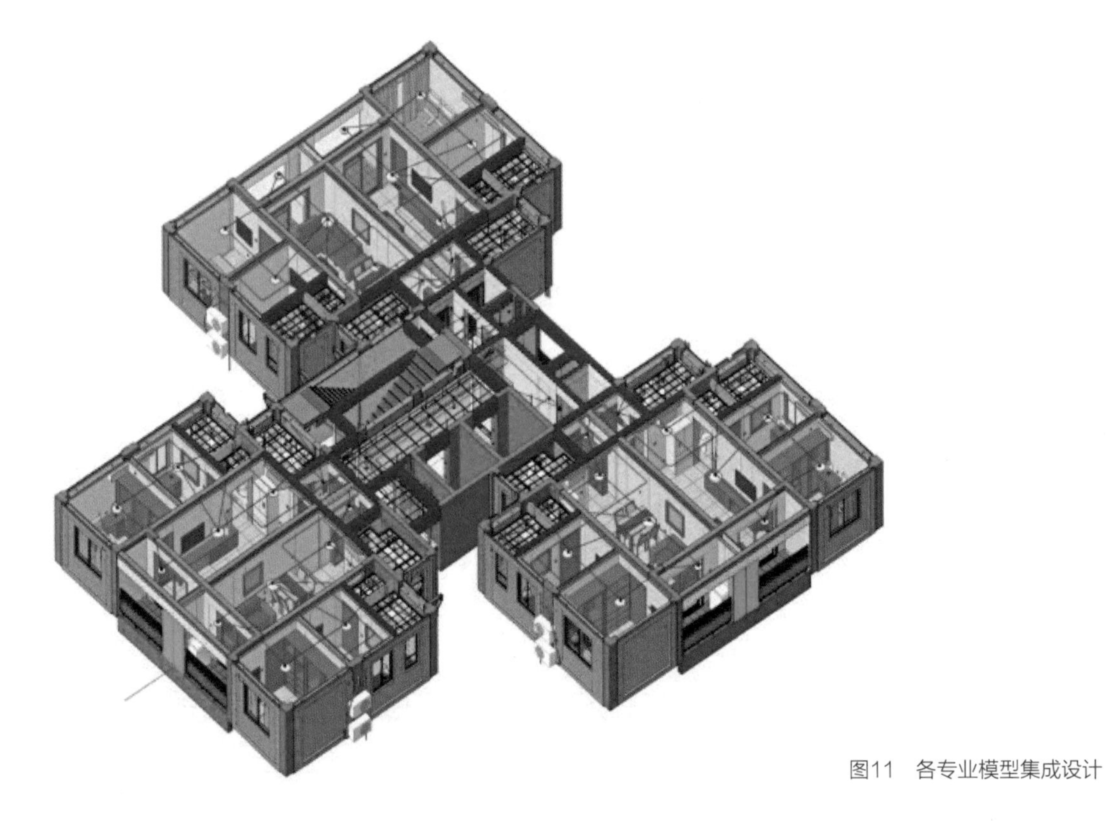

图11　各专业模型集成设计

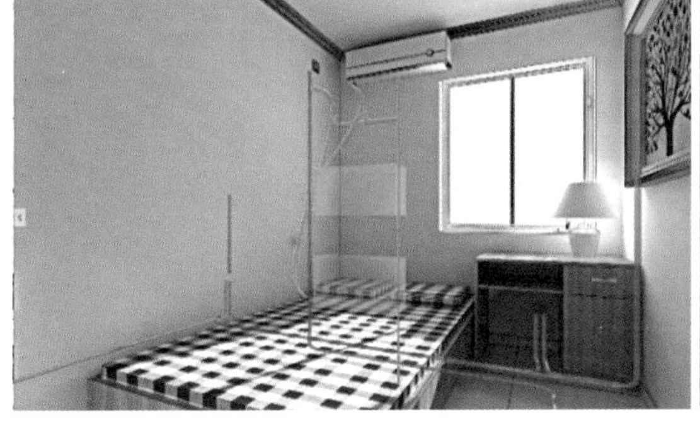

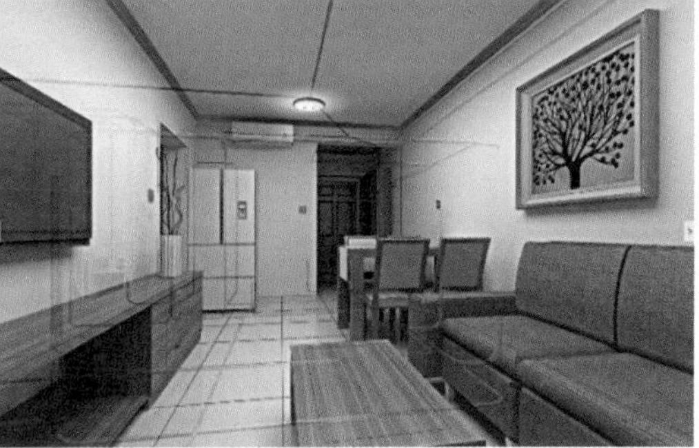

图12 各专业集成优化

图13 现场局部特写

图14 外立面仰视

在节点设计方面，为了解决预制构件拼接之间的防水难题，设计联合工厂、施工专业人员进行多次研讨，从防水的合理有效性，工厂加工制作，现场施工的可行性进行分析，连接节点创新应用结构防水（座浆料）、构造防水（企口）和材料防水（耐候密封胶）三道防水组合的工艺，解决了不同节点的防水难题，减少了节点间防水材料收口，降低了结构后期因渗水、漏水造成的维修成本。此外，预制构件窗框采用工厂预埋，窗扇现场安装的工序，相比传统现浇，优化了窗框收口的工序，消除了窗框结构渗水的隐患。

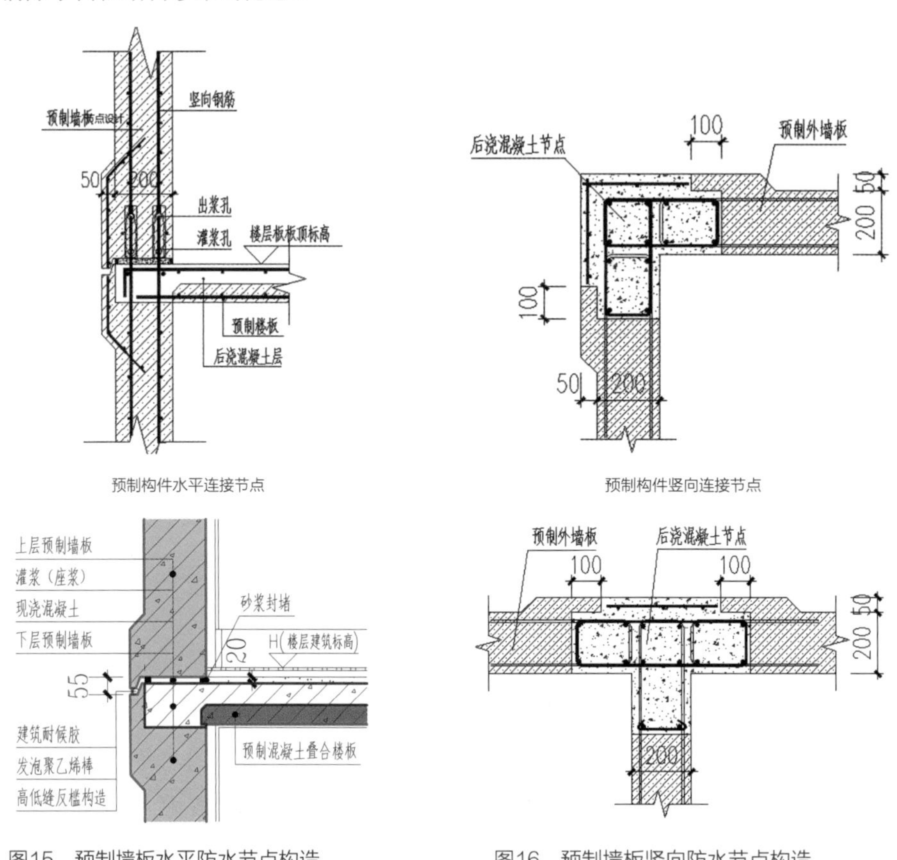

图15　预制墙板水平防水节点构造

图16　预制墙板竖向防水节点构造

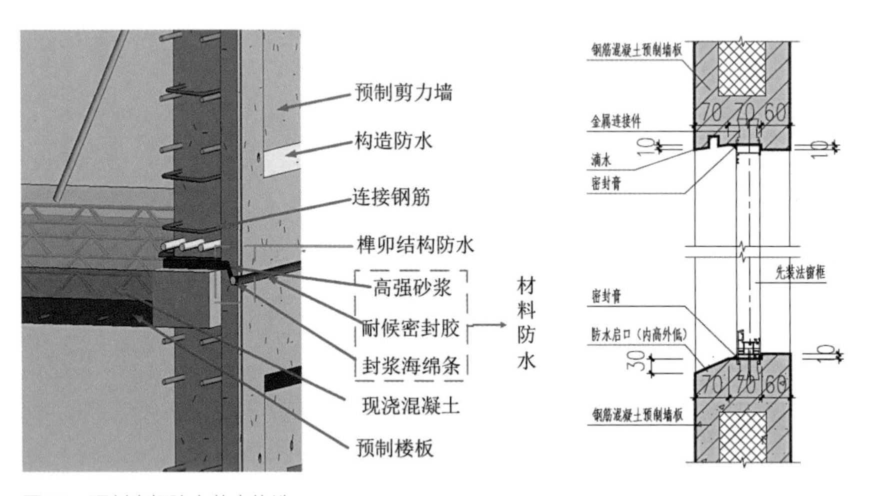

图17　预制窗框防水节点构造

4 工厂化制造

本项目预制构件在工厂内采用全机械、自动化生产线流水式作业。构件的生产以标准化的模数模块设计为前提，最大限度地采用机械化操作取代大量人工作业；协同墙板、楼梯生产线中划线定位、钢筋绑扎、混凝土浇筑等不同工位作业，协同建筑、结构、水暖电不同专业、不同工位作业环节及不同生产线之间的相互交叉配合，充分发挥工厂的自动化、规模化生产优势，提高生产加工精度、生产效率和效能。

图18　预制构件生产线（一）

图19　预制构件生产线（二）

图20　钢筋加工生产线

图21　构件试拼装

图22　预制构件厂

5 装配化施工

在施工环节，秉承一体化管理思维，充分发挥设计、商务、生产、现场的一体化管理优势，通过明确目标、制定标准、精心策划、精益建造，实现工程建造过程的质量管控！

图23 主体结构施工

图24 预制构件安装

项目装配整体式剪力墙竖向连接，采用套筒灌浆连接技术，套筒灌浆连接质量管控需要重点关注“全灌浆套筒质量管控、套筒灌浆料的选择、套筒在预制构件生产过程中的安装质量、预制构件安装的选择方法、套筒灌浆控制方法、套筒灌浆饱满度检查”等内容。

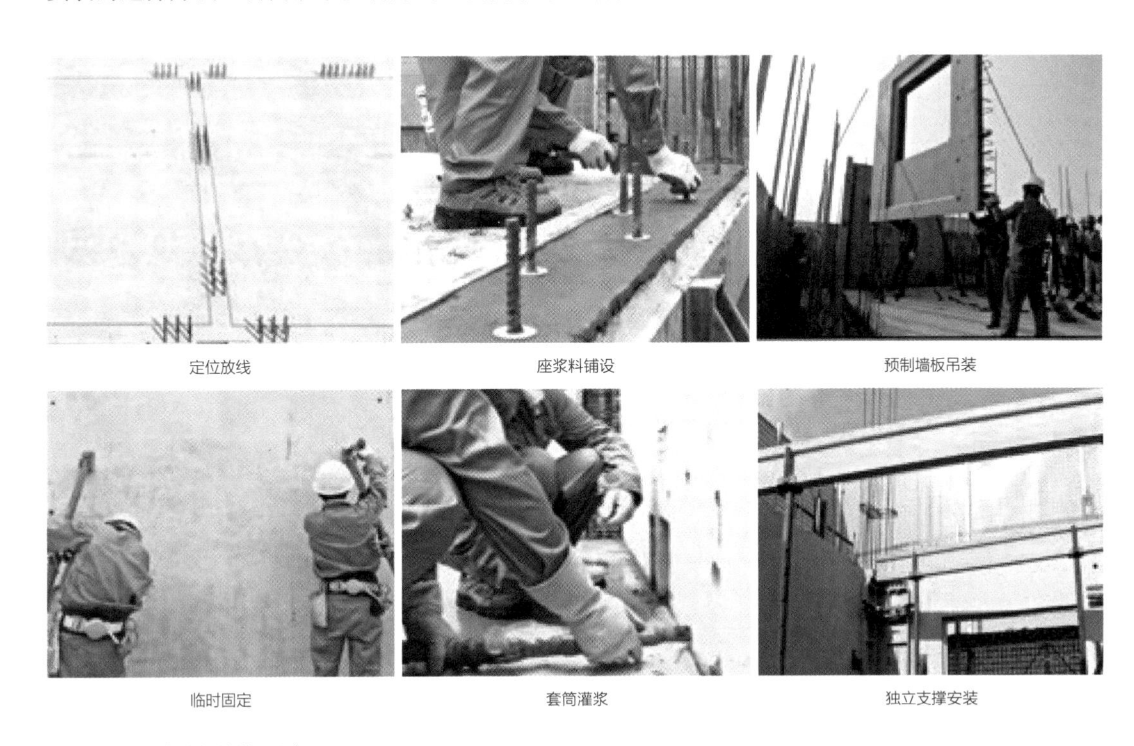

定位放线　座浆料铺设　预制墙板吊装

临时固定　套筒灌浆　独立支撑安装

图25　装配式剪力墙施工过程

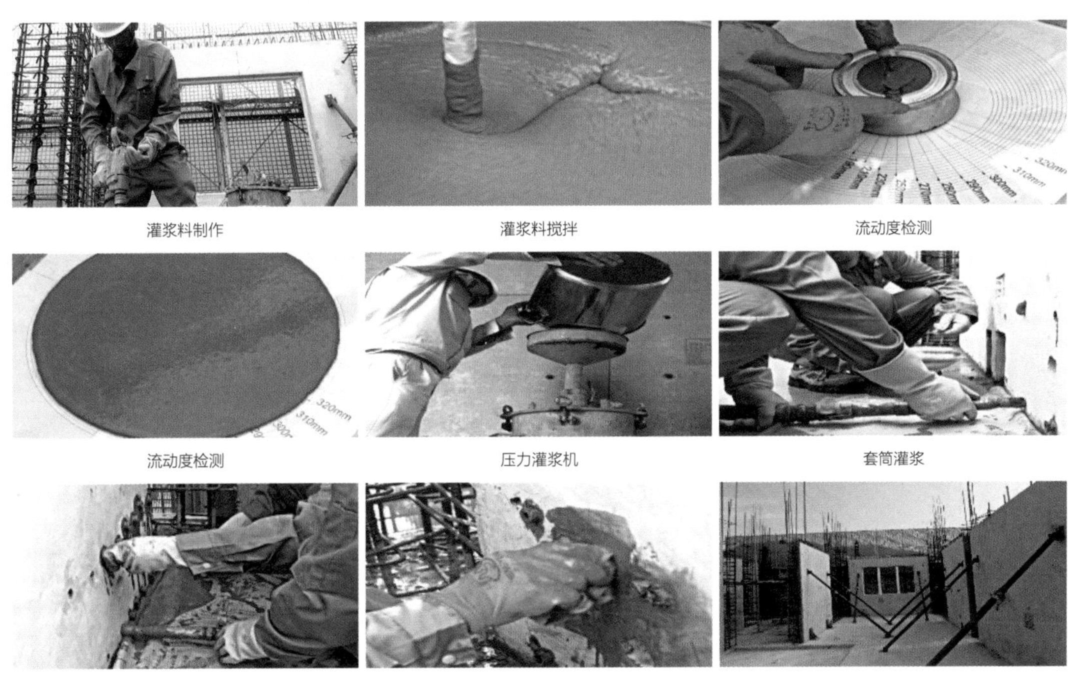

灌浆料制作　灌浆料搅拌　流动度检测

流动度检测　压力灌浆机　套筒灌浆

灌浆封堵　面层清理　工完场清

图26　套筒灌浆

为了解决装配式剪力墙结构体系套筒灌浆密实度检验的重点和难题，项目采用同条件实验箱（即平行实验箱）进行检测，即通过对钢筋套筒灌浆连接做平行于现场的试件（按班组、楼层、灌浆数量等划分批次）。

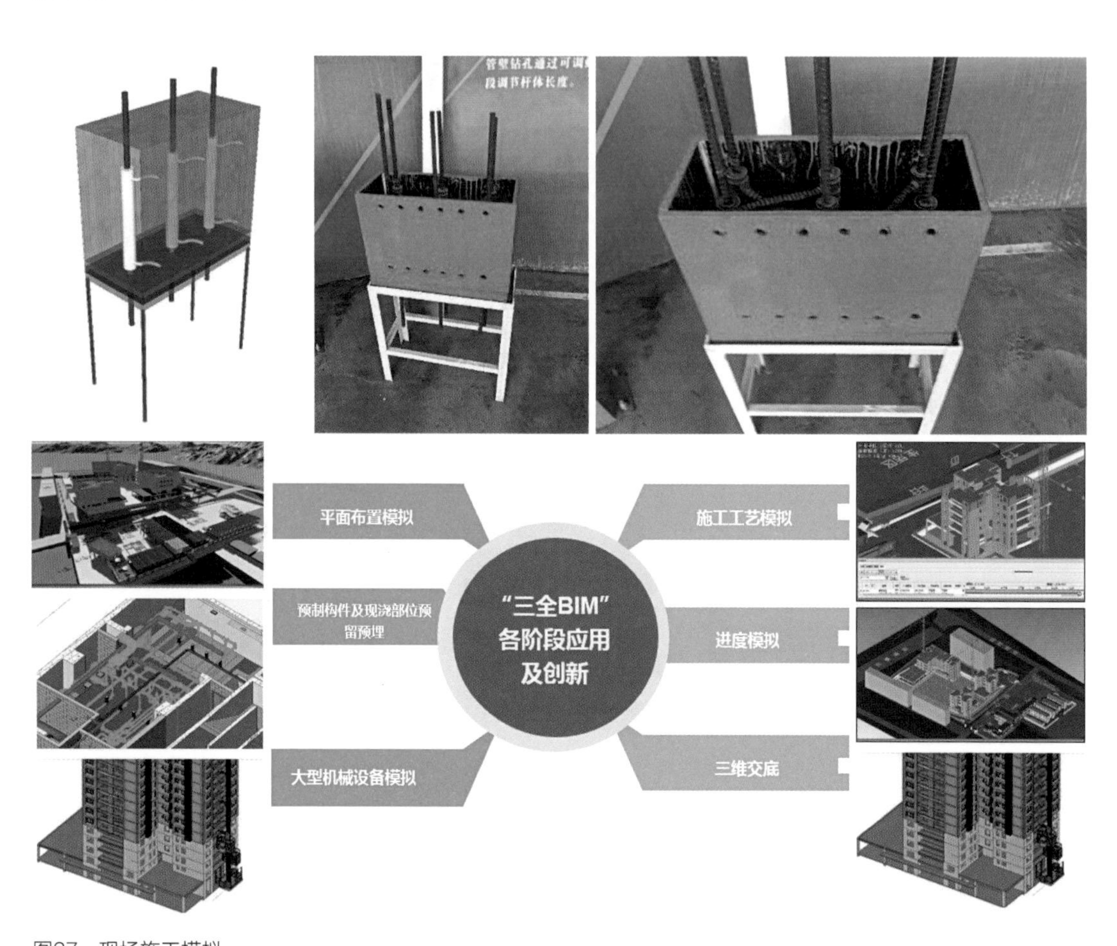

图27　现场施工模拟

图28　新型建筑工业化爬架

6 信息化管理

项目依托中建科技装配式智慧建造平台，针对装配式建筑特点，创新丰富项目管理方式，实现智慧工地的信息化管理。

图29　中建科技装配式智慧建造平台

图30　远程联动监控

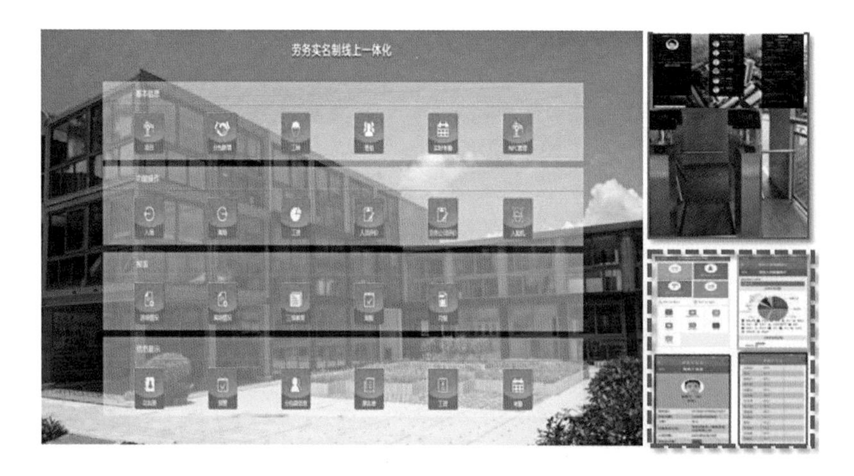

图31　人员实名制一体化

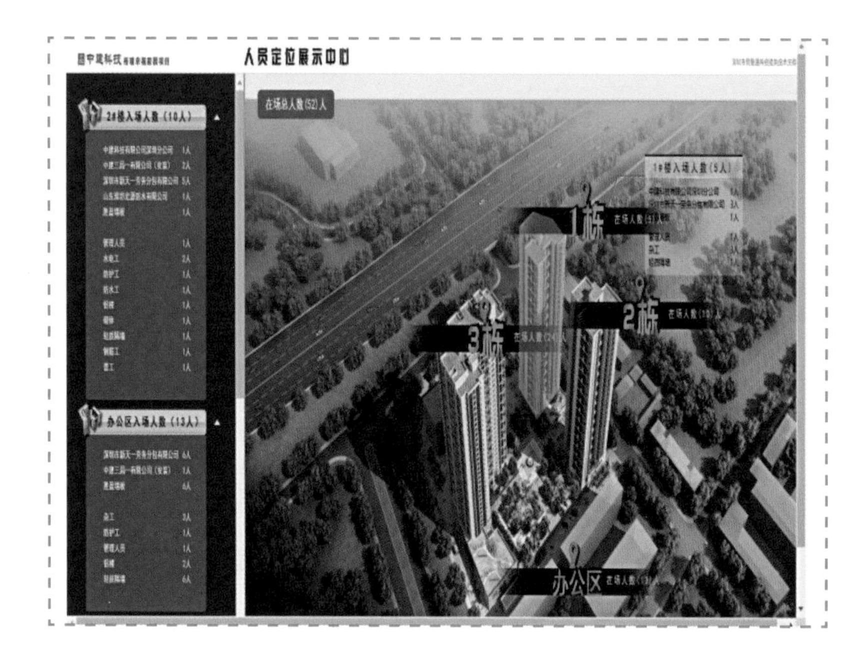

图32　人员定位

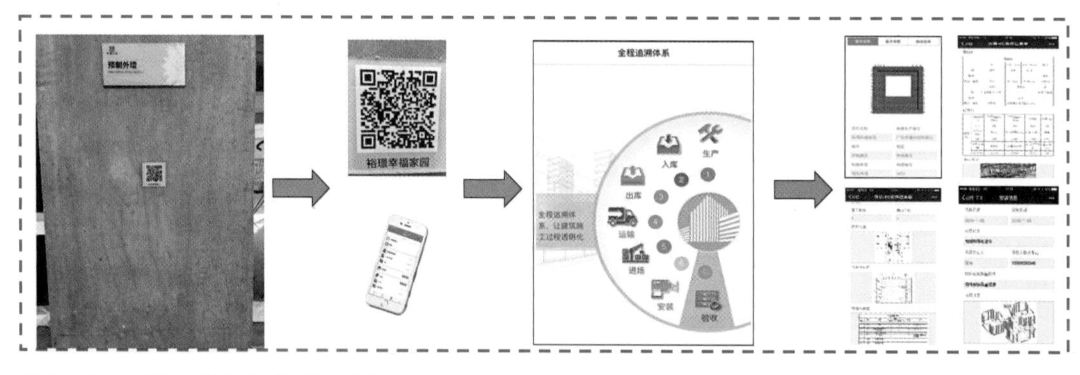

图33　基于二维码系统的全过程信息追溯

图34 施工现场局部

7 EPC管理成效

管理成果“成本省”

（1）采购成本省。设计、采购、制造、装配几个环节合理交叉、深度融合，在设计阶段明确建造全过程中物料、部品件、分供商，精准确定不同阶段的采购内容、数量等，将传统分批、分次、临时性、无序性的采购转变为精准化、规模化的集中采购，减少应急性集中生产成本、物料库存成本以及相关的间接成本，从而降低工程项目整体物料资源的采购成本。

（2）材料及运输费省。在设计阶段，材料选择时考虑因地制宜，优先使用当地材料，可进一步节省材料费用及运输费用。

（3）劳动力成本省。本项目产业化工人偏中年化，平均年龄约35岁，与传统项目农民工相比，产业化工人技能全面提升，工人数量减少，节省劳动力，降低劳务成本。

（4）杜绝变更省。本项目在设计阶段通过BIM技术精益设计和优化，及时碰撞检查，在生产、装配阶段通过精艺建造，达到了设计零变更，避免由于返工造成的资源浪费，从而节省成本。

（5）资源投入省。在EPC管理模式下，通过协调、管控，将各参建方的目标统一到项目整体目标中，以整体成本最低为目标，优化各方配置资源，突破以往传统管理模式下，设计方、制造方、装配方各自利益诉求，实现设计、制造、装配资源的有效整合和节省，从而降低成本。

管理成果“质量好”

图35　施工现场独立支撑

（1）高精度。预制构件在加工、制作过程采用专业产业工人，在构件质量方面严格管控，有效地减少误差，将常规厘米级误差控制到毫米级误差，精益求精。

（2）免抹灰。预制构件在工厂内采用标准化定型钢模板进行生产，其预制构件平整度能够控制在3mm以内，配合预制构件现浇部分定型铝模工艺，内、外墙体能够实现免抹灰，杜绝常规剪力墙抹灰空鼓开裂问题。

（3）防渗漏。门窗提前预埋在预制构件内，有效地解决窗框渗露问题。

（4）免剔凿。给排水、电气、暖通等各专业机电管线在工厂内进行精准预留预埋，避免常规机电管线安装开凿墙体的现象，同时所有生产、施工措施需要的洞口、埋件都提前在工厂预留预埋，有效保证了主体结构的质量。

（5）高质量。所有预制构件在工厂浇筑制作，恒温恒湿养护，混凝土成型质量得到提高，避免蜂窝麻面等质量通病。

管理成果“工期快”

（1）工作融合交叉，工期快。在EPC管理模式下，设计阶段就开始制定采购方案、生产方案、装配方案，使得后续工作前置交融，将由传统设计确定后才开始启动采购方案、制造方案、装配方案的线性工作顺序转变为叠加型、融合性工作，大幅节约工期。

（2）EPC集中管控，工期快。在EPC管理模式下，设计、制造、装配、采购各方工作均在统一的管控体系内开展，资源共享，信息共享，规避了沟通不流畅、推诿扯皮等问题，减少了沟通协调工作量和时间，从而节约工期。

（3）现场湿作业少，工期快。本项目结构主体达免抹灰标准，工程质量提高，减少现场湿作业施工，从而节约工期。

（4）结构精装一体化，工期快。本工程结构工期不快，但在EPC管理模式下，结构、机电、装饰装修等各道工序提前介入、合理穿插，使项目整体工期可缩短三分之一，整体工期加快。

（5）装配式精装施工，工期快。本工程采用装配式精装，使装配式装修与装配式结构深度融合，加快装饰装修施工进度，从而加快整体施工进度。

裕璟幸福家园项目采用装配式剪力墙结构体系，作为深圳市预制率、装配率最高的项目，建筑规模虽小，但在设计、生产、运输、施工的全过程建设中，充分体现了产业化建筑的特性。中建科技在本项目中，形成REMPC五位一体工程总承包建造模式的探索实践，及“11231”的装配式建筑工程总承包管理方法的创新提炼，希望能为装配式建筑及管理提供有价值的参考。

项目团队合影

项目档案

项 目 名 称：裕璟幸福家园项目
地　　　点：深圳市坪山区金田路
建 设 单 位：深圳市建筑工务署住宅工程管理站
总承包单位：中国建筑股份有限公司
　　　　　　中建科技有限公司
EPC 团 队：叶浩文　张仲华　樊则森　孙　晖　刘　瑛　冯伟东
　　　　　　谢佳珂　陈文玉　肖　毅　黄奕玲　陆　玮　岳禹峰
摄　　　影：裕璟幸福家园项目部
整　　　理：肖　毅

专家点评

裕璟幸福家园项目在深圳市装配式建筑界属于里程碑式的项目。之所以说是里程碑式的项目，有以下几个原因：第一，回溯到2012年，当时深圳市为解决保障性住房建设标准缺失的问题，由市政府立项"深圳市保障性住房标准化系列化研究"课题，由孟建民院士牵头，历时2年时间完成，随后由中国建筑工业出版社出版《深圳市保障性住房标准图集》，并作为深圳市保障性住房建设的顶层设计文件。裕璟幸福家园是落实该顶层设计文件的首个项目。第二，深圳市装配式建筑一直采取相对稳健的推进政策。在当时，深圳装配式建筑的主流体系是主体结构铝模现浇，结合部分竖向非承重预制构件、水平预制构件以及非承重内隔墙预制构件等组合形成预制率15%、装配率30%的装配式PC建筑体系。而裕璟幸福家园项目突破了该体系，首次将竖向承重结构构件预制，即装配式剪力墙技术体系引入深圳，实现了技术体系的多元化发展。第三，装配式建筑关注全过程的技术统合，设计、生产、施工、装修、运维的一体化是装配式建筑的主要特点。裕璟幸福家园项目首次将标准化设计结合预制构件的工厂化生产、现场装配化吊装、内装穿插作业以及智慧工地全方位结合。第四，该项目对接国际项目建设模式，采用EPC方式建设，由中建科技EPC总包，为深圳市装配式建筑采用EPC模式建设奠定了基础。

项目建设过程中，我有幸去过工地几次，装配式建筑的工地与传统工地的最大区别是工地工人少、整洁。印象较为深刻的一次恰好赶上预制构件进场、吊装，由于基地范围较小、运送预制构件的车体本身便成为构件堆场，塔吊有序吊装、车头返回构件厂继续运输构件，巧妙的施工组织与构件运输，适应狭小的工地现状，也体现中建科技人的集体智慧。

点评专家

唐大为

1979年出生于辽宁鞍山，2005年毕业于东南大学，获建筑学硕士学位。现任深圳市建筑设计研究总院有限公司装配式建筑工程研究院院长、总建筑师。中国勘察设计协会建筑设计分会建筑工业化研究和推进工作部副主任委员、深圳市建设科学技术委员会副秘书长、深圳市建筑产业化协会第四届/第五届理事会副会长、深圳市土木建筑学会第六届理事会理事、深圳市装配式建筑（建筑工业化）专家库首批专家、《新营造》杂志编委。被授予中国建筑学会建筑设计奖青年建筑师奖，荣获中华人民共和国成立70周年暨第一届中国建筑设计行业管理卓越人物评选“优秀科技创新奖”、光华龙腾奖十大杰出青年提名奖；还获得广东省土木建筑学会年度广东省土木建筑“优秀科技工作者”、深圳市建筑产业化协会“优秀设计师”、深圳市“十佳青年建筑师”、深圳市土木建筑学会深圳经济特区成立40周年“创新之星”、深圳市投资控股有限公司系统首届“十大青年工匠”等荣誉称号。

戴立先

中建科工集团有限公司（原中建钢构）党委副书记、总经理，兼任中国建筑金属结构协会副会长、中国钢结构协会副会长，教授级高级工程师，国务院特殊津贴享受专家，广东省五一劳动奖章获得者，深圳市地方级领军人才。

长期钻研钢结构装配式技术，曾获得国家科技进步二等奖，华夏科技进步奖、获评5项国家级工法、16项省部级工法；拥有10余项发明专利、20项实用新型专利。先后参与了中建总公司主编的《钢结构施工规范》等多部行业标准和国家技术规范，并在《施工技术》等专业杂志上发表专业文章20余篇。

设计理念

EPC是一个有机整体，E为工程产品的图纸化表现，P解决资源的转换和调配，C将各类资源的重新组合和再创造，最终完成工程产品的交付。如果说E是统帅的话，P就是粮草官，C就是千军万马，P要解决C的后勤保障，E要给出P的目标，也要考虑P有足够的可行方案和实现成本。

图1 建筑效果

深圳市公安局第三代指挥中心

工程名称	深圳市公安局第三代指挥中心EPC总承包
建设单位	深圳市建筑工务署工程管理中心
EPC总承包	中建钢构有限公司（牵头）
	中国建筑东北设计研究院有限公司（联合设计）
建筑高度	51.45m（地上6层，地下4层）
建筑面积	25752m^2
结构形式	钢框架-中心支撑结构
合同工期	790天

1 EPC管理概述

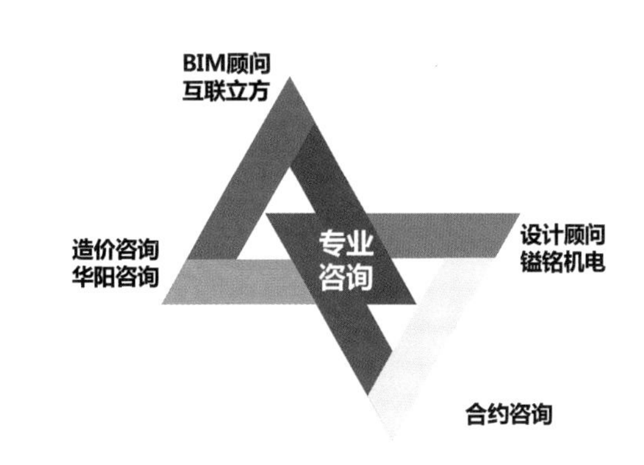

图2 咨询单位一览

策略特点

项目在EPC管理方面，相对于一般的EPC项目或者传统总承包项目，基于项目的定位，呈现了如下四个特点，对项目的管理模式、日常运作产生了深刻的影响，也给管理团队带来了巨大的挑战。

一是模式首试：作为深圳市建筑工务署首个公共建筑类的EPC总承包项目，也是第Ⅲ类EPC模式即包含方案设计，风险管控难度较大；招采前置，降低项目的管理成本。

二是全过程咨询：项目作为工务署旗下的重点全国过程咨询项目，产业链资源整合，专业化管理；LOD400的BIM建模及运营应用。

三是BIM正向设计：项目特意将深化设计前置，促进设计施工一体化；管理变革，将传统以硫酸图、蓝图核心转向BIM出图；深化管理变革；组建BIM专职团队，为后续实施提供保障。

四是智慧工地：项目的智慧建造，力求打造三个应用平台；冲击深圳市第一批5个“500”项目，结合监控、人脸识别、远程定位等功能，保障项目顺利实施。

管理模式

多线型架构

为了更好地推动工程进展，项目引进了多家全过程咨询机构，面对整个项目管理较传统EPC项目复杂多变的背景，项目将履约工作分成三条主线：管理控制线、造价控制线和设计控制线，由中建科工与建设方工务署以及其他四家咨询单位共同联营，以达到无缝对接、全景覆盖的效果。

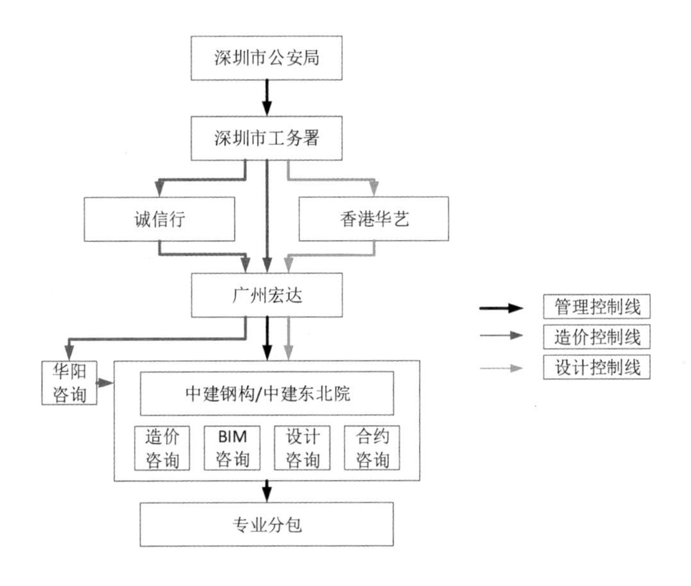

图3 项目管理架构

小组制模式

整个项目团队相互交织，还成立十大专门事项小组，处理细分事务。各小组遵循四大原则，一是打破组织壁垒，高效沟通；二是建立共同愿景，相互竞赛；三是独立运营汇报，自主管理；四是组织共同学习，自我超越。以四大原则为核心，项目的运作全面、高效。

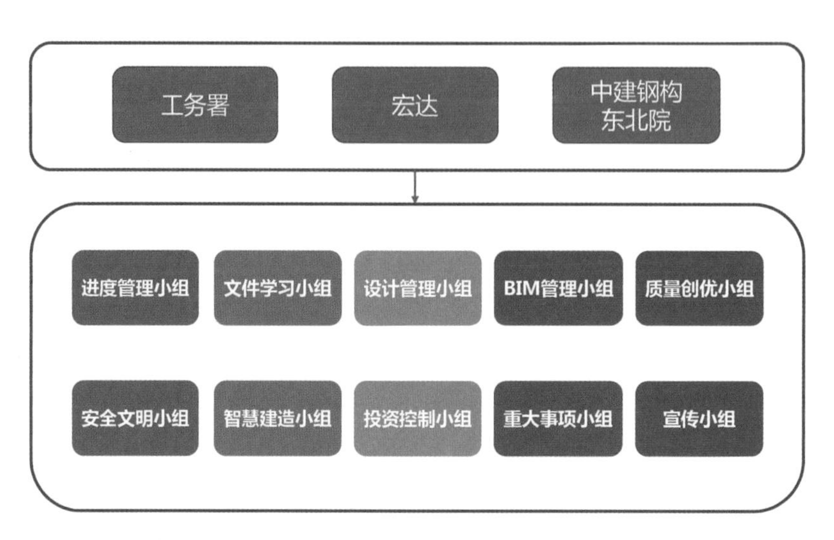

图4　十大专门事项小组架构

复合能力

科学的组织架构只是基础，而团队及其执行能力，才是落地的保障。项目为了更好地提升EPC管理的质量，应对创新所带来的挑战，采取多种措施提升项目管理水平。

首先是提升自主设计能力，项目组建了包含1名结构、2名建筑、4名注册电气工程师、涵盖9大专业、共12名有丰富“前线经验”的设计团队，联动公司设计院和外部设计院，牢牢掌握了设计的主导权。

另外，提升整体协调统筹能力，在有限的资源底下，必须做好设计管理、建设管理、商务管理之间的微妙平衡，比如通过商务准确的价格信息，支持设计的限额控制，通过建设反馈合理的施工方案，辅助设计定案等。

图5　专业设计团队

精准概算

项目为了提高概算的准确性和参考性，要求概算必须达到预算深度（同BIM的LOD400深度），使概算编制工作难上加难。

一般初设图的深度难以满足项目概算编制的要求，这种不匹配所产生的矛盾，必须采用新的模式才能解决。

项目采取了招采前移、技术、方案双向支撑，多方资源参与配合的策略，优化后的EPC项目阶段，先期引入了分包，配合初设图深化。有了深化后初设图作为依据，概算的编制更加有的放矢，精准测算。

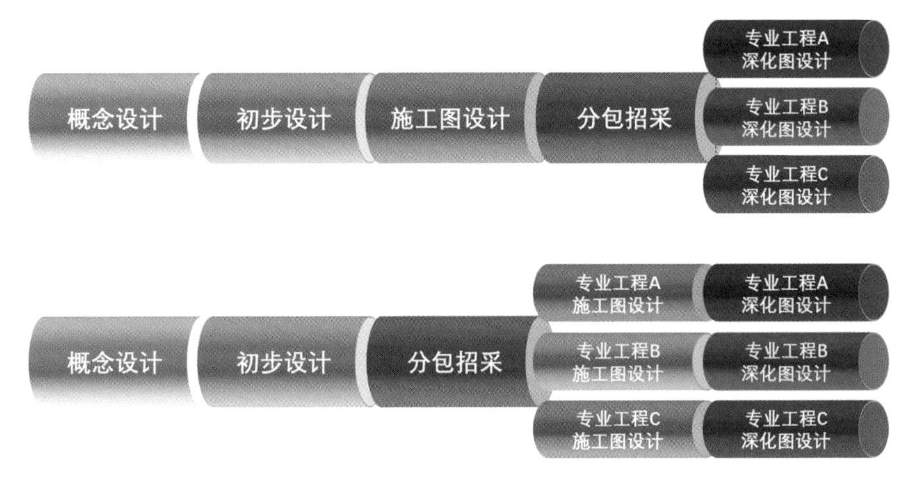

图6　流程优化前后对比

2　建筑设计

设计概况

深圳市公安局第三代指挥中心项目主体建筑设计采购施工总承包项目位于广东省深圳市罗湖区解放路4018号，市公安局大院内西北角，其主体建筑为新建一栋公安业务技术大楼。

项目总建筑面积2.5万m^2，地上建筑面积1.2万m^2，地下建筑面积1.3万m^2。地下4层，地上6层；建筑物室外地面至屋面垂直高度为52.40m。

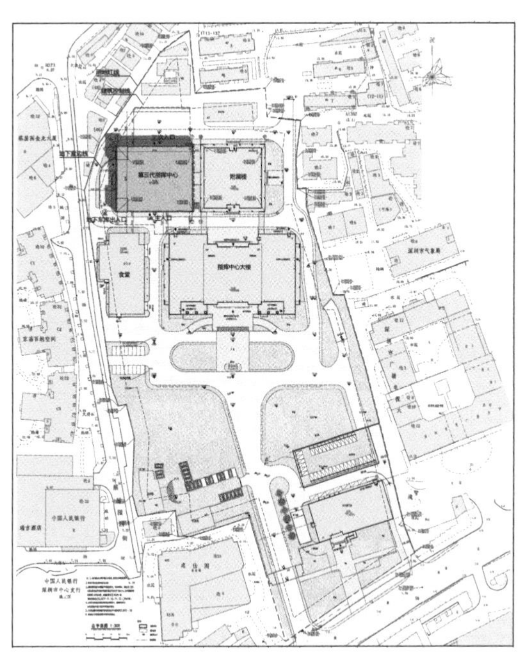

图7　总平面图

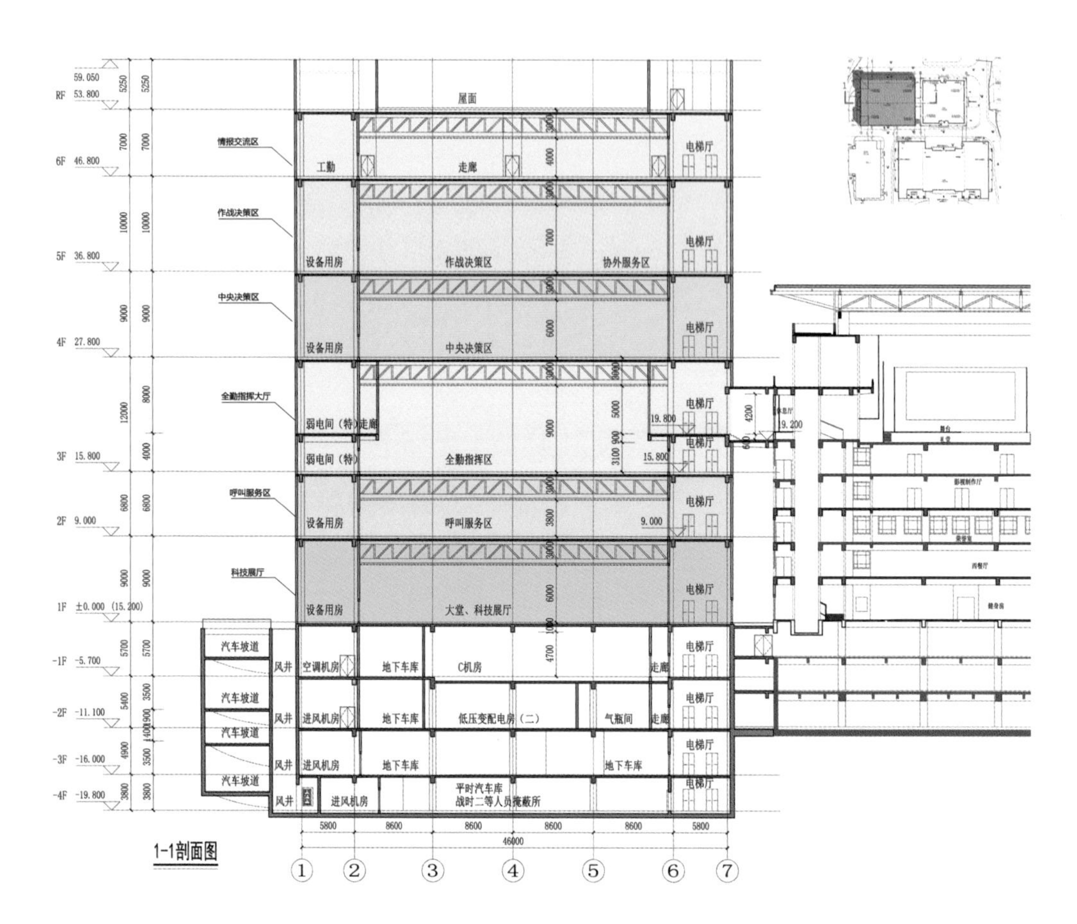

图8　剖面图

特色化设计

设计目标

深圳市公安局第三代指挥中心为深圳市公安局新一代信息枢纽中心和决策指挥中心，项目比肩俄罗斯国家防御中心和美国NASA指挥中心，采用先进的设计理念，营造新时代集安全、功能、美观、体验于一体的优质建筑空间。

立面策略

项目立面上，为了在保持庄严的基础上，尽可能体现科技感和时代感，建筑南北侧大空间位置处外墙采用玻璃幕墙加金属线条的设计，营造出建筑的轻盈感，避免了空间的厚重给周边环境造成的压迫。南北立面大面积幕墙的两侧采用石材外框加玻璃幕墙的设计，幕墙处展露出钢架结构，结合东西立面石材为主、阵列式窄窗的布置，尽显公安干警刚正不阿、庄重肃穆的精神气质。

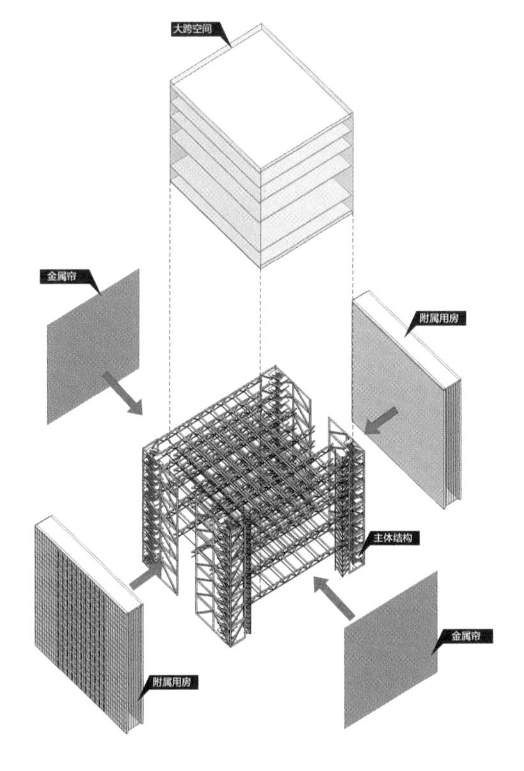

图9　立面组成

室内策略

项目室内装饰方面，风格以白色为主色调，空间追求简洁明净，分区清晰。南侧设绿化休息平台。室内家具进行一体化设计，与室内装饰风格浑然一体，也同时呼应整个指挥中心的科技感与现代感。

图10　指挥中心室内效果

标准化设计

构件标准化

项目构件设计做到标准化、系统化、简单及易于施工操作。构件的拆分符合模数化标准化设计原则，做到尽量统一。地上部分标准层钢构件总数量为1470，其中标准化钢梁总数量1286、标准化钢柱总数量184。标准化构件应用比例为100%。

标准化构件截面表　　表1

钢柱截面表				
构件编号	截面尺寸	材料	备注	数量
GKZ1	□800 × 800 × 30 × 30	Q345C	内灌混凝土焊接箱形钢	39
GKZ1A	□800 × 800 × 25 × 25	Q345C	内灌混凝土焊接箱形钢	40
GKZ1a	□800 × 800 × 35 × 35	Q345C	内灌混凝土焊接箱形钢	1
GKZ2/GKZ3	□700 × 800 × 25 × 25	Q345C	内灌混凝土焊接箱形钢	40
GKZ2A	□700 × 700 × 20 × 20	Q345C	内灌混凝土焊接箱形钢	24
GKZ2B	□700 × 600 × 20 × 20	Q345C	内灌混凝土焊接箱形钢	24
GKZ4	□700 × 900 × 30 × 30	Q345C	内灌混凝土焊接箱形钢	8
GKZ4A	□700 × 900 × 25 × 25	Q345C	内灌混凝土焊接箱形钢	8
总计				184

部品标准化

项目的内、外墙条板尺寸为200厚 × 600宽。因此，室内外墙体的模数必须按照600净距设置，减少材料切割，增强适配性。

图11　ALC板安装图

ALC板按照标准模式与主体结构进行适配，主要尺寸模数及布置见下表：

主要尺寸模数表 表2

长度L（mm）	宽度B（mm）	厚度D（mm）
≤6000	600	75、100、125、150、175、200

注：其他非常用规格和单项工程的实际制作尺寸由供需双方协商确定

3 智能化制造

项目首先通过建筑结构一体化的设计策略，实现结构构件标准化，部分构件采用了直接采购的标准型钢构件。其次，考虑目前市场上型钢截面规格较少，原材成本较高等因素，项目在型材外仍然有一定量的工厂焊接构件，这部分的制造任务由中建科工位于惠州的钢结构智能制造工厂负责。

这种智能制造技术不但提高了生产效率和质量，也为实现设计、生产、安装全过程一体化提供了必要条件，具有较强的推广示范作用。

图12 智能制造

新型工艺

中建科工惠州智能制造工厂（下简称智能工厂）根据生产流程将生产线分为部件加工中心、智能下料中心、自动铣磨中心、自动组焊矫中心、自动锯钻锁中心、机器人装焊中心、自动抛丸喷涂中心等七个模块，逐层串联，确保可行性。

与传统生产模式相比，智能制造技术大大降低了对人的需求，同时也减少了人为因素造成的管控不确定性，其主要具有“无人化”下料、机器人焊接、卧式组焊矫技术、全自动锯钻锁、智能仓储物流、信息化网络集成等六大特点。

图13 构件生产

信息耦合

智能工厂的信息系统主要包括制造执行管理系统（MES）、高性能数字仿真系统、智能物流调度系统、计划排程系统（APS）、智能工业云分析平台、工厂大数据分析平台建设等模块。

通过信息系统的建设实现生产制造流程与物流流程的透明、高效、智能的管理。依托信息系统和工序检验制度，严格控制产品施工过程质量和安装各工序的质量检查，每一个质量问题都要在当前工序消除，杜绝当前工序质量问题流向下一个工序，确保新型结构材料产品合格率为100%。

效益提升

经测算，采用智能生产线可实现生产效率提高20%以上，运营成本降低20%以上，产品交付周期缩短20%以上，产品不良率降低20%以上，单位产值能耗降低10%以上。

4　装配化施工

装配式体系（钢结构）

项目的装配式体系采用中建科工自主研发的GS-BUILDING装配式钢结构体系，由主体结构、楼板、外围护、内隔墙、内装等多个板块组成。

根据深圳市装配式建筑评分规则，本工程实际得分为72分，最终装配技术总评分为79.12分。

装配式钢结构

项目抗震设防烈度为7度，设计基本地震加速度值为0.10g，基于建筑与结构相结合的考虑，项目结构体系采用钢框架—中心支撑结构，体系中框架和中心支撑同时提供承重和抗侧力的结构功能，但彼此的作用有所区别。框架主要是外建筑空间的支撑，是抗震的二道防线；支撑除了承受竖向荷载外，其主要功能是为结构提供了强大的抗侧能力。

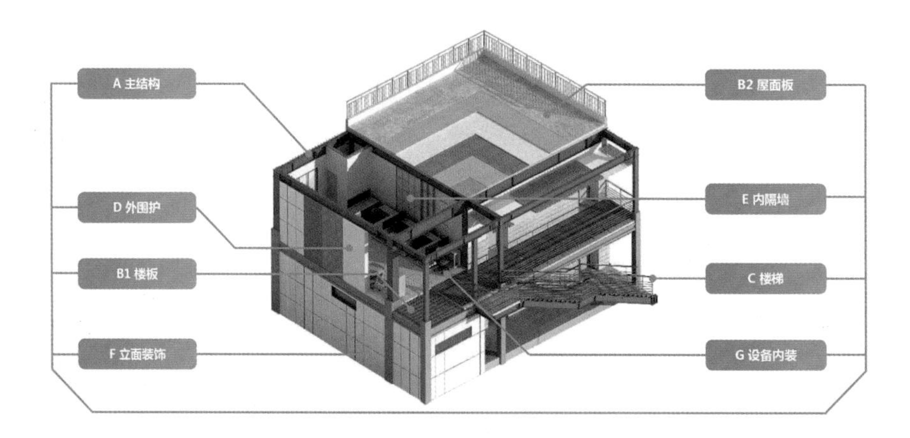

图14　体系示意图

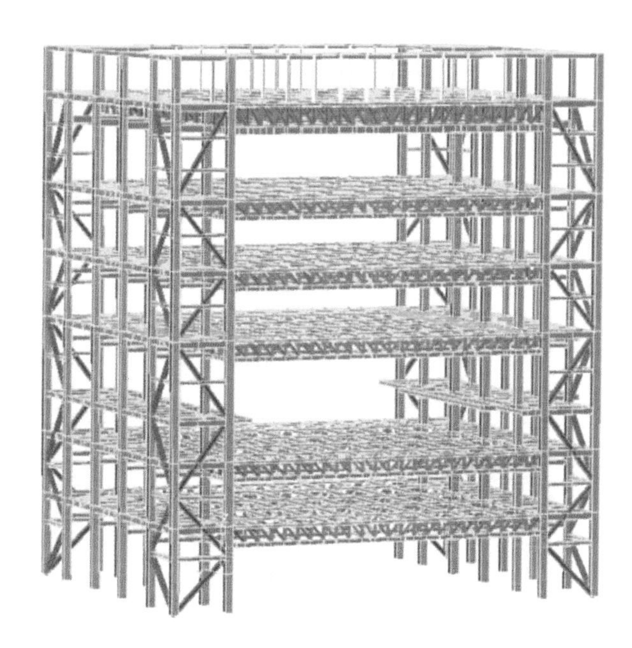

图15　结构图示意

装配式楼板

项目结构楼盖采用次梁+钢筋桁架楼承板体系，中部大跨楼盖采用钢桁架+次梁+钢筋桁架楼承板体系。

这种免支模、免支撑、能够与钢结构进行干式连接的钢筋桁架组合楼板，不仅能够减少现场的措施投入，避免对多层同时进行流水作业的干扰，而且体量轻盈，便于工人施工，大大提高了楼承板作业效率。

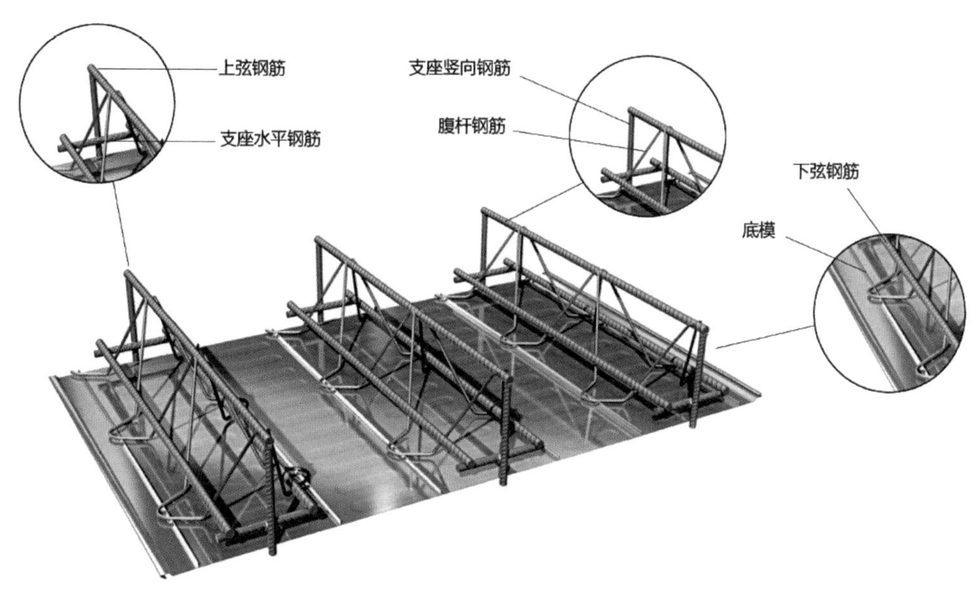

图16　钢筋桁架楼承板

装配式墙体

本项目从外墙、内墙免抹灰、减少开槽修补工程量、提升安装效率等方面考虑，外墙、内隔墙采用蒸压轻质加气混凝土内隔墙条板（简称ALC板）。预制ALC墙板施工前经过整层排版，所有预制墙板运至现场后不允许切割，将墙体施工阶段的材料浪费几乎降为零，利于节约社会资源，保护环境。

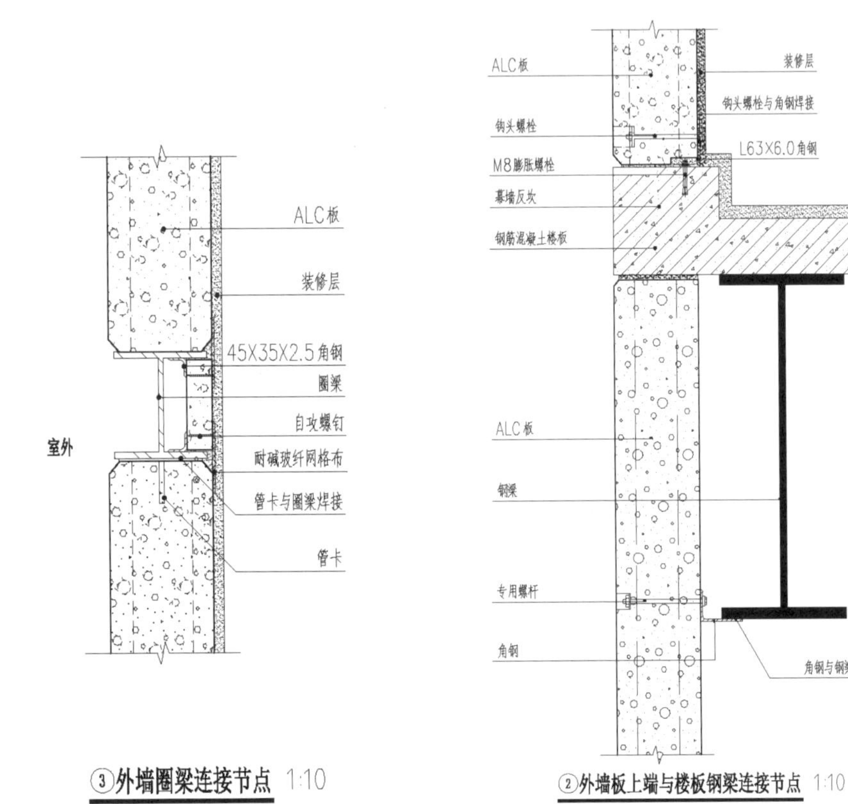

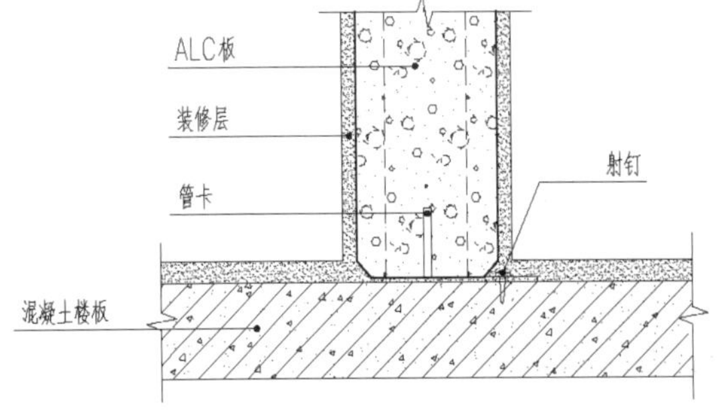

图17 ALC板关键节点

全干法作业

本工程项目钢柱对接、斜撑对接、桁架上下弦杆对接以及钢梁对接等采用焊接连接，同时部分节点采用高强螺栓拴接处理。

项目外墙及内隔墙均采用ALC板竖向安装，外墙连接为钢管锚连接节点，该连接方式需先在墙板上下焊接固定L形角钢，然后将S板与锚栓连接成整体，并插入固定在钢管锚中；内墙连接为特制配套管卡连接，管卡一端卡入条板底部，一端用膨胀螺栓与楼板进行固定连接，缝隙采用专用砂浆填补。

图18　ALC现场安装图

机电管线与内装体系方面，项目通过BIM技术的应用，对机电管线、给排水管线进行整体深化设计，将钢梁上相关的预留洞口提前进行定位并在工厂加工制作，管线与墙面、楼板分离，可将线管与墙地面干式分离，最大的优势在于便于后期的维修与保养；同时保证管线合理分布，确保管线间不碰撞，满足净空要求。

机械化安装

对于建筑工业化来说，工厂化预制、装配化安装固然重要，但施工现场的工业化、机械化，也是一个亟待探索创新的领域。对于钢结构本身而言，由于其干式连接的特点，机械化程度较高，而本项目在较为传统保守的二次结构安装领域，也率先引进了机器人安装技术。

项目所采用的墙板安装机器人，相比于传统劳务安装ALC墙板安装，具有下列优势：

图19　墙板安装机器人作业

一是降低安装工人的劳动强度，利用液压油缸工作完成对板材的抓取、搬运、安装等工作，可大幅度降低劳动强度。

二是降低安装过程对板材的损坏程度，利用液压夹具和左右侧移，安装拼接一次完成，无需利用撬杠撬动，可有效保护板材，提高后期的墙面粉刷效率。

三是提高墙板安装工作效率，将原来的人工操作改变为机械操作，不仅可节省人工，还可大幅提高效率。

项目通过这项机械化技术的应用，为项目二次结构的实施工期提供了最坚实、最科技的保障。

5 信息化管理

项目在启动之初，就对信息化立下两个目标，一是打破设—施工信息模型分离问题，真正做到设计施工一体化，二是解决生产流程和建设项目组织之间的对立矛盾，真实创效，为此，在智慧工地和BIM应用两大领域，实现了新的突破。

智慧工地

项目的智慧工地已投入功能14项，被深圳市住建局、深圳市工务署列为智慧工地试点，也是中建系统的科技创新示范工程，举办了多场的专项观摩活动。

集成应用

为了方便使用，项目把所有采用的功能和平台集合于一身，形成一个统一的平台和界面。

现场的所有施工数据，均通过统一的仪表板“驾驶舱”展示，施工人员即使不在现场，也能根据权限设置，对施工进度、人员、安全等状况一目了然。

项目采用手机APP对现场质量安全进行信息化、精确化管理，如规范导入、印花排查、问题反馈等。

图20　智慧工地功能一览

图21　智慧工地仪表板

图22　智慧工地移动端应用

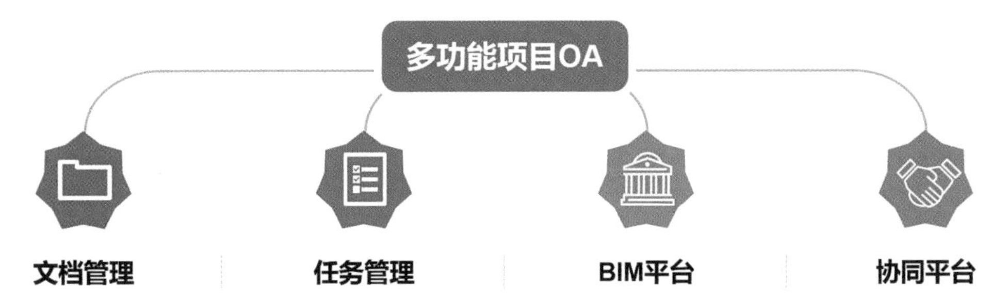

图23　协筑平台主要板块

协筑平台

项目建立了协筑平台，引入了多功能项目OA系统，能够实现文档管理功能，方便项目部人员积累和调取，实现无纸化办公以及网络平行发布任务。

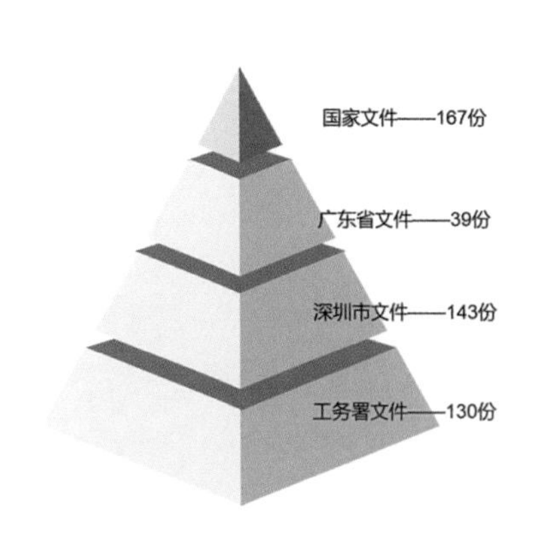

图24　参考资料数据库

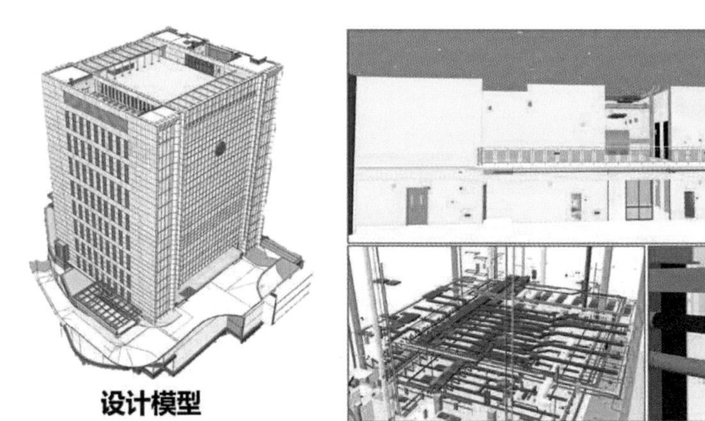

图25　平台模型预览

这个协筑平台是项目信息化“追求完美”的一个体现，所有项目的工程文档巨细无遗、分类明确、流程权限清晰。此外，为了方便各参建方查阅过往资料，对重要文件进行了梳理，时间跨度为1998—2018年，共20年，形成一个庞大的有价值的参考数据库。

项目协筑平台的另一个亮点便是BIM的便捷浏览，传统BIM需要使用revit、navisworks等专业软件才能查看，且对电脑设备要求较高，而协筑平台能够对BIM的主要模型信息进行提取重构，生成集合室内漫游、管线综合、构件属性等主要查询功能为主的便捷浏览系统。

监测平台

视频监控

采用了传统技术与移动互联、AI人工智能结合的方式，能够让现场人员实时掌握工段情况，且通过AI进行行为识别，对危险行为进行提前预警。

场所监测

采用信息化的视讯和传感器等手段记录，除了获取图像以外，最重要的是形成一系列有价值的工程数据，并对接深圳市系统，成为第一批数据对接项目。

设备检测

项目针对塔吊设备，设置装备了人脸识别、幅度、角度、风速和防碰撞预警系统，保证塔吊的运行安全。

感知联动系统

项目现场设置了多种传感设备，与功能性设施进行联动，能够实时做出反应，让识别更自动化和人性化：如在项目内外车道与行人通道处的自动语音提示系统，行人经过便能得到语音提示；再入现场围挡喷淋和塔吊喷淋，均与环境监测系统相连，现场扬尘达到阈值时将自动开启，还可以通过手机远程操控。

无人机分析系统

项目每周使用无人机对现场拍照，进行全面、高视角分析对比，并使用无人机倾斜摄影辅助建筑方案比选；同时，利用无人机点云进行建模，能够植入系统与模型进行对比分析。

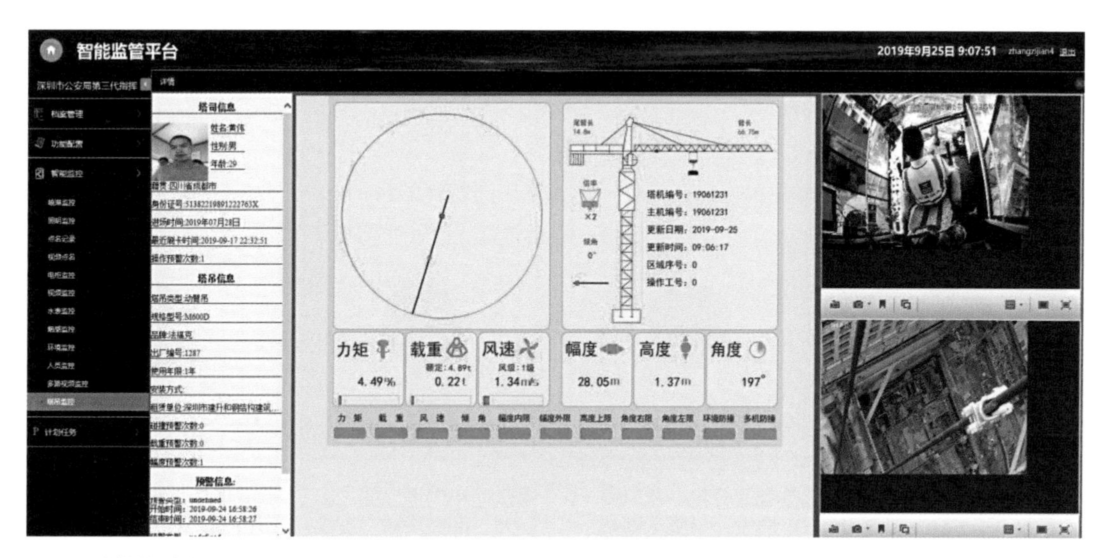

图26　群塔监测效果

图27　无人机分析效果

BIM应用

科学体系

项目认为，与智慧工地一样，BIM需要完善的体系、成熟的资源和专业的团队。“创效是硬道理”，项目BIM的使用，始终围绕两大收益，一是技术收益，即提高生产效率，节约管理成本，解决技术问题；二是宣传收益，应用成果让业主满意，研发科技等到社会媒体的认可报道，因此项目部就BIM的使用，建立了一整套完整的科学体系。

明确目标

项目BIM实施方针是以模型为基准，质量为主线，管理为重点；总体实施目标是提高生产效率，节约管理成本；科技示范目标是打造公司BIM示范项目，输出基于BIM的管理经验。最终，交付的BIM模型必须达到LOD400深度，并满足后续与运维的协作，逐步深化至LOD500标准。

管理标准

基于EPC复杂的组织架构与项目特点，制定了全过程的《BIM实施导则》，针对每个阶段的管理流程进行梳理，并定期根据实际情况进行更新。

技术标准

项目在管理标准的基础上，分别对技术标准、建模标准、信息交互标准进行详细叙述，要求各家单位严格按照此标准进行建模，由此完成一套模型传递始终的目标。

图28　项目BIM各阶段要求

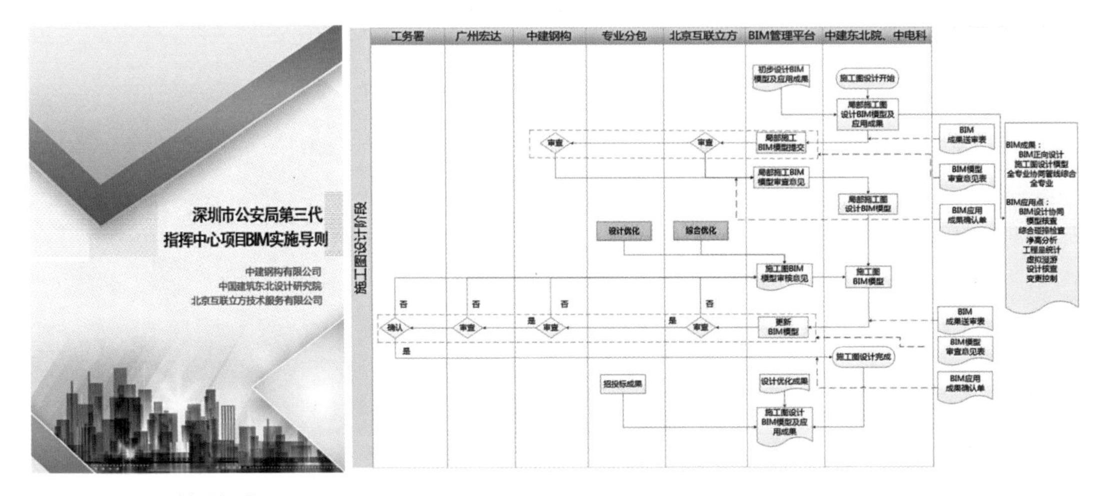

图29　项目BIM管理标准

建筑信息		LOD100	LOD200	LOD300	LOD400	LOD500	备注
结构墙体/柱	基层	-	▲	▲	▲	▲	
	安装构件	-	-	△	▲	▲	
结构梁/楼板	基层	-	▲	▲	▲	▲	
	钢筋	-	△	△	▲	▲	
	安装构件	-	-	△	▲	▲	
地基/基础	基坑	-	△	△	▲	▲	
	基坑支护	-	△	△	▲	▲	
	基础	-	△	▲	▲	▲	
楼梯	基层	-	▲	▲	▲	▲	
	安装构件	-	-	△	▲	▲	
预留洞	洞口	-	△	▲	▲	▲	
钢构件	钢支撑	-	△	△	▲	▲	
	钢构连接节点	-	△	△	△	△	
	安装构件	-	△	△	▲	▲	
	防火涂料	-	△	△	▲	▲	
运输设备	主要设备	-	△	△	▲	▲	
其他附件	预埋件	-	△	△	▲	▲	

模型深度标准

技术标准

图30 项目BIM技术标准

正向设计

目前，BIM设计有三种主流模式，一是模型为主的BIM应用模式，就是所谓的BIM正向设计；二是模型与图形并用模式，这种双轨制在过渡阶段比较常用；三是以图形为主的BIM应用模数，先有图纸再建模，俗称翻模。在这三种模式中，能够称得上真正BIM设计的，只有第一种模式，这也是最难的一种模式，而本项目选择的就是第一种模式。

BIM的正向设计有效提高整体质量、打造BIM型项目的基石，因此项目大胆采用这种方式。设计阶段采用BIM正向设计，有利于各专业打破传统模式，先建模后出图，大幅提高图纸质量。

管线综合

项目的BIM正向设计使各专业能够提前进行综合排布，较传统设计质量大大提高。

模拟分析

项目的BIM正向设计可以通过前期模型导入专业软件分析，快速完成日照、技能、噪声、消防等分析，通过审查，较传统方法大幅提高了效率。

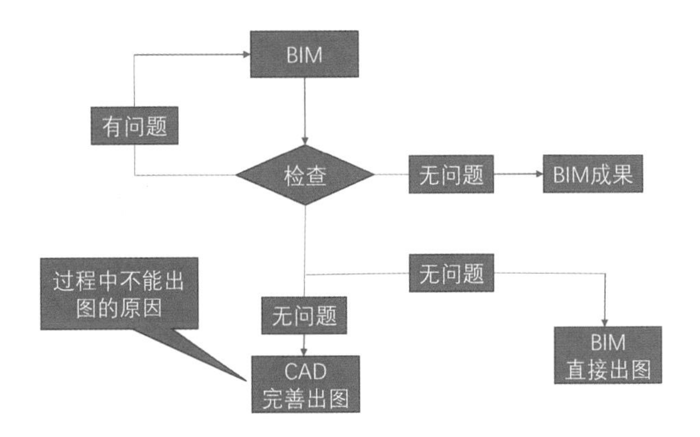

图31 BIM正向出图流程

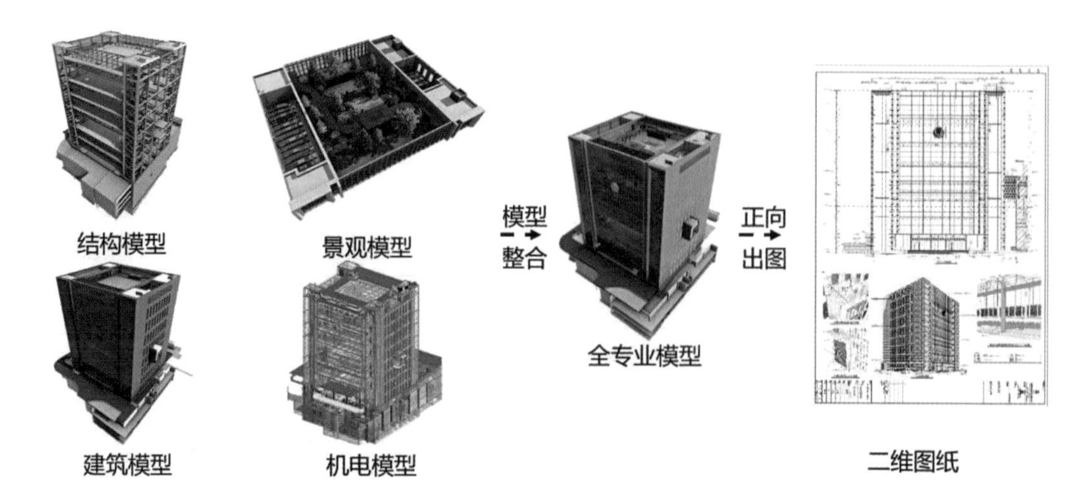

图32 项目BIM模型统览

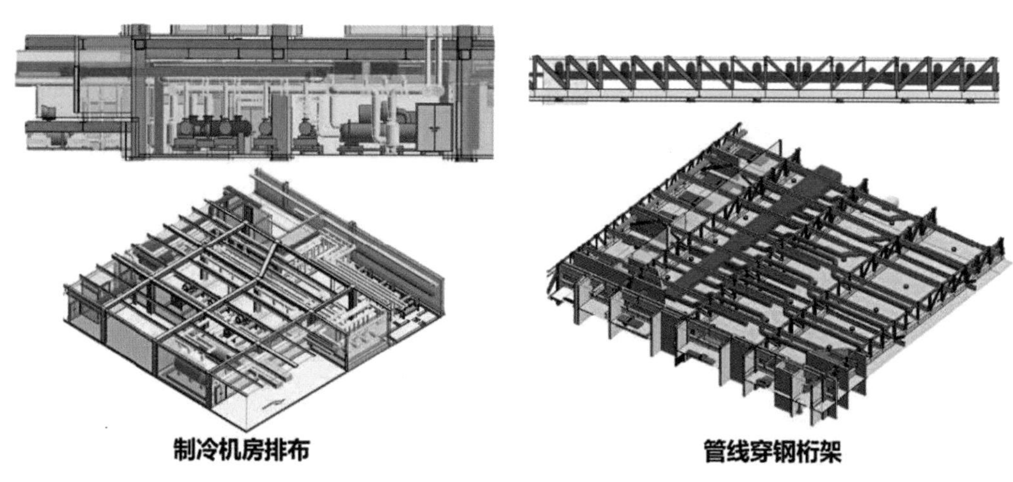

图33 项目管线综合

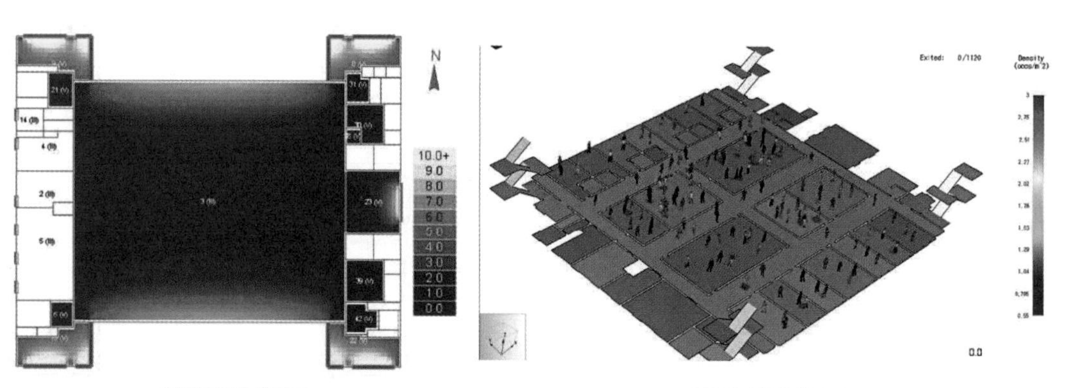

图34 项目建筑模拟分析

工程算量

项目的BIM正向设计能够糅合多个专业平台，使用最适合的模型工程量计算工具，导出材料明细，提高工程量计算准确度。

设计管控

项目的BIM设计将设计与深化阶段叠合，每周进行模型检查分析，整个设计阶段共检查出599项待解决问题，大大减少了设计的不合理性。

深化前置

项目的EPC模式，决定了必须采取深化前置的模式，而BIM的正向设计，尤其是模型画的交流方式，是最好的辅助工具。

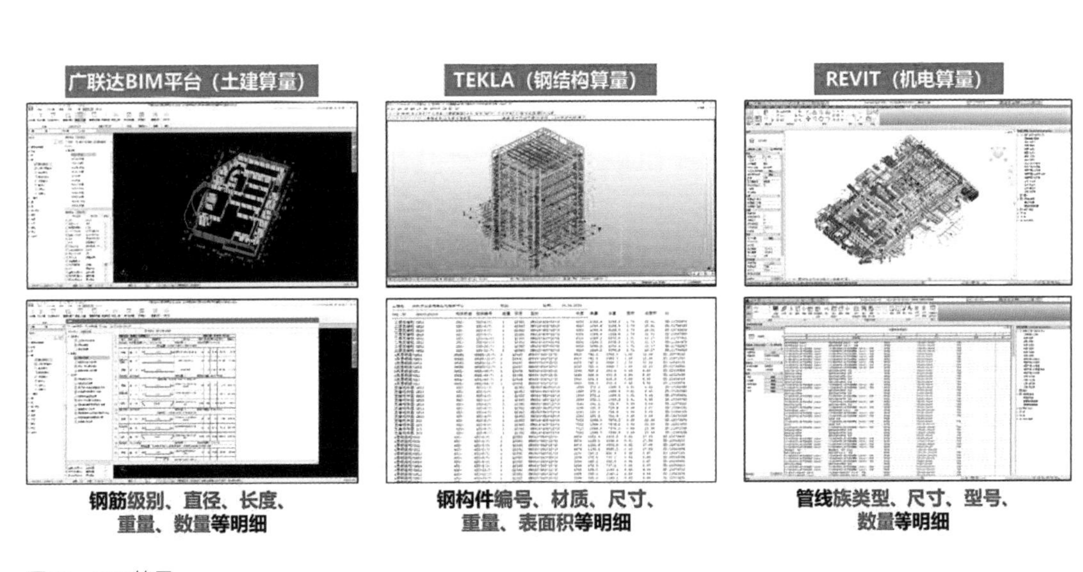

图35　BIM算量

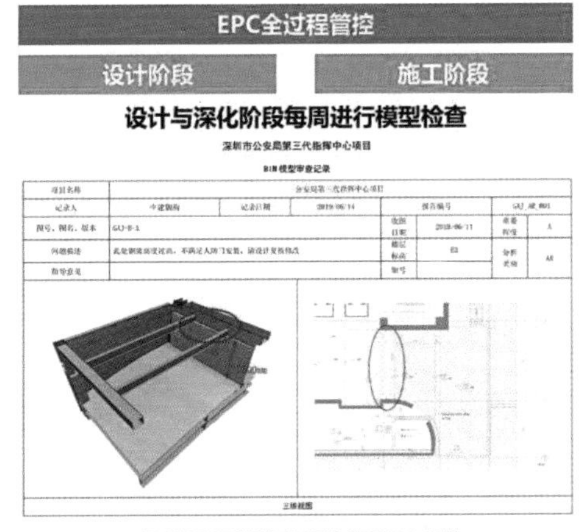

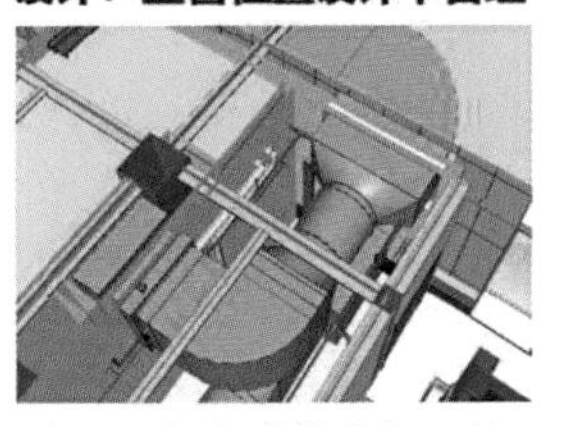

图36　项目碰撞分析

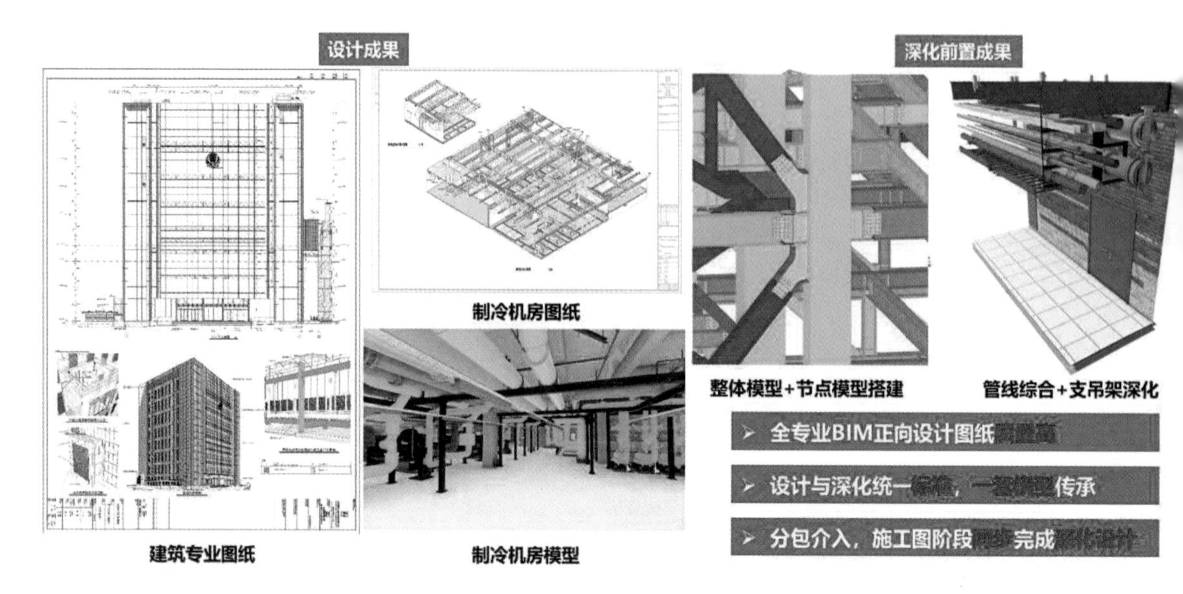

图37　项目深化设计成果

应用收益

通过BIM正向设计，项目部获得了较大收益，据初步统计，在计算时间上，材料统计和工程量结算节约80%；沟通时间上，可视化三维系统设计节省40%；图纸质量上，出图质量和变更质量提升60%；设计质量上，净高、净空以及碰撞检查，减少工程图纸中的错漏碰缺问题，设计质量提高50%；绿建建筑分析优化设计，节约设计能耗30%。

施工应用

项目在施工阶段，更多的是利用BIM解决施工过程中图纸与现场的不匹配问题以及进行多维度的模拟复核，将问题在发生前进行预测和解决。

场地布置

项目在进场后，对项目实施的每个阶段提前进行BIM模拟，把握两个原则：一是超前预判，项目进场使用BIM进行超前模拟；二是动态调整，重要条件改变后在施工前进行模拟。主要解决各专业堆场设置、垂直运输与水平运输等问题。

图38 项目垂直运输分析

施工模拟

项目在复杂节点施工之前，运用BIM技术进行仿真模拟，验证方案准确性，并进行三维交底。

技术交底

项目将二维图纸与BIM模型结合，能够更好地进行设计交流和施工交底。在交底会和协调会上，通过三屏联动演示，让参与方能够更便捷地理解问题、沟通问题。

样板引路

传统的平面图集，平立剖查看复杂，黑白印刷效果差，而BIM工程图集，三维视图更直观，多角度一目了然；传统的实体样板，造价费用高，搬运不方便，而BIM虚拟样板，没有场地限制，可以随时随地查看。

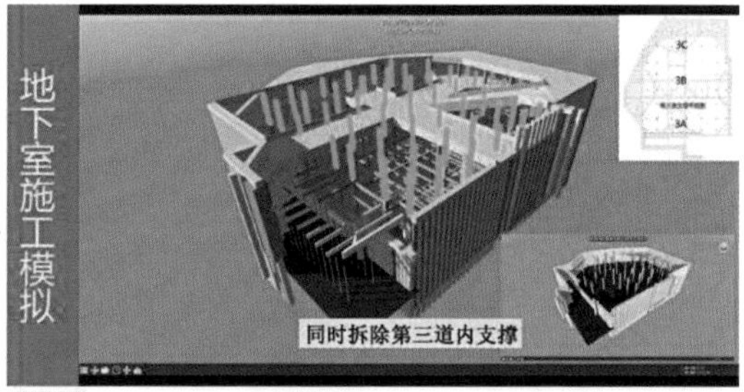

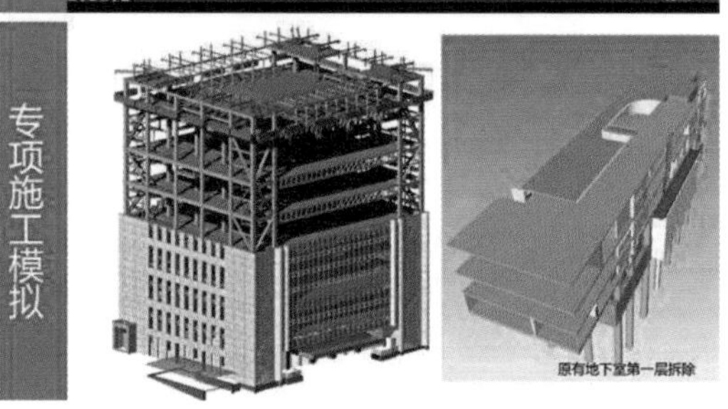

图39　施工模拟

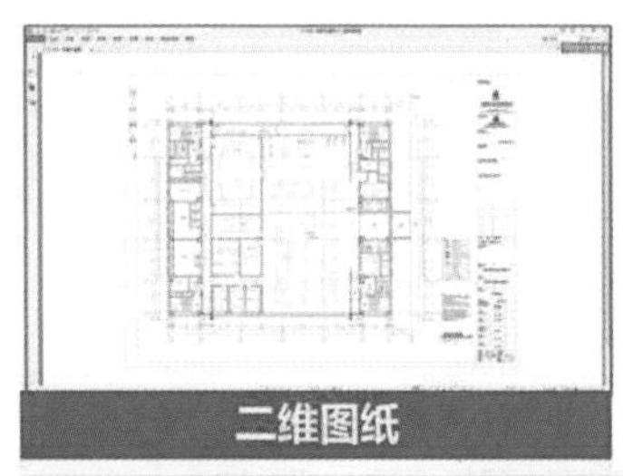

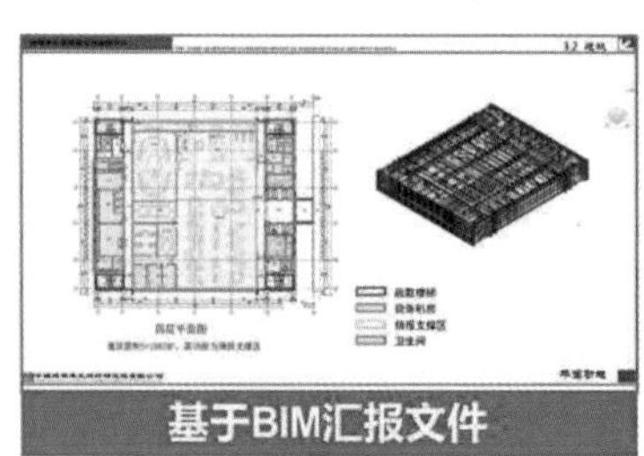

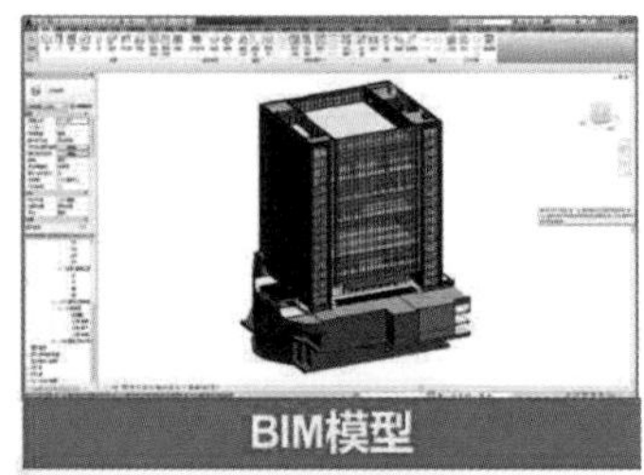

图40　会议三屏演示

BIM施工工艺图集

施工工艺样板

脚手架工程　满堂架搭设

2.禁止钢管变形、顶托滑丝、顶托超长、偏心情况出现。

1.满堂架架体参数为900mm*900mm*1800mm。

中建科工

满堂架BIM图集

BIM虚拟样板(14个)

地下室防水样板

钢筋桁架楼承板样板

砌筑抹灰样板

混凝土楼梯样板

图41　项目样板引路

虚拟样板漫游

手机端查看

图42　项目VR漫游

VR漫游

为了解决项目场地狭小的困难，BIM团队利用VR技术建立了13个虚拟样板，生动形象地为工人进行交底，节省了实体样板采购，为项目创效60万元。

6　管理成效

项目通过创新的EPC管理模式以及上述的一系列措施，保证了工期、提升了质量、控制了造价，获得了良好的经济效益和社会效益，其中有三大亮点：

（1）基础管理提效率

质量管理方面，充分发挥EPC组织优势，积极推进质量管理工作，通过对现场存在的质量问题进行积极有效的整改，累计编制质量管理细则12份、质量发文96份、组织质量专题会36次；切实跟踪提升现场质量，第三方质量评估成绩逐步提升。

安全管理方面，组织安全创优会47次、组织安全周检45次、安全发文38份，全面夯实了项目安全生产基础；安全创优小组第三方评估取得卓越成绩，在业主项目排名中名列前茅。

设计管理方面，报批报建、前置深化设计、图纸交付与施工交底、施工深化设计、材料定板定样、工程变更、施工阶段均高效推进，在设计与施工衔接、施工现场配合阶段，也取得了一定的工作成绩。

造价管理方面，项目按计划完成工程投资目标，投资控制小组提前完成工程款审批支付、工程概算发改批复、施工图预算、机电变更上会等原来繁复冗长的造价管理工作。

（2）智慧建造见智慧

智慧建造工作快速推进，各个智慧建造平台、设施为项目提供高效智慧化管理；尤其是在建筑密集区工程建设智慧建造技术运用、安全风险管控等方面亮点突出，项目被深圳市住建局选取为2019年全市房屋建筑及市政工程“质量月”活动示范观摩项目，接待人员400人次。

（3）BIM创优增效

BIM管理小组按照既定的BIM实施计划和现场的实际情况分别在BIM正向设计、深化设计前置、BIM施工应用、平台维护、沟通协调、创优宣传以及参观培训等方面开展工作，通过统筹策划、过程管控、审查督促、组织协调以及技术支持，BIM工作取得了一定成效，出色完成BIM深化设计、各类性能分析报告、BIM统计清单、BIM效果展示、BIM施工模拟、BIM宣传、各级协同平台应用等BIM管理工作，提升了项目整体效益，同时在2019第五届“科创杯”等全国性BIM大赛中斩获名次。

团队合影

项目小档案

项目经理：王伟

项目执行经理：苏首领

设计总监：戚霖

生产经理：史文峰 谢康财

安全总监：空缺

技术总工：戴修成

项目副书记：张羽熙

商务经理：张瑜 马捷

质量总监：魏超

执行总监：吴雷

专家点评

为了更好地推动装配式建筑的健康发展，住房城乡部提出装配式建筑“一体两翼”的协同发展思路，“一体”指完善、成熟的装配式建筑体系；“两翼”指采用工程总承包（EPC）管理模式和基于BIM技术的一体化设计方法。深圳市公安局第三代指挥中心的建设，通过数字技术引领装配式EPC 管理，为装配式建筑“一体两翼”的协同发展思路做出了最好的诠释。

深圳市公安局第三代指挥中心作为深圳市公安局的信息枢纽和决策指挥中心，在庄严稳健的气质上，采用简约的形体处理，通过玻璃、金属和石材的合理组合，形成了明快通透的空间感受，体现了公安系统开放透明、公平方正的精神内涵。室内核心区域采用36m×40m的开放式空间，增加了建筑内部空间的灵活性与适应性，6.5～10.5m的层高，结合充满科技感的一体化装修，营造出新时代集安全、功能、美观、体验于一体的建筑空间。

在装配式建筑技术创新方面，深圳市公安局第三代指挥中心采用了更符合装配式理念、更适合自身空间特点的装配式钢结构体系，以钢框架—支撑结构为主体，东西侧外围护系统采用了轻质条板+石材幕墙，南北侧应用玻璃幕墙，结合钢筋桁架组合楼板，其中超大跨度、超高层高的ALC条板高难度施工，还有墙板安装机器人的使用，更是技术上的一大突破。

在装配式建筑工程管理方面，该项目采用EPC模式进行建造，通过招采前置，引入全过程咨询单位，通过资源整合，提升管理水平，降低项目成本，体现了EPC建设模式的优势及装配式施工工法的创新。本项目作为深圳市EPC管理模式实践的先进案例，增强了政府推动全市EPC模式的信心。

在一体化BIM技术应用方面，采用BIM正向设计，模型出图，同步深化，实现设计施工一体化，并组建BIM型管理团队，参建各方借助设计协同、协筑、工程管理三个数字化建造平台，在项目管理过程中践行“智慧建造”理念，数字技术贯穿项目建设的全过程，确保了设计意图的完美呈现和项目建设的顺利开展。

点评专家

赵中宇

1971年5月出生，现任中国中建设计集团有限公司总建筑师，教授级高级建筑师，国家一级注册建筑师，享受国务院特殊津贴专家。国家装配式建筑产业技术创新联盟专家委员会专家委员，中国建筑学会建筑产业现代化发展委员会理事，中国建筑学会工业化建筑学术委员会理事，中国建筑工业化产业技术创新战略联盟理事，北京市装配式建筑专家委员会委员。

主持国家“十二五”科技支撑计划课题“预制装配式建筑设计、设备及全装修集成技术研究与示范”和国家“十三五”重点研发计划项目“主体结构与围护结构、建筑设备、装饰装修一体化、标准化集成设计方法及关键技术研究”，主编国家标准图集《装配式混凝土结构住宅建筑设计示例（剪力墙）》，参加国家规范《装配式混凝土结构建筑技术规范》、行业标准《装配式建筑评价标准》《工业化住宅尺寸协调标准》的编制工作。

朱竞翔

香港中文大学建筑学院全职终身教授，从事设计教学与前沿性建筑研究与应用工作。

作为首批在国际舞台亮相的中国独立建筑师，早期有十余年重型建筑的实验性创作，专注教育医疗类型。

其后在香港发展了领先设计课程，探索结构与建造的整合设计来创造空间并提升性能。领导的研究与设计团队专注于研发环保型建筑、新型空间结构、轻质建筑物料以及设计方法论，成果包括六种新型建筑系统，并在海内外的教育、文旅及商业等类型上成功应用。

曾获第四届中国建筑传媒奖技术探索奖、《华尔街日报》“中国创新人物奖”、2015年香港建造业议会创新奖、2016年台湾远东建筑奖、多次荣获WA中国建筑奖。2016年受邀为威尼斯国际建筑双年展中国馆设计户外展馆“斗室”。

设计理念

作为建筑产业中承上启下的核心，设计工作汇聚了上下游的各种信息。优秀的设计师不仅是技术专家，更应是组织者与策略家，通过甄别项目的真实供求条件，以技术手段解决核心问题，优化配置有限的资源，增益提效，强化社区。

团队致力于从全链条的建造体系出发，以系统理念和集成思维，利用高效的BIM管理工具，整合研究、设计、制造与建造，优化技术、工艺与管理，提供空间宜人、功能舒适、绿色环保、安全可靠、迅捷高效、适应性强的一体化建筑产品。

图1 高密度城市区中的梅丽小学腾挪校舍

深圳市梅丽小学腾挪校舍

建筑类型 | 教育建筑
建筑规模 | 34班全日制小学
占地面积 | 7400m^2
建筑面积 | 5400m^2
建筑系统 | “轻量钢结构+钢木复合围护”预制装配体系
建筑结构 | 小断面钢框架+桁架剪力框格
设计时间 | 2018年
竣工时间 | 2018年
项目地点 | 深圳福田
设计单位 | 深圳元远建筑科技发展有限公司，深圳市建筑设计研究总院有限公司

图2　学校西南角鸟瞰

1　项目概况

作为全国最大的移民城市，深圳人口增速快且结构年轻，但加速涌入的人口也造成教育资源供给不足，学位缺口问题常年严峻。如何让城市发展不以牺牲生态环境、社会资源为代价，如何能更快更好地建设新校园以解决民生大问题，设计团队从先进的建筑产品切入寻找到城市问题的创新解答。通过全国首创的校舍腾挪模式，采取就近安置策略，利用城市零星土地，快速地提供高品质装配式过渡期校舍。

深圳市福田区梅丽小学腾挪校舍借址于规划预留城市公共绿地，场地交通方便，生活便利，它距离学校原址直线距离不足500m，满足学生就近入学需求。

腾挪校舍采用的新型轻量钢结构装配建筑系统，由标准模块单元组合而成。建筑每平方米造价约6000元，为深圳新标准学校建设费用的70%，且可循环利用。

通过产品化的建设模式：一体化设计、BIM信息统筹、工业化制作、高效的装配式施工以及透明公开的建设管理，腾挪校舍全建设周期不足5个月，且竣工后一周即入驻开学，安全及环保条件让家长师生放心。

腾挪校舍理念创新、品质良好，获得社会各界的广泛好评及海内外市场的密切关注，并于2019年获得广东省优秀工程勘察设计奖科技创新项目一等奖。

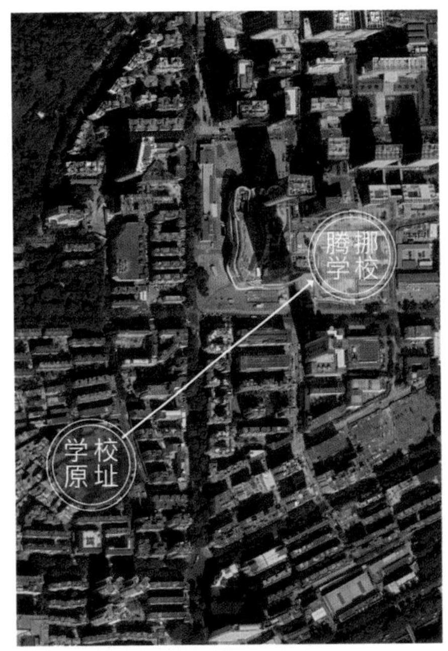

图3　原校整体拆除，学生就近腾挪

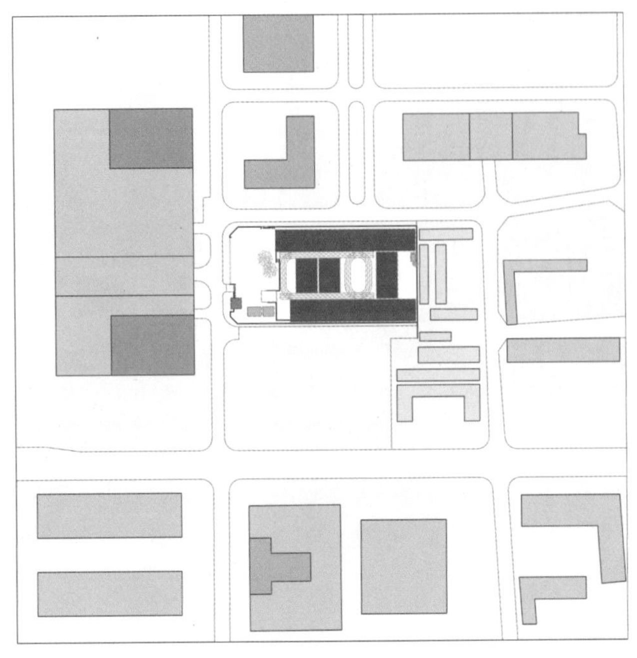
图4　腾挪校舍选址在高密度中暂未开发的空地上

2　EPC管理模式

建筑师统筹，顶尖团队强强联合

腾挪校舍的整个建设过程，从规划立项、筹备组织、方案设计、工艺深化、报规报建直到现场建造的全部流程都有一个联合团队统一管理，保证了决策执行效率的高效，降低了管理的成本及风险，同时项目的计划和目标可由始至终得以贯彻落实。

工程团队联合了海内外顶尖的设计及建造团队：建筑体系与产品由香港中文大学建筑学院团队构想开发，深圳市建筑设计研究总院负责施工图设计，奥雅纳工程顾问有限公司为结构做专项复核，元远建筑科技发展有限公司做工艺深化。具体工程建设由深圳天健集团代建，中国建筑一局为施工总承包，嘉合集成模块房屋有限公司负责预制构件生产制造。

作为关键核心，责任建筑师在工程中扮演了项目策划、设计、预制、建造、结构、资本、组织的综合统筹的角色，涉及政策、经济、产业和技术等多方领域。

产品化建设模式

项目周期短、预算紧、品质要求高，管理上利用了模块化、装配式及高度集成的策略来统筹建设。新型装配建筑系统技术工业化程度高，制作、运输，装配式施工高效便利，且能实现建筑重复拆装利用。利用BIM工具构建的数字化“设计-制造-建造”一体化平台，将结构体系和空间设计高度整合，精选团队，集中管理，简化工序，减少隐蔽节点，让全流程的品控变得清晰易控且可溯源。最终呈现装修体系高度一体化的高品质教学空间，且结构安全、空气质量有保障。

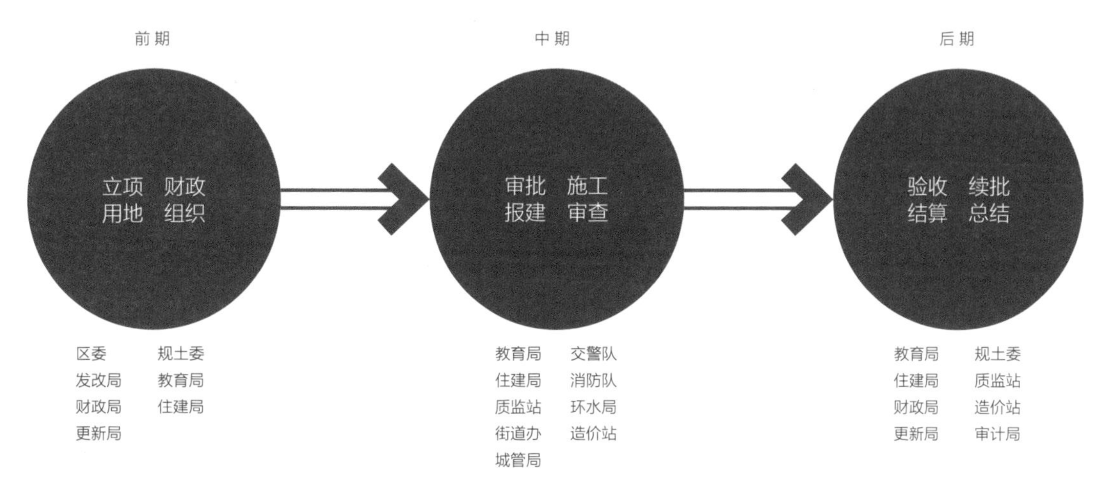

图5 腾挪学校建设管理流程示意

腾挪校舍高效的管理示范了节时节地、灵活响应的创新模式，工程从发标到交付仅短短5个月；而且建设过程始终对外保持开放透明，因此获得公众、媒体、师生、家长的广泛好评。

透明化开放的管理

在高效的BIM工具和产品化的建设模式前提下，工程管理可以变得开放、透明，也让使用方、建设方和公众能在各阶段参与。项目策划阶段，决策方与研发机构及建设方充分讨论可行性，制定与之匹配的政策；设计阶段，建设方广泛听取学校、家长的意见，修订完善方案；在建设初期，通过工厂试制足尺样板促进决策；在建设中期，现场搭建样板间以开展开放日活动，向未来的使用方及媒体展示建成后的效果，详细介绍建造工艺、品控措施与工程计划，消除疑虑。在建设完成后，持续以专业研讨、咨询回访等方式帮助校园优化建设及运营。

3 标准化设计

规划布局

腾挪校舍在7500m^{2}的用地上布置了一组双层共5400m^{2}的教学建筑，满足学校基本的教学、活动与运动需求。

腾挪校舍群落有五栋双层建筑，它们以正交网格定位，东西走向的两栋长建筑贴南北红线布置，三栋较短的建筑以不同间距分组插入在南北楼之间。

善用院落，空间小中见大。针对用地狭小的状况，项目借鉴传统书院格局，自西向东围合出四个不同的室外空间：朝街开放的游乐广场、狭长内向的服务院子、向心凝聚的运动院子、安静的绿植庭院。以变化的楼梯、连桥联系它们，塑造了儿童喜闻乐见的趣致空间，处处皆风景，处处可游戏。

南北朝向的楼栋布置使用频率最高的教室，东西朝向的建筑布置电脑室、功能教室、办公室、卫生间以及其他辅助用房。教室两侧设有宽敞走廊，外廊环通各栋楼。双廊系统创造出多种回环路径，平面动线提升布局效率，创造符合孩童天性的多重路径，弱化高密度环境的逼仄感。

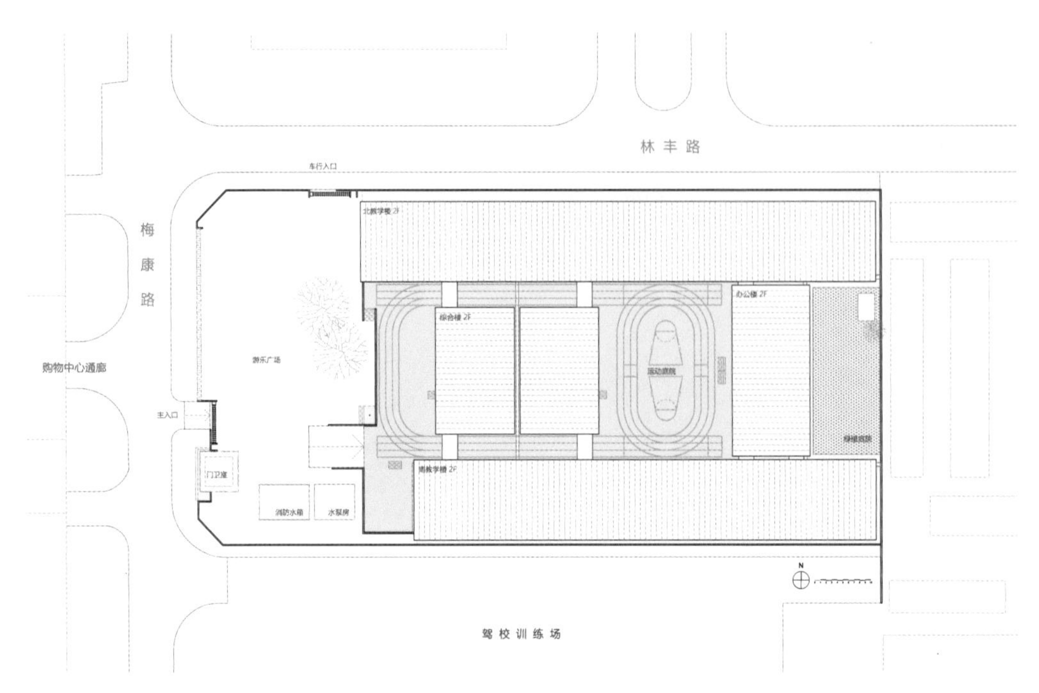

图6　腾挪学校总平面图

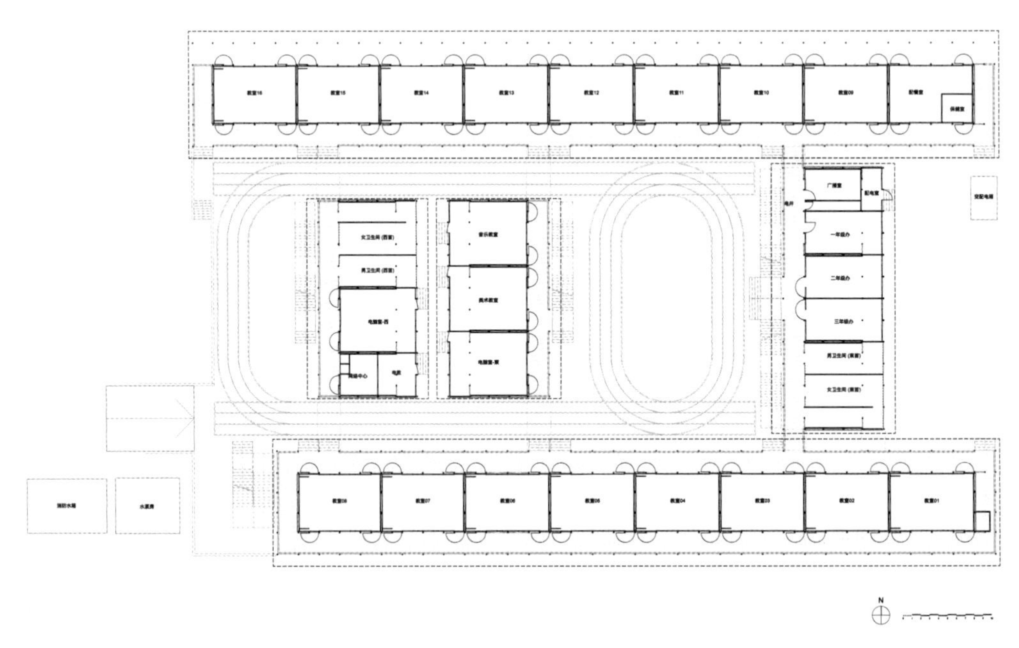

图7　首层平面图

结构设计

腾挪校舍产品采用新型轻量钢结构装配式模块系统，以框架和桁架剪力框格复合系统受力，以密度换强度，受力分离的小断面构件分别抵抗垂直力和侧向力。结构用钢量约80kg/m^2，自重轻但结构安全牢固，可抵御16级台风及烈度7度的地震。

复合钢楼板替代混凝土楼板，在提供富余刚度的前提下，极大地将建筑自重减轻至常规建筑的25%，地上建筑不足300kg/m^2。

结构体系使用梁柱框架与剪力框格混合受力的结构系统，重力体系采用2.4m间隔的框架结构，每榀框架中，教室内部6.6m主跨通过张弦组合梁传递到两侧的立柱上，2.4m宽走廊外侧增设立柱形成连续梁。所有立柱层间不连续，仅以二力杆形式上下端铰接，仅承担由主梁传递的重力。三个方向的杆件纵横交错层叠，秩序井然，系统受力清晰明了。

水平侧力则由均匀布置的剪力框格集中抵抗，楼板下设置水平交叉拉索提高平面内刚度，保证水平力顺利传递到每间教室单元转角纵横两个方向布置的剪力框格处。垂直力流与水平力流分离，各结构构件各司其职，以密度换取强度，以小断面杆件实现较大跨度，系统解决多层预制装配结构体系抗震、抗风等关键性技术难题。

楼板模块采用钢框与蒙皮复合结构，刚度好，自重轻，达到每平方米600kg承载力。由于设计余量大，配合隔振垫与木基复合板材的使用，有效地解决学校建筑抗震与隔音要求。而且无需后浇筑或焊接，因而便于拆移与循环使用，这是传统装配式建筑中现浇混凝土楼板或叠合楼板等水平板系统所不具备的优势。

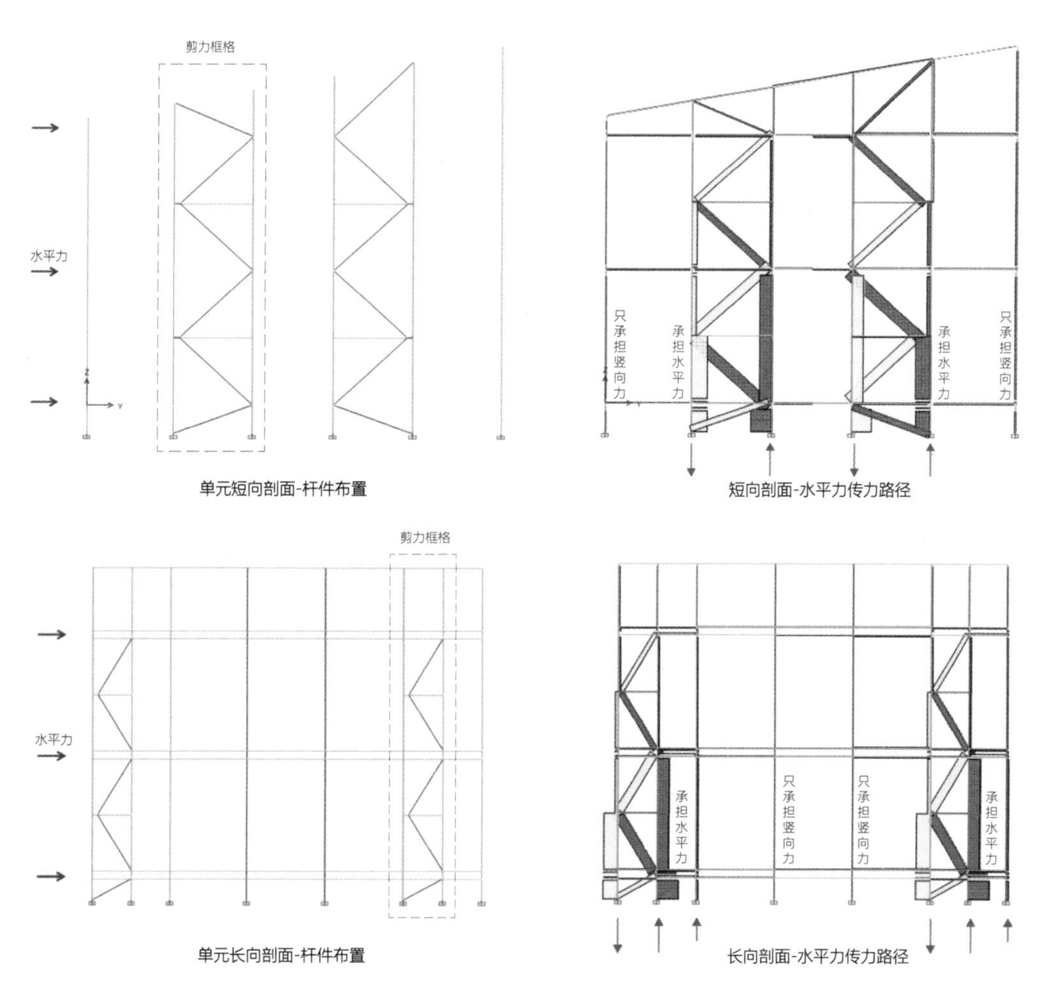

图8　系统力流分析

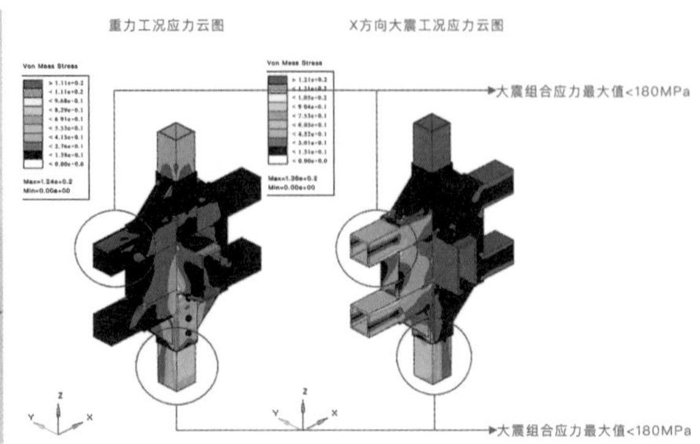

图9　节点模型及受力分析

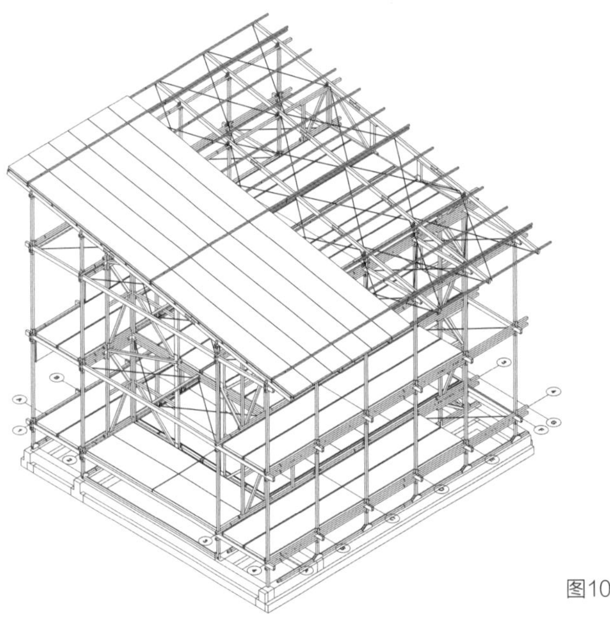

图10　结构模型

舒适性设计

腾挪学校从空间、结构、构造细节等层面入手，集成多种被动式能源策略。

双廊及架空设计回应了深圳湿热的亚热带地区气候，教室两侧均设置有2.4m的宽走廊，将室内空间以一层气候缓冲区环绕。双侧走廊在冬季不妨碍阳光进入，但在夏季隔绝直射光线进入室内，白色单坡斜屋面反射掉最强的顶部直射阳光能量，屋顶下的通风间层再带走多余热量。底部架空通风层隔绝地面潮气，也便于各种管线的敷设。

教室的六个围护面均采用保温隔热的构造：除了双廊形成的建筑自遮阳外，教室隔墙、天花板及楼面均采用保温结构板构造（SIP），提升房间的隔热性能。墙体采用模块化设计，整合了装修、保温、隔音、防火、防水和结构等各功能层。通风窗被安排在玻璃下端，与每间教室扇门协同形成对流换气通路。

室内装修高度一体化，结构张弦梁下端藏有节能LED灯管，漫反射照明让室内光线更柔和，天花一圈白色收边件兼有窗帘轨道、线槽及灯带作用。

图11　双侧走廊空间

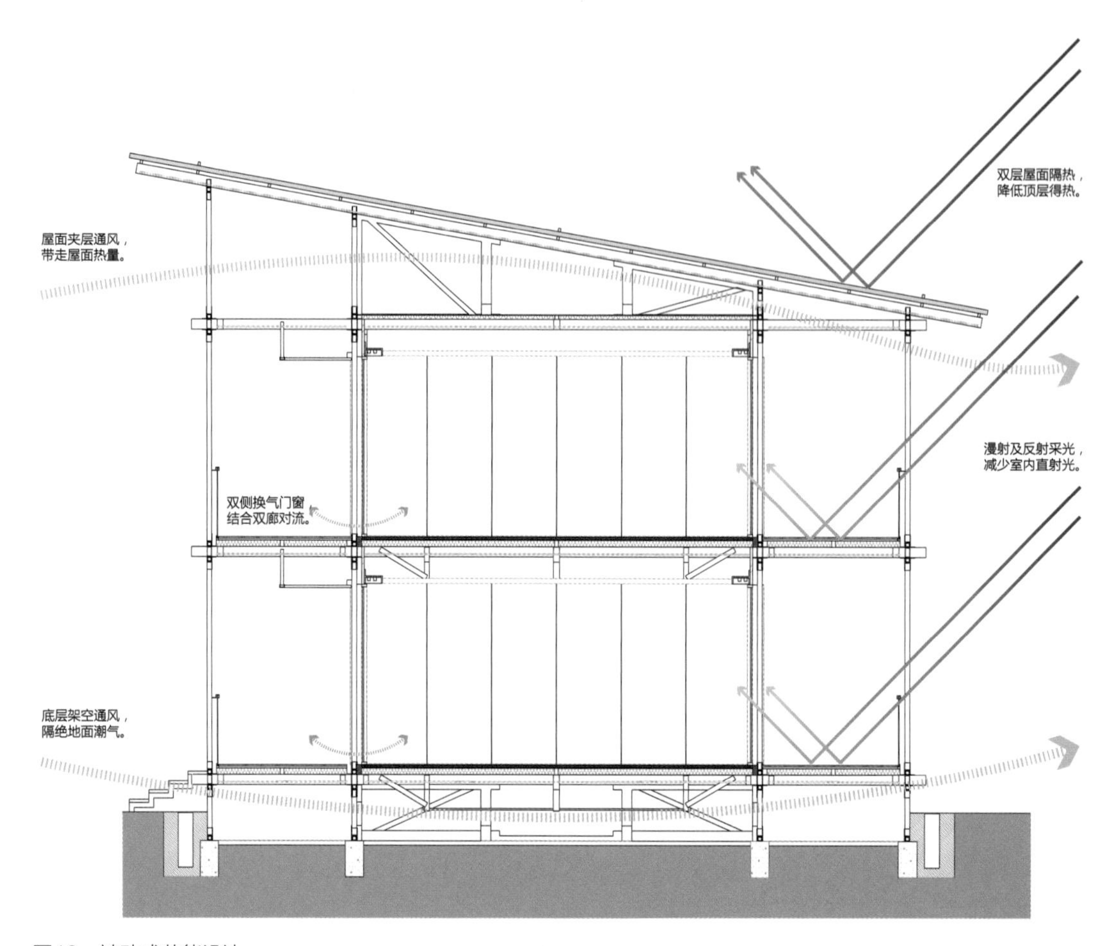

图12　被动式节能设计

模块化单元

由于执行时间十分短促，整个建筑采用了高度统一的标准模块建造，模数系统兼容工业制造和功能使用的两方面需求，教室单元平面尺寸为9.6m × 6.6m，两侧外加2.4m宽的廊道空间，层高3.6m。网格模数来自于几何与材料供应，与空间设计有效整合，它没有削弱空间的丰富性，反而避免由功能决定柱网的设计中常见的杂乱与零碎。

建筑空间与结构设计高度整合，结构立柱间隔2.4m以简单数列重复排列，纤细的白色钢管构件直接外露，杆件清晰表达建筑的建构逻辑。

模块单元的所有结构和主要围护构件均标准通用，各构件可灵活搭配、互换和调节。组成产品的结构杆件只用到80 × 80、80 × 100及80 × 160三种规格，通过不同的开孔形成梁、柱及剪力框格。

围护构件同样采用标准预制的产品组合，通过调整预制墙板插件的组合布置，模块单元可依据学校需求，在标准教室单元与其他功能单元之间灵活转换。

图13　一体化集成的模块单元空间

图14　双侧走廊的模块化的单元

4 工厂化制造

腾挪学校的构件形状被约束为杆件与板材，类型标准通用，工艺设计充分考虑加工制作、运输、安装及回收的可行性。材料涉及钢、木、铝合金及玻璃等，构件种类少，便于加工制作及管理。

钢节点连接形式类似于传统木结构的斗拱方法，通过连接板、螺栓等传递内力，既保证结构的安全性，方便生产加工，也有利于快速的建造安装。其余附件如楼梯、连桥、水塔等，也采用与主体结构相同的型材，保证构件以相似的逻辑拼合而成。

工艺设计并非在传统施工图之后进行，而是围绕加工设备及市场材料供给条件展开，以保证加工的高效率、高精度。设计流程也不同于传统线性的操作，由建筑师、工程师及制造施工方联合工作，反复优化系统、构件与节点的设计。

所有部件规模量产之前，均经由计算模拟、实体模型及1：1样品试装与检验几个步骤。工艺出图由设计师直接在工厂驻地完成，以迅速制作样品、校验、改进与确认。

这一方式也反向定义了材料的采购与制作。整个结构体系仅使用了适合于激光加工的轻量矩形钢管断面，预制部件模块化程度非常高，预制率超过90%，在加工工厂采用数控相贯线切割机开孔及切割，精度可控制在毫米级别。

图15 数字化激光加工构件

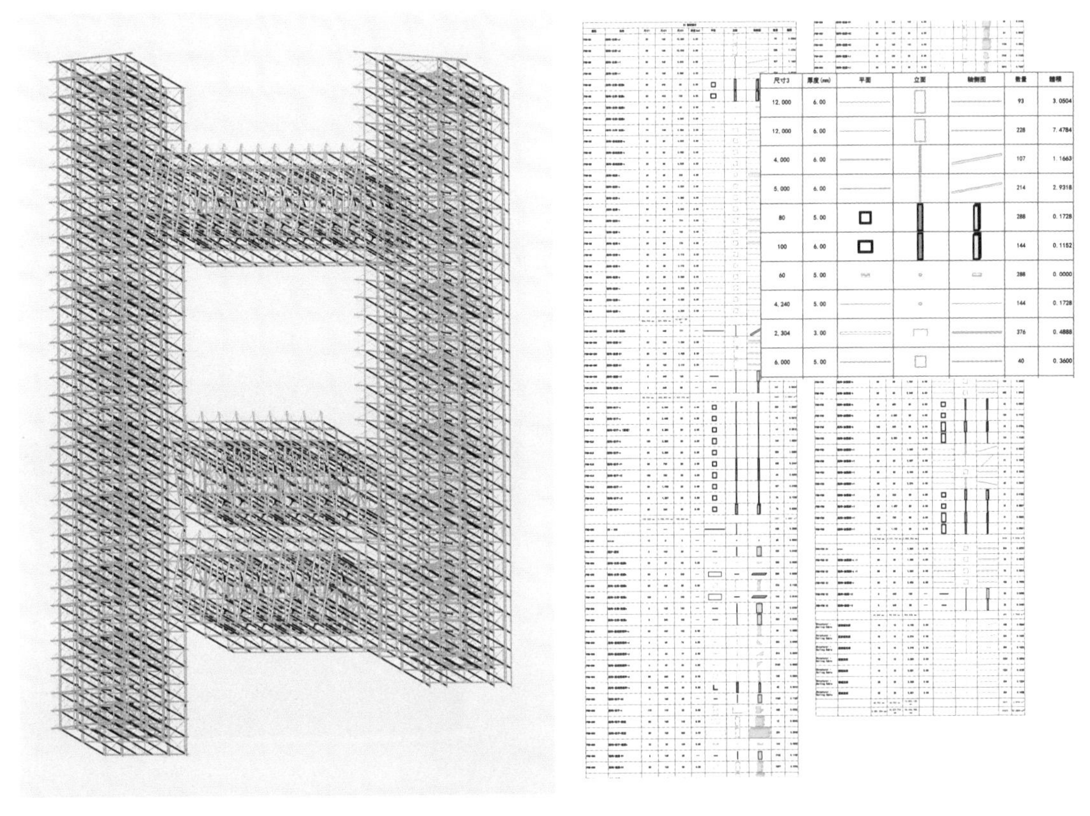

尺寸3	厚度(mm)	平面	立面	轴侧图	数量	体积
12,000	6.00				93	3.0504
12,000	6.00				228	7.4784
4,000	6.00				107	1.1663
5,000	6.00				214	2.9318
80	5.00				288	0.1728
100	6.00				144	0.1152
60	5.00				288	0.0000
4,240	5.00				144	0.1728
2,304	3.00				376	0.4888
6,000	5.00				40	0.3600

图16　BIM中的构件信息

图17　卫生间单元模块

5 装配化施工

施工组织兼顾工厂产能、运输时效、作业空间、安装周期，确保每个环节都能顺利衔接、各不耽误。

施工采用非连续柱平台法施工法，以模块为单元，逐层逐间依次搭建，每层的楼板作为上一层的施工平台，省却传统连续柱施工方法中大量的脚手架和器械使用，且施工高度相对低矮，容易操作且安全。构件运抵现场后仅需要通过螺栓和螺丝等机械连接安装。

隔墙插件选用整个各功能层的预制复合板式构件，利用榫卯槽口连接，一次安装成型，避免了

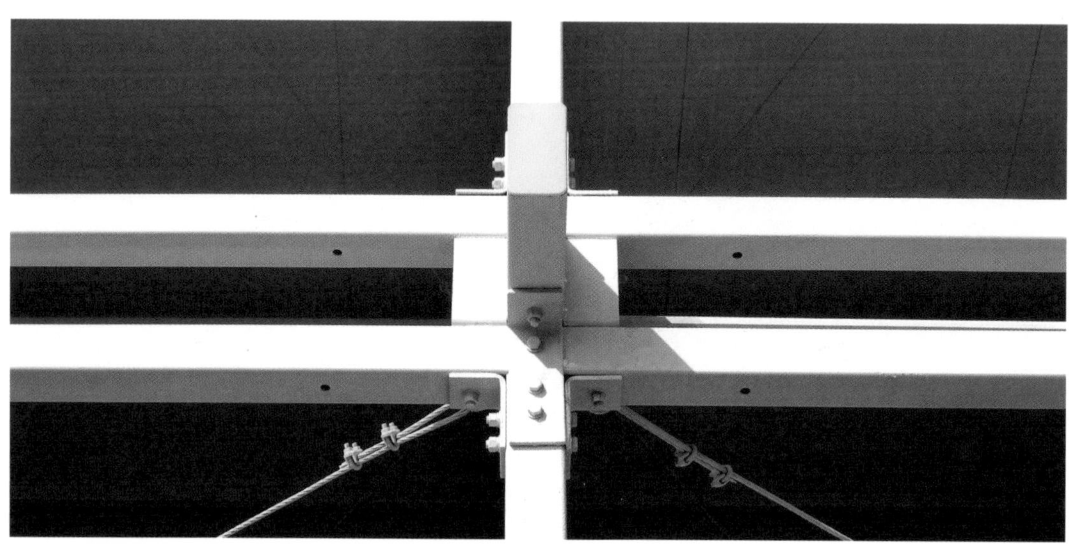

图18 结构框架典型连接节点

图19 不同功能的预制墙板作为插件

室内二次装修耗时耗工及污染防护问题。

施工过程中无焊接、无污水、无明火、无烟尘、低噪声，因此现场快捷易控，安静环保，夜间及不良天气时均可装配，节约施工时间及材料堆放空间。

全装配模块系统不仅实施迅速，而且规避现场浇筑、切割和焊接等不可逆的安装工序，建筑拆装同样便捷。构件为通用构件且拆装损耗率小，构件直接重复使用率可达80%。模块化产品可实现整体搬迁并异地组装以适应新的场地及使用功能，多轮次重复使用可极大降低后续建设成本且缩短建设周期。

图20　层叠的全螺栓构造提升搭建效率

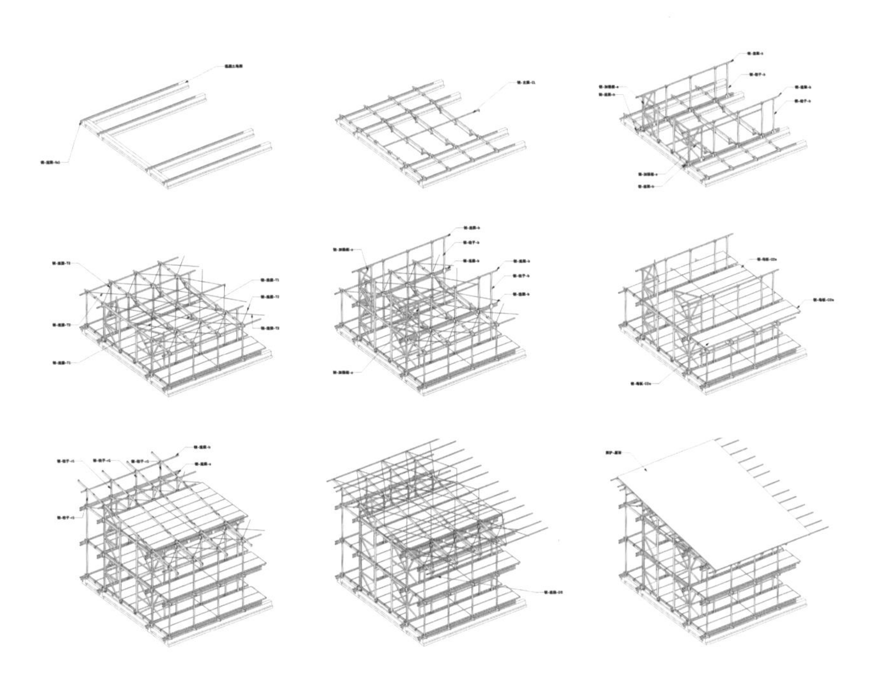

图21　搭建流程示意图

6 信息化管理

项目从时间、空间及资源等多维度制定设计策略，最终呈现出兼顾了使用、制造、建造及运维等多方面因素考虑的集成建筑产品。

通过直接应用BIM工具（archicad）于设计与生产，设计团队可以在三维模型、二维图纸以及一维数据上实时切换，再做比较与判断。容纳多维度信息的模型确保核心团队掌握设计效果与最全面的设计信息，帮助参与团队维持构造原则的一致性以及信息的简洁易用。

由于图形和模型相互关联，文件及细节都能同步一致，精确而高效的信息传递减少各参与团体的误读，大大提高了项目的执行效率。

同时，通过BIM的管理，所有建筑中使用的构件和材料均可溯源，原材料从产品库中筛选出满足使用要求且供货及时的高品质环保材料，确保最终产品安全、无毒，各项验收指标达标。

工程信息化不仅实现设计、生产及建造等各环节的组织管理改革优化，保证了优质工程能在建设周期短、工程预算紧的情况下顺利完成。在前端，BIM平台更提供多种方案实时比选，直观呈现比常规学校更高密度的设计如何兼顾学生活动空间，协助政府跨部门快速决策。

图22 便捷易操作的搭建方式

图23　全天候的搭建现场

图24　BIM统筹“设计-建造-施工”

7 EPC模式启示

梅丽腾挪校舍既是订制项目，也是系统开发。在它刷新技术指标的背后，包含如下的一系列关于设计与管理的新思路：

（1）设计研究先行：当今社会的快速更迭对空间生产提出了更复杂的要求，突如其来的要求往往让设计者来不及反应。这要求建设者及设计师针对当下困境或未来将浮现的问题，提前做出系统性的研究，来形成一系列理想的可能。有了这些研究储备，当真实项目来到面前，无需设计反应，调用合适的预研进行应用即可。从项目管理而言，相较于传统个案设计，此类产品层级的设计无疑是更高效且易控的。

（2）联合设计、制造、建造成为一体：传统设计在前期仅着眼于空间与形式，而忽视制造与加工。传统单线程、单方向、单维度的设计，要么导致各环节互不兼容而不断反复调整，要么屈服于时间压力而牺牲某方面的效率或品质。合理的方式是预先了解制造与建造的需求，以与之合作、提高它们的效率为目标，化制约为创新之源，展开空间与形式的陈述。

（3）不可或缺的公众参与：项目在发明、设计、制作、建造、移交的全过程，保持公开透明，通过细致的公众沟通与媒体合作，不仅可释疑、解惑，形成参与者合力，确保项目建设的有序推进，并可帮助模式、思想的广泛传播。

（4）技术创新与社会组织形成互动：轻量建筑改变的不只是建筑结构，它更大的是改变了的人们的思维。先进的建造技术帮助城市决策者和建设者以更多维的方式来提升土地利用效率，利用发展计划中尚未实现的时间空档改变空间的短期用途，提供灵活的城市运营可能。

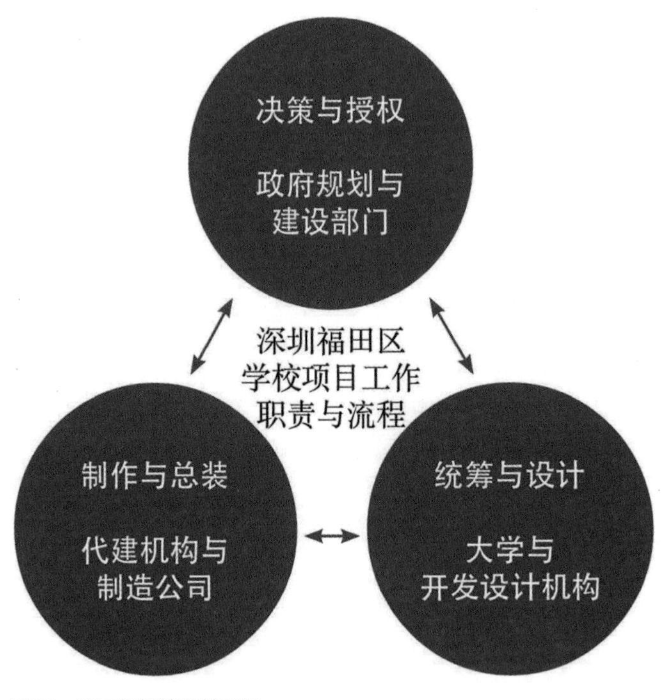

图25 项目组织管理关系图

图26 腾挪校舍内院夜景

设计团队合照

项目小档案

设计团队

腾挪组织：周红玫　郑捷奋　于　敏　曹丽晓　朱　倩　黄司裕

系统设计：朱竞翔

结构概念：朱竞翔　张建军　罗见闻

结构设计：张建军　侯学凡　林　海　田　硕

方案设计：刘鑫程　韩国日　何英杰

建施设计：廉大鹏　吴长华　王鹏林

机电设计：黄　跃　李　扬　吕均鹏　刘贺兵

施工组织：刘清峰　蔡春明　谢书伟　王　旭

构造设计：韩国日　蔡春明　赵　亚　蒋　珩　邹蕙冰　冯诗蔚

场地设计：何英杰　邹蕙冰　韩　曼

室内设计：刘鑫程　蒋　珩　韩国日　邹蕙冰

标识设计：蒋　珩　邓亚东

工程团队

建 设 单 位：深圳市规划和自然资源局福田管理局，深圳市福田区教育局
代 建 组 织：深圳市天健（集团）股份有限公司
施 工 总 包：中国建筑一局（集团）有限公司
方 案 设 计：深圳元远建筑科技发展有限公司
施工图设计：深圳市建筑设计研究总院有限公司
工 艺 深 化：深圳元远建筑科技发展有限公司
构 件 预 制：河南嘉合集成模块房屋有限公司
结 构 复 核：奥雅纳工程咨询（上海）有限公司（ARUP）
工 程 监 理：深圳市大兴工程管理有限公司
造 价 管 理：深圳市昌信工程管理咨询有限公司
BIM 管 理：香港元远建筑科技发展有限公司

摄影：张　超　何英杰　朱竞翔
整理：朱竞翔　何英杰　韩如意

图27　腾挪校舍南立面

孙晖

中建科技集团有限公司深圳分公司副总经理，2009年获得德国达姆斯塔特工业大学硕士学位，高级工程师，深圳市装配式建筑专家、深圳市绿色建筑协会专家、深圳市建筑产业化协会专家、深圳建筑业协会建筑信息模型（BIM）专家。

先后担任广州周大福金融中心项目常务副总工程师，裕璟幸福家园、长圳公共住房及其附属工程总承包项目、坪山高新区综合服务中心项目等多个大型装配式建筑EPC工程副总指挥，以及坪山实验学校二期、竹坑学校、锦龙学校EPC项目负责人。

编撰《基于BIM的广州周大福金融中心项目施工总承包管理系统的开发与应用》《百层高楼结构关键建造技术》等多部专著，参与多项国家及省市科研课题，发表核心论文数十篇，申请专利数十项。

管理理念

装配式建筑主要包括设计、采购、制造、施工等环节，与EPC工程总承包模式有着天然的契合。根据装配式建筑的特点，实践中建科技集团公司首创的“研发（R）+设计（E）+制造（M）+采购（P）+施工（C）”REMPC五位一体的总承包管理模式：以研发（R）为支撑，研究和应用创新技术，重点攻克关键和难点问题；以设计（E）为引领，使建筑平面、立面、构件与部品等实现标准化；以工厂化制造（M）为依托，生产出能保证品质的预制构件；通过统一集中采购（P），提高采购效率，降低成本；进行装配化施工（C），提升建造速度，缩短工期。运用REMPC总承包模式，结合BIM技术和“装配式智慧建造平台”进行全过程信息化管理，有利于整合与优化资源、降低成本、缩短工期，最终实现EPC工程总承包项目的高品质履约。

中建科技集团坪山三校EPC项目

1 项目概况

深圳市坪山实验学校南校区二期、坪山竹坑学校、坪山锦龙学校（以下简称“坪山三校”）均位于深圳市坪山区，采用“大EPC”发包模式，总建筑面积约23.17万m^2，总合同造价为13.89亿元。坪山三校EPC项目的建设单位为深圳市坪山区建筑工务署，总承包单位为中建科技集团有限公司。本项目于2018年9月13日中标，2018年12月完成基础图纸、主体图纸、预制构件等主要施工图纸，2019年3月15日完成全部图纸，2019年7月30日通过竣工初验，总工期仅为10.5个月，创造了装配式学校EPC项目新的“深圳速度”与“闪建模式”。

坪山实验学校南校区二期项目（以下简称“实验学校”）位于深圳市坪山区兰竹西路和新和四路交界东南角，规划两个独立36班小学，共72班，合同造价为5.79亿元。

坪山实验学校南校区二期项目信息

占地面积：33187m^2

建筑面积：101531m^2，其中必配基本校舍35559m^2，增配用房及其附属设施19302m^2，地下室26374m^2

建筑高度：23m/49m（2栋6层教学楼/1栋14层宿舍楼）

建筑节能率：65.50%～77.40%

教学楼标准化构件应用比例：93.1%（标准化构件为6564个，非标准化构件数量为486个）

图1 坪山实验学校效果图

图2　坪山实验学校实景图

坪山竹坑学校位于坪山区竹坑地区金牛东路南侧和创景路东侧，规划为48班九年一贯制学校，其中小学30班，中学18班，合同造价为4.75亿元。

坪山竹坑学校项目信息

占地面积：22800m²

建筑面积：75715m²，其中必配基本校舍19799m²，增配用房及其附属设施19302m²，地下室15363m²

建筑高度：24m/47m（3栋6层教学楼/1栋13层宿舍楼）

建筑节能率：65.00%～66.06%

教学楼标准化构件应用比例：92.2%（标准化构件为3169个，非标准化构件数量为3436个）

图3　坪山竹坑学校效果图

图4　坪山竹坑学校实景图

坪山锦龙学校位于锦龙大道与科环路交汇处，规划36班小学，预留6个班，合同造价为3.348亿元。

坪山锦龙学校项目信息

用地面积：16172m^2

建筑面积：54465m^2，其中必配基本校舍19799m^2，增配用房及其附属设施19302m^2，地下室15363m^2

建筑高度：24m/47m（3栋6层教学楼/1栋12层宿舍楼）

建筑节能率：65.37%～66.95%

教学楼标准化构件应用比例：67.9%（标准化构件为1507个，非标准化构件数量为711个）

坪山三校EPC项目中的教学楼采用新型装配式钢—混组合框架结构体系，宿舍楼均为现浇框架—剪力墙结构，裙房及地下室均为现浇框架结构。其中，三所学校的教学楼按照国家标准《装配式建筑评价标准》GB/T 51129—2017均被评为AA级装配式建筑，按照《深圳市装配式建筑评分规则》（深建规［2018］13号）评分均为80分以上，是深圳市首个装配率达到76.6%的装配式学校EPC项目、华南地区首个采用新型装配式钢—混组合框架结构体系的EPC项目。三所学校按照《绿色建筑评价标准》GB/T 50378—2014 均被评为二星级绿色建筑。

本项目是“十三五”国家重点专项研发课题“预制装配式混凝土结构建筑产业化关键技术”和“工业化建筑设计关键技术”的示范工程、深圳市建筑业新技术应用示范工程、深圳市建筑业绿色施工示范工程、广东省装配式建筑示范项目。

图5　坪山锦龙学校效果图

图6　坪山锦龙学校实景图

2 EPC管理模式

坪山三校EPC项目根据装配式建筑的特点，运用了中建科技集团有限公司首创的“研发（Research）+设计（Engineering）+制造（Manufacture）+采购（Procurement）+施工（Construction）”REMPC五位一体工程总承包管理模式：

（1）以研发（R）为支撑，研究和应用创新技术，重点攻克项目的关键问题和难点问题。

（2）以设计（E）为引领，针对装配式建筑的特点，采用标准化设计方法，对建筑的模数和尺寸进行统一优化协调，使建筑平面、立面、构件与部品等实现标准化。

（3）以工厂制造（M）为依托，在标准化设计和构件深化设计的基础上，生产出能保证品质的预制构件。

（4）通过统一集中采购（P），利用BIM技术将前期设计信息快速转换为商务采购信息，提高采购效率，降低成本。

（5）进行装配化施工（C），提升建造速度，缩短工期，有利于节能减排和减少环境污染。

本项目通过运用这种REMPC五位一体的总承包管理模式，结合应用BIM技术和自主研发的“装配式智慧建造平台”，进行“设计-制造-采购-施工”全过程高效的信息化管理，有利于整合与优化资源，提升装配式建筑的建造质量，大大加快施工速度，缩短工期，降低成本。

3 创新研发（R）

坪山三校EPC项目以研发（R）为支撑，研究和应用创新技术，重点攻克EPC项目在设计、制造和施工等方面的关键问题和难点问题。

项目研发团队对学校教学楼的装配式建筑结构设计关键技术和信息化管理等方面进行了大量研究，并在坪山三校EPC项目中应用了装配式学校教学楼各功能区标准模块和标准柱网设计方法、新型装配式钢—混组合结构体系及梁柱连接节点、预制预应力带肋叠合板技术、预制不出筋叠合板技术、套筒灌浆内窥镜检测法、装配式建筑智能建造平台等最新研究成果。这些研究成果对本项目的设计、采购、制造和施工等全过程实施提供了有力的技术支撑与高效的全过程管理，并在提高效率、缩短总工期、提升工程质量和降低综合成本等方面起到了较为重要的作用。

4 标准化设计（E）

坪山三校EPC项目的设计是依据深圳市坪山区政府编制的《中小学建设指引及中小学建设提升指引》和实际功能使用需求等，进行各专业协同设计，且校方提前介入，避免后续频繁变更，为EPC项目后续顺利开展和交付提供了设计基础。

建筑设计

坪山三校的建筑设计运用先进的建筑设计理念，各功能空间合理分布，使学生的校园生活丰富多彩，适应学生个性多样化发展需求，为学校师生营造了轻松活泼的校园氛围和绿色优美的生态环境。

基于教学楼建筑功能相对稳定的特点，教室、办公室、卫生间和楼梯间等各功能区宜做到建筑的标准化设计。坪山三校的建筑设计方案结合了装配式建筑的特点，以实现三化（模数化、模块化、标准化）和四性（功能性、安全性、经济性、易建性）为主导思想，其建筑设计采用“四个标准化”设计技术体系，即平面标准化、立面标准化、构件标准化、部品标准化。

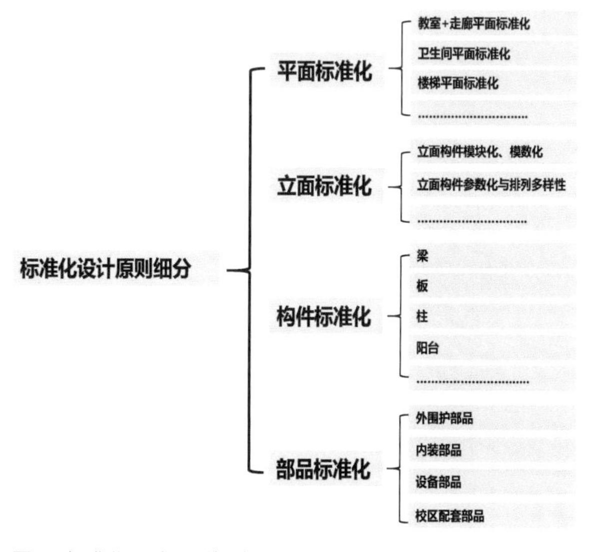

图7　标准化设计原则细分图

平面标准化（有限模块、无限生长）

平面标准化应该合理划分框架柱网，以标准柱网为基本模块，实现其变化及功能适应的可能性，满足其全生命周期使用的灵活性和适应性。在平面上，运用有限模块，达到无限生长的效果。以几个标准化模块，根据使用功能、人流走向和空间美学组合成灵活多变的户型和平面布局。教学及辅助用房包括以下功能区，如下图所示。

普通教室及部分专业教室形态规整、通用性强，重复率高，适合作为标准模块。教学楼整体各模块组合、模块的竖向组合及模块的横向组合如下图所示。

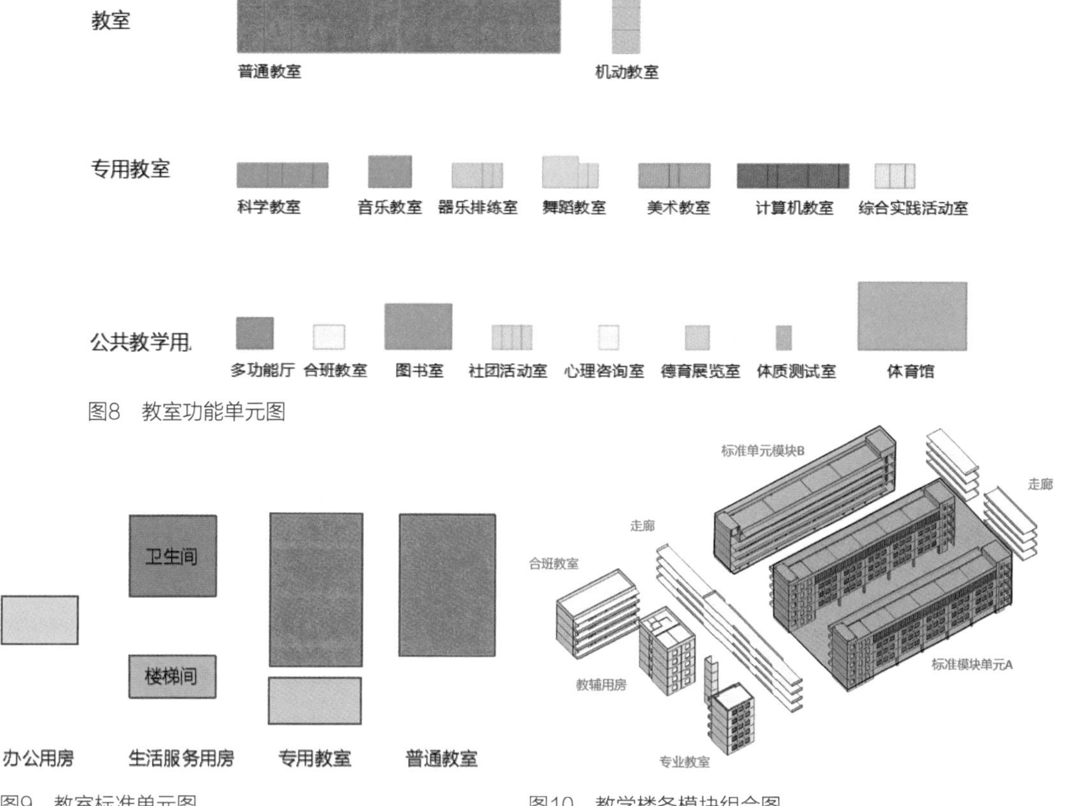

图8　教室功能单元图

图9　教室标准单元图

图10　教学楼各模块组合图

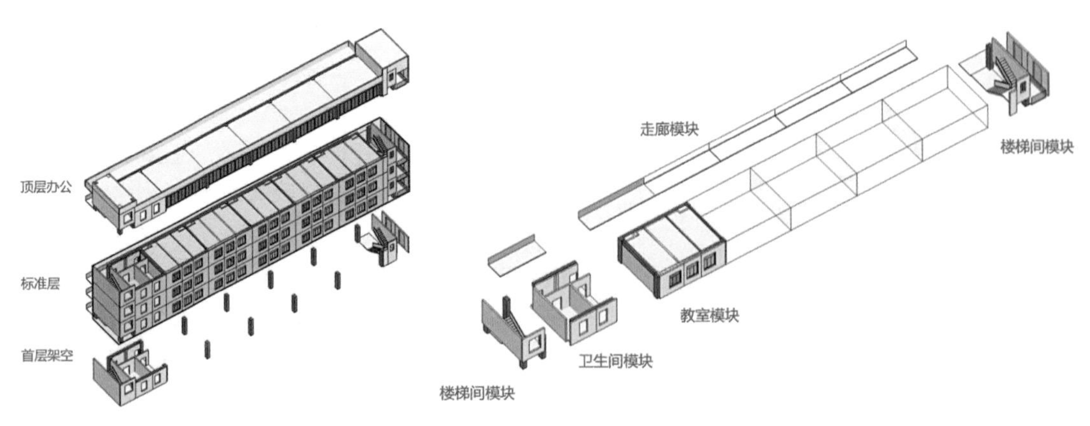

图11　教学楼模块竖向组合图　　图12　教学楼标准层模块横向组合图

以上教学楼各标准单元模块采用标准化、模数化尺寸设计，可形成丰富的平面组合及立面组合形态，可满足教学楼对于平、立面多样化的需求。

坪山三校项目的教学楼根据各功能模块采用标准化设计，其标准平面教室均采用9m × 9m柱网，走廊均采用9m × 3m柱网，立面四层以下教室统一为4m层高、5~6层办公室统一为3.5m层高，通过平面和立面标准化，从而使三所学校的预制柱、钢梁、预应力叠合楼板、楼梯等构件实现标准化。

立面标准化（多样化、个性化）

立面标准化设计对立面的各构成要素进行合理划分，将其大部分设计成工厂生产的构件或部品，运用模数协调的原则，减少其种类，并在差异间寻求多样性。以模块单元的形式进行组合排列，辅之以色彩、肌理、质感、光影等艺术处理手段，最终实现立面的多样化和个性化。通过建筑师的创意设计，实现了学校立面标准化和多样化的统一。

实验学校和竹坑学校的教学楼外围护墙体采用标准化的蒸压加气混凝土（ALC）条板。锦龙学校的教学楼外围护墙体采用ALC条板和预制混凝土（PC）外墙两种墙板。混凝土预制空调板、预制阳台、预制女儿墙、立面遮阳板等构件和部品的立面元素均采用标准化设计，坚持“少规格、多组合”的原则，在减少规格的前提下达到统一多样的立面效果。

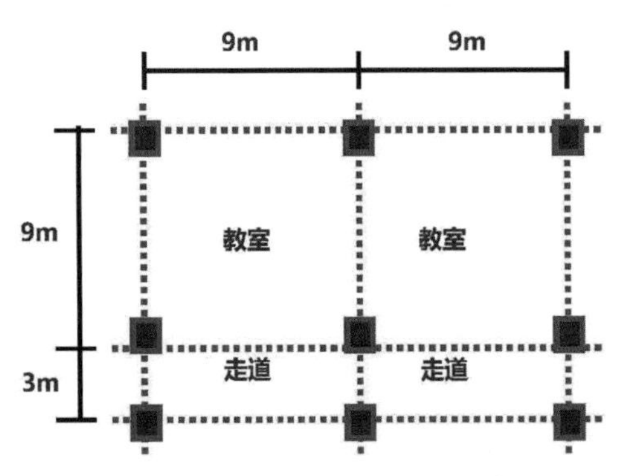

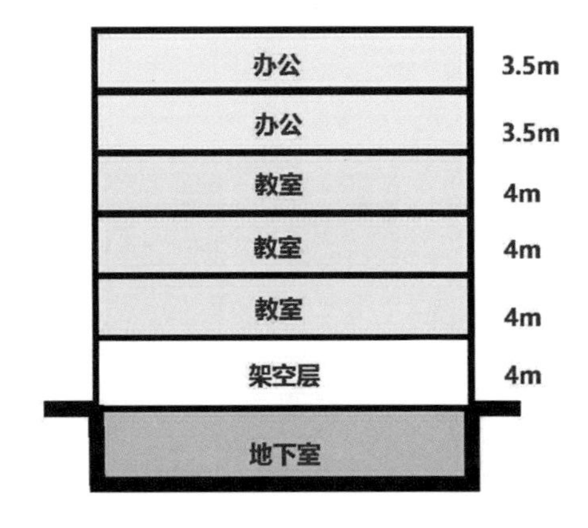

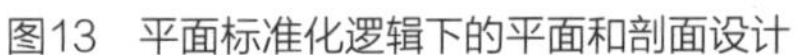
图13　平面标准化逻辑下的平面和剖面设计

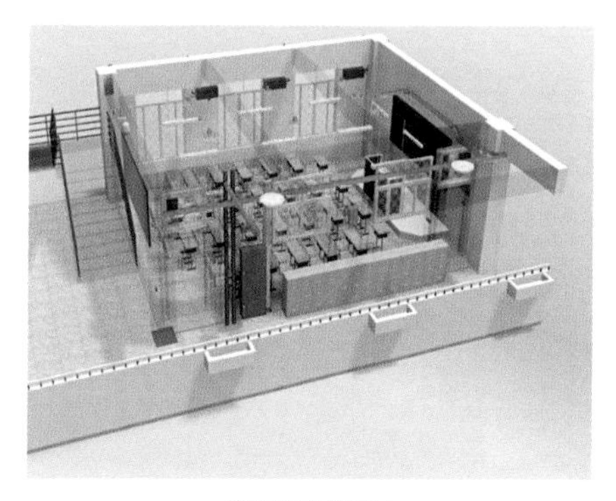

普通教室标准单元

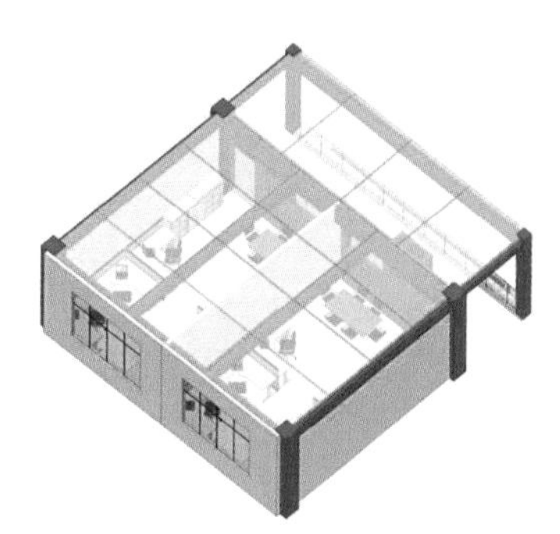

办公室标准单元

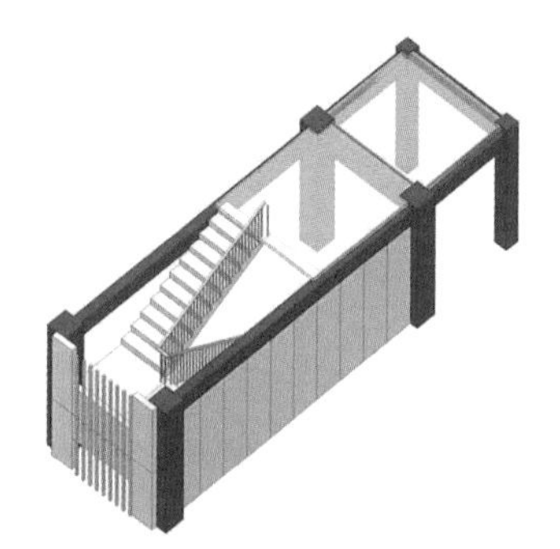

楼梯间标准单元

卫生间标准单元

图14　各功能模块标准单元图

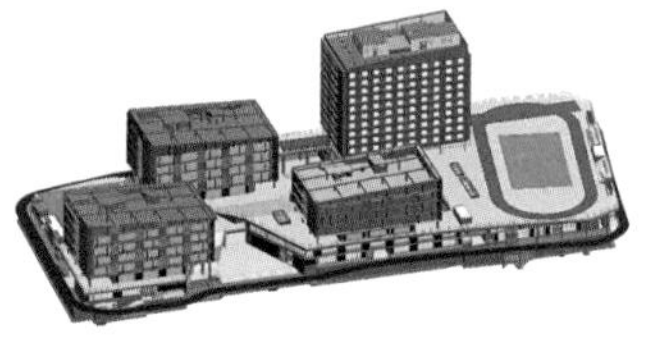

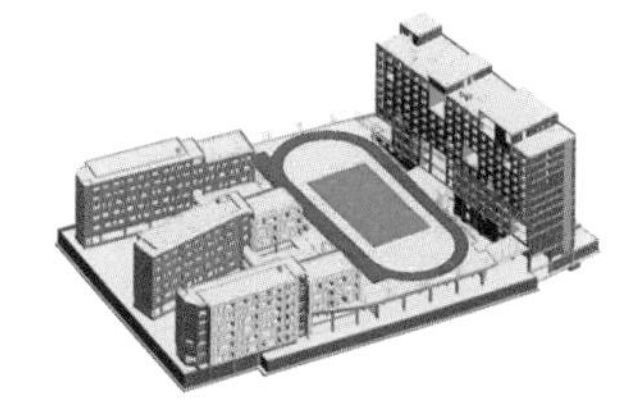

图15　标准化设计逻辑下的立面多样化

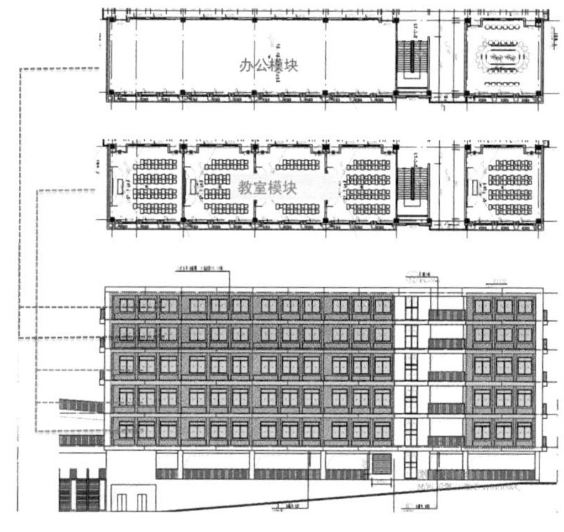

图16　实验学校平面标准化与立面多样化的统一

图17　实验学校立面图

图18　竹坑学校立面图

图19　锦龙学校立面图

构件标准化（少种类、多数量）

在构件的标准化设计方面，对建筑物和构件的尺寸进行统一协调处理，从而达到加快设计速度、提高工厂制作效率和施工效率、降低综合成本的效果。

本项目在预制构件深化设计过程中，先经过分析得出三所学校使用频率较高的预制构件，再优化协调构件的模数和尺寸，坚持“少种类，多数量”的原则，尽量使三所学校的构件通用性达到最优程度。这样做具有下列优点：

（1）在设计阶段可实现最优化设计，尽量提高标准构件的使用比例，减少对非标准构件的依赖。

（2）统一模具设计与制作，尽量减少模具数量和制作成本。

（3）不同厂家的产品可以通用，减少项目建设中的风险，在某一家预制构件生产厂家因意外情况无法供货时，可以便捷地选择替代厂家。

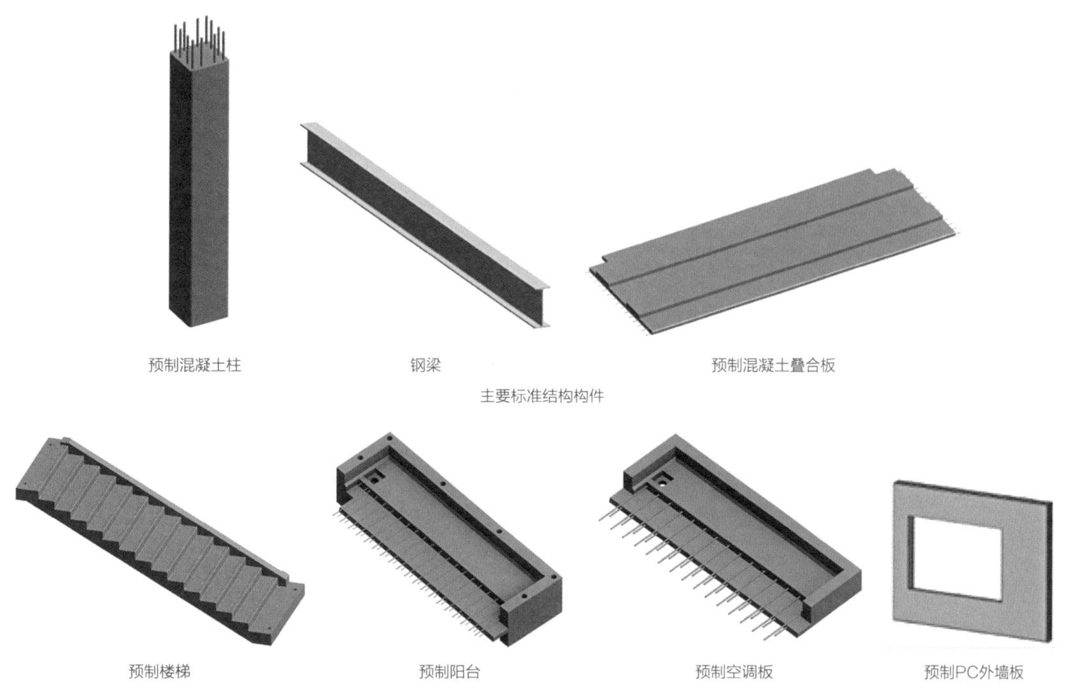

图20　其他标准预制构件

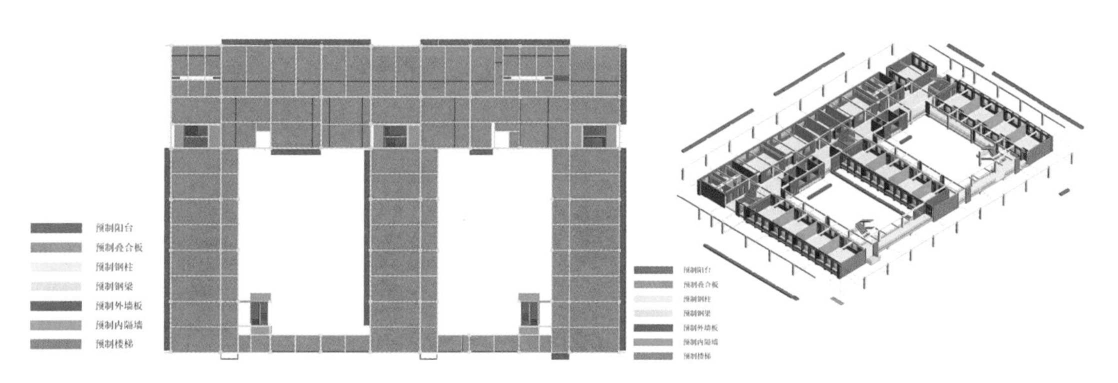

图21　实验学校教学楼标准层预制构件分布

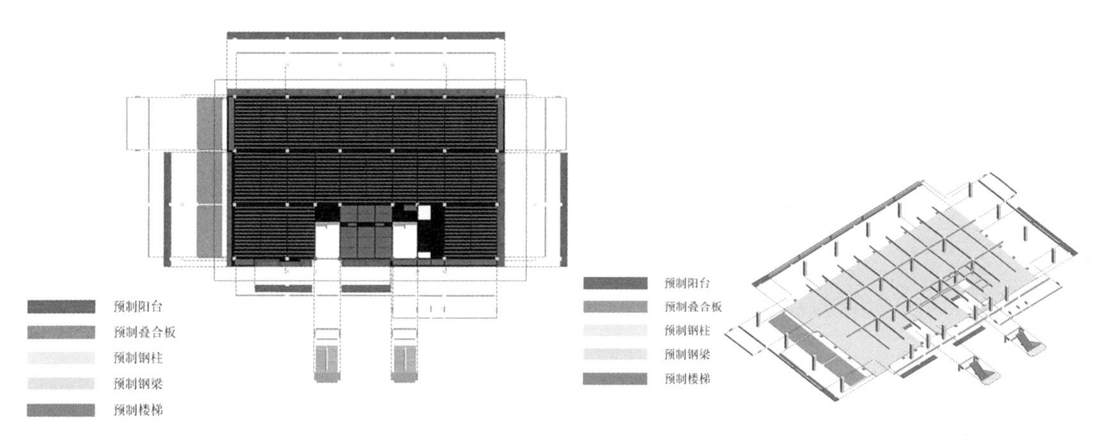

图22　竹坑学校教学楼标准层预制构件分布

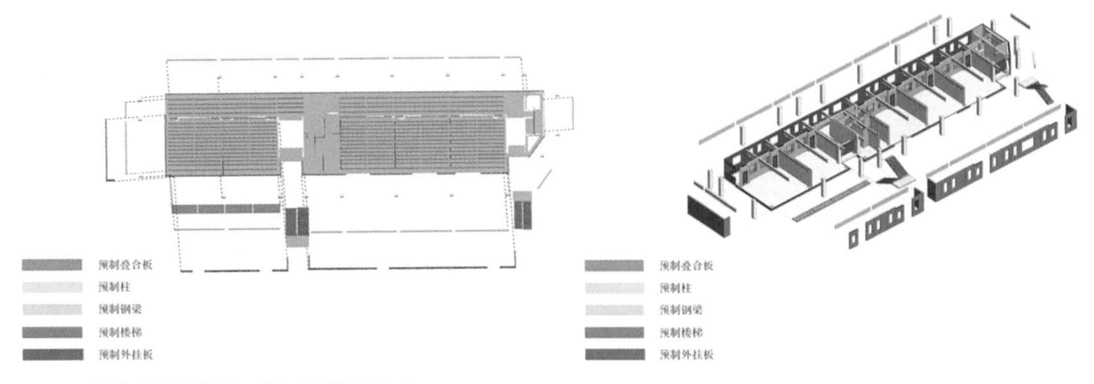

图23　锦龙学校教学楼标准层预制构件分布

部品标准化（模块化、精细化）

本EPC项目主要对空调百叶、栏杆、吊顶、遮阳板、门窗等工厂化生产的内外装饰品及功能性部品进行标准化设计。

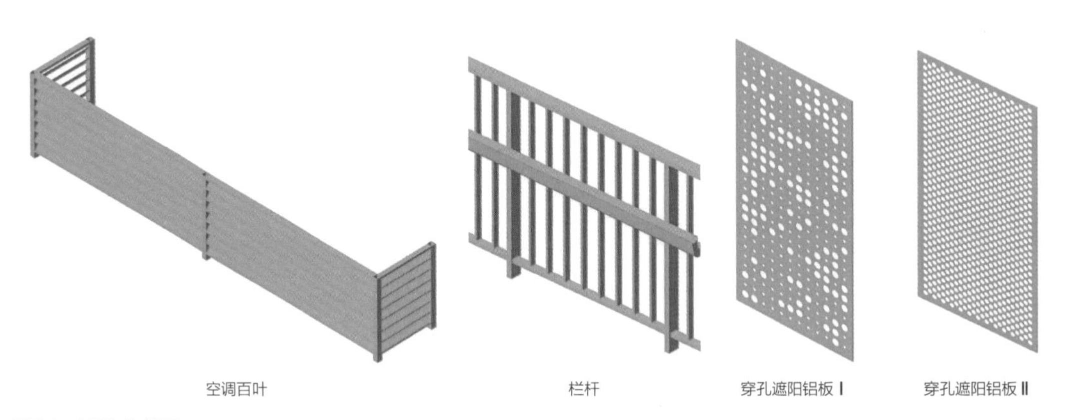

图24　标准化部品

图25　实验学校穿孔遮阳铝板Ⅰ

图26　锦龙学校穿孔遮阳铝板Ⅱ

结构设计

结构体系

坪山三校项目的教学楼均采用新型装配式钢—混凝土组合框架结构体系，主要由预制钢筋混凝土柱、钢梁、预制叠合楼板这3种主要结构构件和预制楼梯、预制阳台、预制空调板、预制外墙板和预制内墙板等构件构成。教学楼的楼板应用了聂建国院士团队研发的预应力带肋叠合楼板和不出筋叠合楼板（无桁架筋+不出胡子筋）创新技术，在大开间教室等跨度较大的位置采用预应力带肋叠合楼板，在卫生间等跨度较小的位置采用非预应力叠合楼板。

综合考虑组合梁受力和设备管线的穿行情况，主梁选用可变截面实腹“工”字形或“工”字形腹板开洞。次梁的截面一般较主梁小，选用实腹“工”字形截面。预制钢筋混凝土柱之间采用全灌浆套筒节点连接。钢梁与预制混凝土柱之间采用研发的新型装配式节点进行连接。预制叠合楼板与钢梁搭接后采用整体叠合现浇。这种新型装配式钢—混组合框架结构体系具有以下优点：

（1）结合了钢筋混凝土框架结构和钢框架结构的特点，结构布置灵活，易满足建筑对大空间的要求。

（2）充分发挥了钢材抗拉强度高和塑性好的优点，以及混凝土材料抗压强度高和防火性能好的优点。

（3）主体结构承载力高，截面面积小，自重轻，可减低基础造价。

（4）仅需要处理钢梁的防火和防腐问题，无需处理预制混凝土柱的防火和防腐问题，维护费用大为减少。

（5）预制构件和装配式连接节点便于工业化生产和机械化安装，生产和施工效率都较高。

在预制构件的设计过程中，以结构专业为主导，其他专业协作的方式进行。设计时充分考虑了学校教学楼的平面布局，结构的抗震和受力等特点，以及构件大小、尺寸、重量、利于工厂加工制作、过程运输，现场施工吊装等各种因素影响，然后在工厂对各构件进行工业化预制。本EPC项目是深圳市首个大规模采用预制构件建设的装配式学校项目。

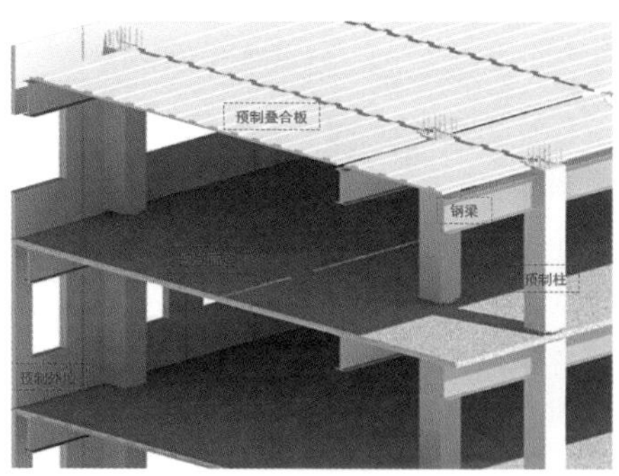

教学楼钢-混组合结构体系构成

预制钢筋混凝土柱

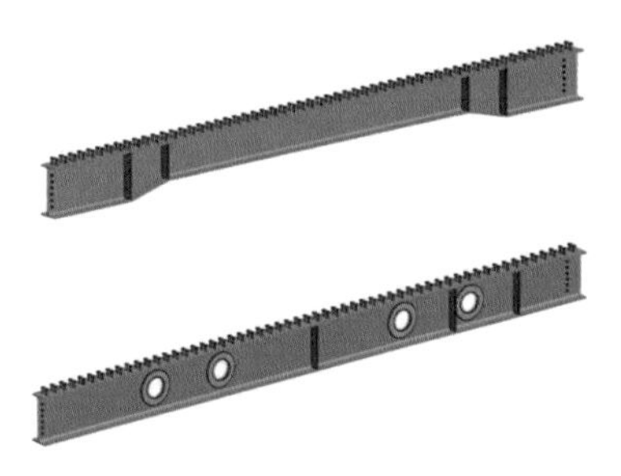
钢梁

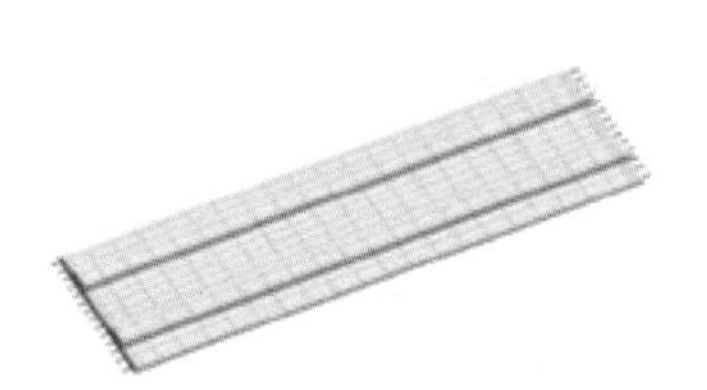
预制混凝土带肋叠合板

图27　主要结构构件

图28　实腹腹板开洞“工”字形主梁

图29　实腹变截面“工”字形主梁

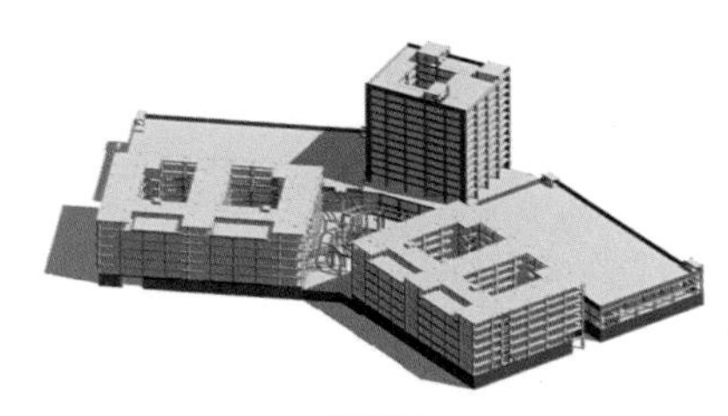
实验学校

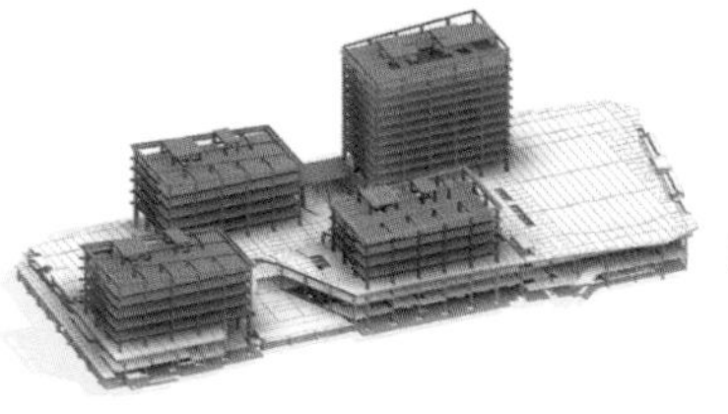
竹坑学校

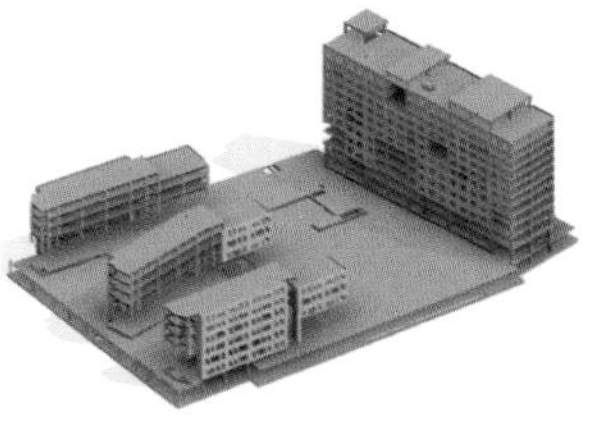
锦龙学校

图30　结构专业BIM模型

连接节点

梁柱节点

本项目根据预制混凝土柱与钢梁的连接特点，自主研发了一种主要由侧面钢板、上横隔板、高强螺栓、钢筋拉杆、隔板栓钉和内部箍筋等组成的新型装配式梁柱连接节点。这种装配式节点主要采用对拉钢筋拉杆和螺栓连接，现场焊接量少，装配速度快。预制混凝土柱身与其端部的梁柱连接节点在工厂实现一体化制作，不仅提高了生产效率和制作精度，还可减少制作成本。

图31　装配式钢—混组合框架结构的新型梁柱节点

梁板节点

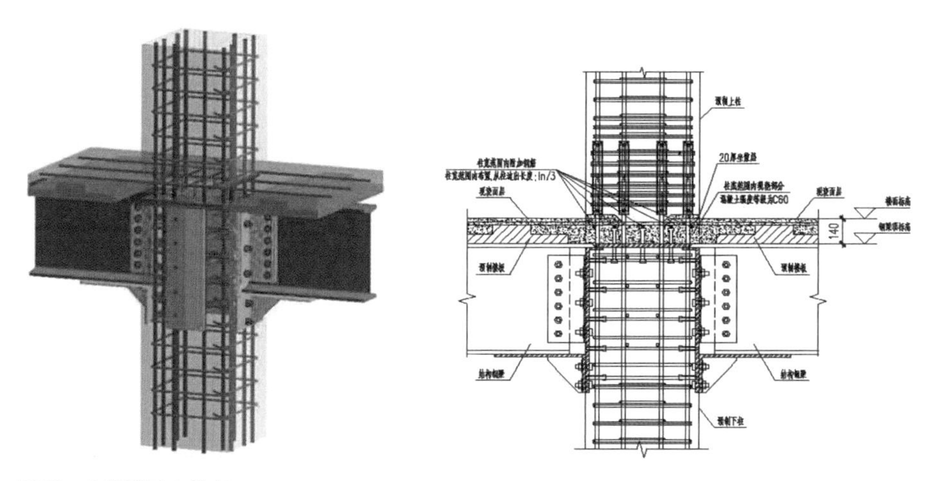

图32　中部楼层中节点

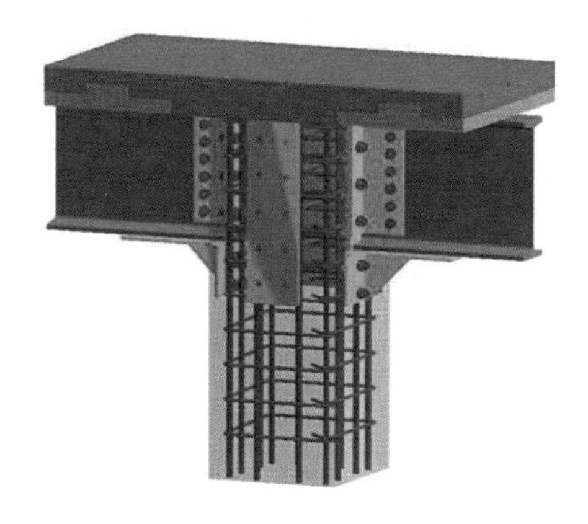

图33　顶部楼层中节点

图34　梁板节点

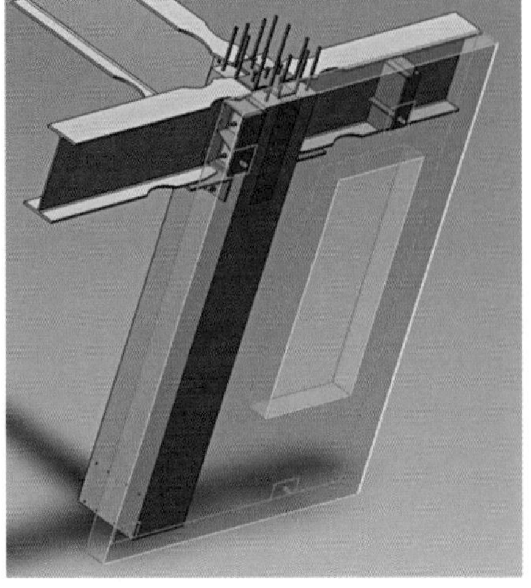

图35　PC外挂墙板节点

墙板节点

实验学校和竹坑学校的教学楼外围护墙体采用标准化的蒸压加气混凝土（ALC）条板。锦龙学校的教学楼外围护墙体采用ALC条板和预制混凝土（PC）外墙两种墙板。ALC板主要采用内嵌式，并采用钩头螺栓节点与主体结构连接。PC外挂墙板与主体结构的连接采用柔性连接构造和点支撑安装方式。

机电设计

坪山三校EPC项目的照明、空调、喷淋等管线采用明敷设置，并通过局部吊顶设置线槽集中室内管线，再通过走道桥架集中到设备管井。走道桥架吊装在结构板下，采用吊顶方式进行装饰，达到美观的效果，实现机电管线与内装系统一体化设计。利用角落空间安装墙体管线槽，做到机电管线与结构分离。采用机电管线分离设计，便于构件的工厂化生产和安装，也便于机电管线全生命周期维护。

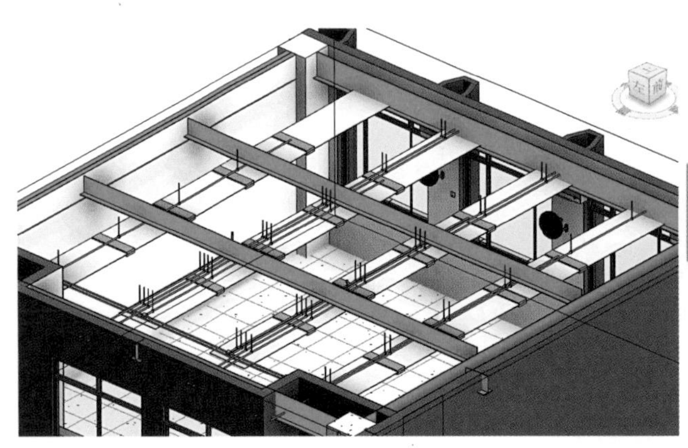

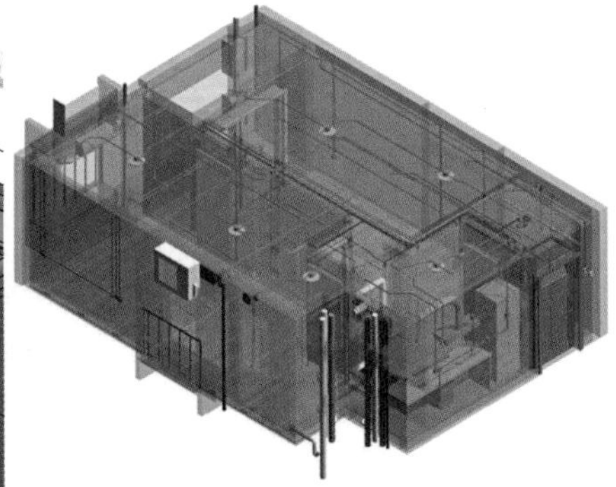

图36　机电管线与主体结构分离

装修设计

本EPC项目的室内装饰设计大量采用装配式装修技术，基于SI理论，将管线与结构分离，采用干式工法，杜绝传统装修通病，减少对装修手工艺的依赖，并且具有高效率、高品质、省人工、节能环保、维护翻新方便等多种优点。

图37　装配式装修效果图

图38　装配式装修施工图

图39　实验学校装修效果图

图40　竹坑学校精装效果图

图41　锦龙学校精装效果图

5 工厂化制造（M）

坪山三校EPC项目以工厂制作（M）为依托，在工厂内采用全机械、自动化生产线流水式作业，生产出能保证质量的高品质预制构件。预制构件的生产以构件标准化设计（E）为前提，充分发挥工厂的自动化和规模化的批量生产优势，取代大量人工作业，大大提高了生产加工精度和生产效率。

预制混凝土柱

预制柱钢筋采用“大直径，少根数”设计，可以减少套筒数量和成本，提高预制钢筋混凝土柱的安装效率。

预制构件生产线　　预制构件生产线

钢筋加工生产线

构件试拼装

图42　预制构件厂

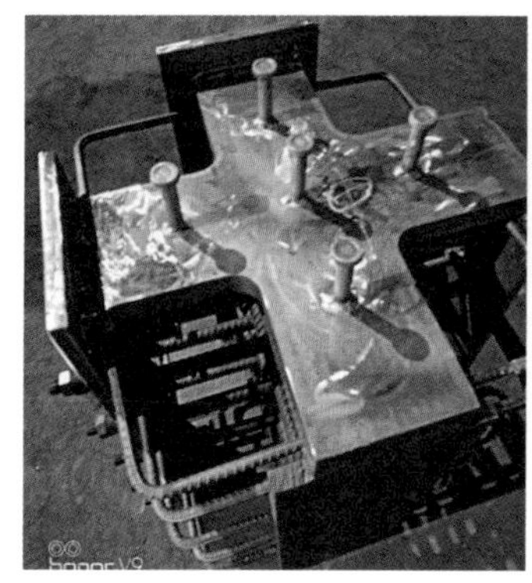

图43　预制钢筋混凝土柱节点制作

图44　预制钢筋混凝土柱制作

图45　预制钢筋混凝土柱制造

图46　钢梁制造

钢梁

本项目型钢梁采用焊接H形钢，采用工厂化制造的方式，应用了数控切割钢板技术、自动焊接技术和流水线喷漆技术等。

预制叠合板

本项目采用的预制叠合板包括预应力带肋叠合板和不出筋叠合板。预应力带肋叠合板采用长线台生产，一次可生产20块左右，生产效率高。当其用于不大于4.5m跨度时，可免支撑施工，有效地提高了施工效率。不出筋叠合板没有布置桁架钢筋，取消了端部胡子筋，因而其模具无需根据钢筋直径和间距的不同而开不同的孔，提高了模具标准化程度，降低了模具制作费用。此外，钢筋网能实现自动化焊接，提高了自动化生产程度，并且在施工时避免了其端部钢筋与其他构件钢筋的碰撞问题。

图47　预应力带肋制造

图48　不出筋普通叠合板

图49　预制钢筋混凝土楼梯制造

图50　预制阳台

图51　预制空调板

预制楼梯

本项目教学楼使用预制钢筋混凝土楼梯，长度4440mm和3880mm，分别对应1490mm及1890mm两种宽度，型号共四种。

预制空调板与预制阳台

本项目使用了预制空调板与预制阳台，采用标准化设计，二者可以共用模具，有利于降低构件成本。

预制外挂PC墙板

锦龙学校教学楼的预制外挂PC墙板是安装在主体结构上起围护、装饰作用的非承重预制混凝土外墙板。

图52　预制外挂PC墙板

6　装配化施工（C）

学校教学楼建筑具有使用功能较为固定和建造规模较为稳定的特点，以及具有标准化设计和工业化建造的先天优势，非常适用于采用装配化的施工技术。为保证现场装配化施工顺利实施，本项目对各预制构件从“进场—吊装—安装—校正—固定—连接—成品保护”等工序进行技术攻关，形成了“装配式钢—混组合框架结构体系施工工法”。在施工阶段，项目设计人员全程驻场服务，从而及时解决施工现场出现的问题。

通过周密的施工组织与井然有序的穿插作业，本项目仅用3个月就完成了主体结构封顶，总工期仅为10.5个月。相对于传统现浇的施工方式，本项目通过装配化的施工方式，节省了约1/3的工期。

采用自主研发的内窥镜检测法，对预制柱之间的竖向套筒灌浆质量进行100%检测。

本EPC项目部的临建办公区采用标准化、模块化箱式房，与传统板房相比具有结构坚固、拆装方便、可周转次数多，重复利用率高、绿色环保的特点，同时外观精美摆脱工地板房形式单一、外形老旧的形象。

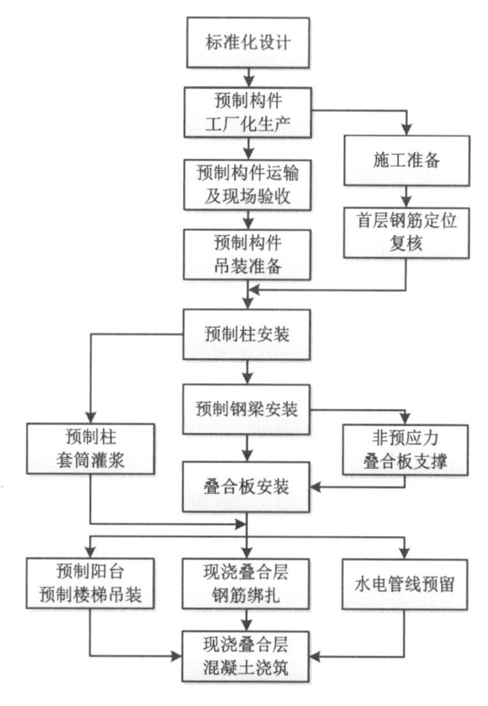

图53 装配式钢-混组合框架结构体系工艺流程

图54 预制柱安装

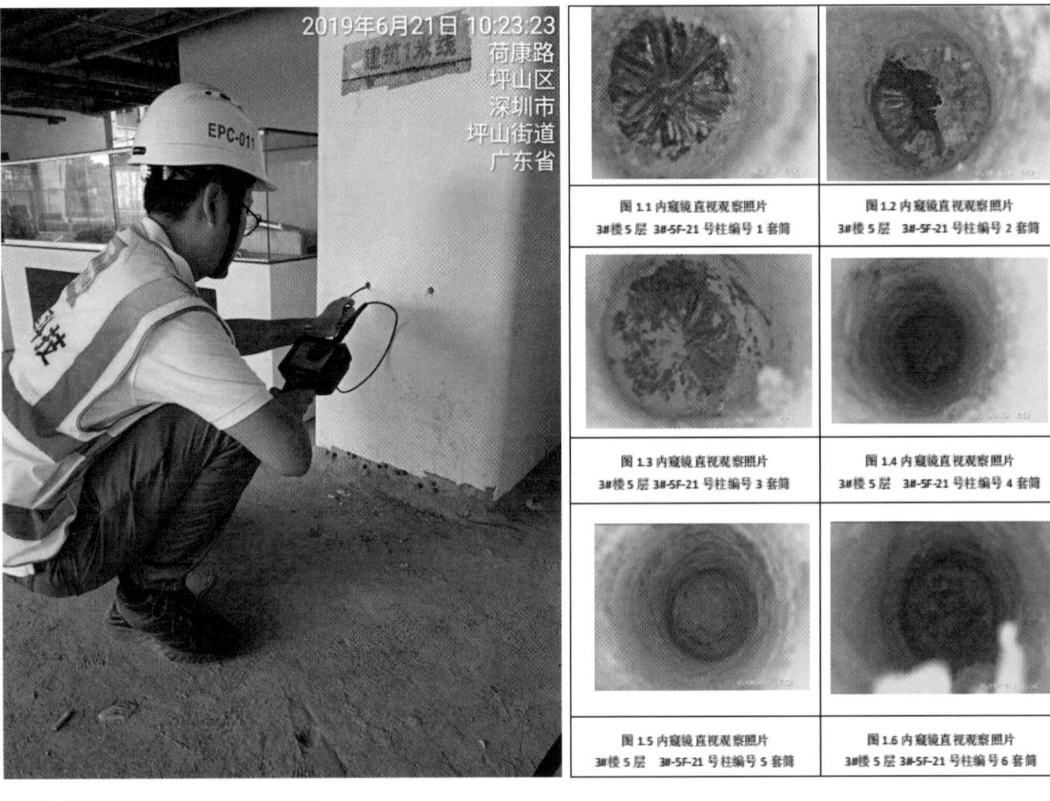

图55　套筒灌浆质量内窥镜检测法

图56　钢梁安装

图57　预制预应力带肋叠合板施工

图58　预制不出筋叠合板施工

图59　绑扎叠合面层钢筋

图60　预制楼梯施工

图61　预制阳台施工

图62　外挂PC墙板施工

图63　标准化临建办公区

7　信息化管理

装配式建筑BIM应用技术

本EPC项目运用BIM信息化技术对项目的设计、制作、采购、施工等全过程进行信息化统筹管理。

设计阶段BIM应用

在设计阶段，各专业基于同一标准实现各专业协同，建立了建筑、结构、水、暖、电、精装等各专业的BIM模型，为后续全过程BIM协同工作提供基础数据支撑。运用BIM技术，对各专业设计模型进行综合碰撞检查。对模型中涉及的管线穿梁、管线穿墙等问题提前进行模型深化，并进行管线孔洞的预留，避免了机电管线在后期安装过程进行临时开凿孔洞的问题。

进行构件标准化拆分设计、优化设计和深化设计，并建立BIM标准化预制构件族库。对预制构件和机电管线的排布质量与效果进行可视化审查，提高审查效率。此外，基于BIM技术进行工程量统计、三维出图和设计交底等。

工厂制造阶段BIM应用

通过设计阶段建成的BIM模型中的预制构件数据，生成满足预制构件制作所需要的图纸和BOM表等信息，指导工厂进行物资采购、模具设计和构件制作等。对于钢筋加工制作，直接将相应的BIM模型信息输入自动化生产线，提高生产效率。

采购阶段BIM应用

利用BIM模型将前期设计信息导出各个专业工程量及造价清单预算书结果，快速转换为商务采购信息。

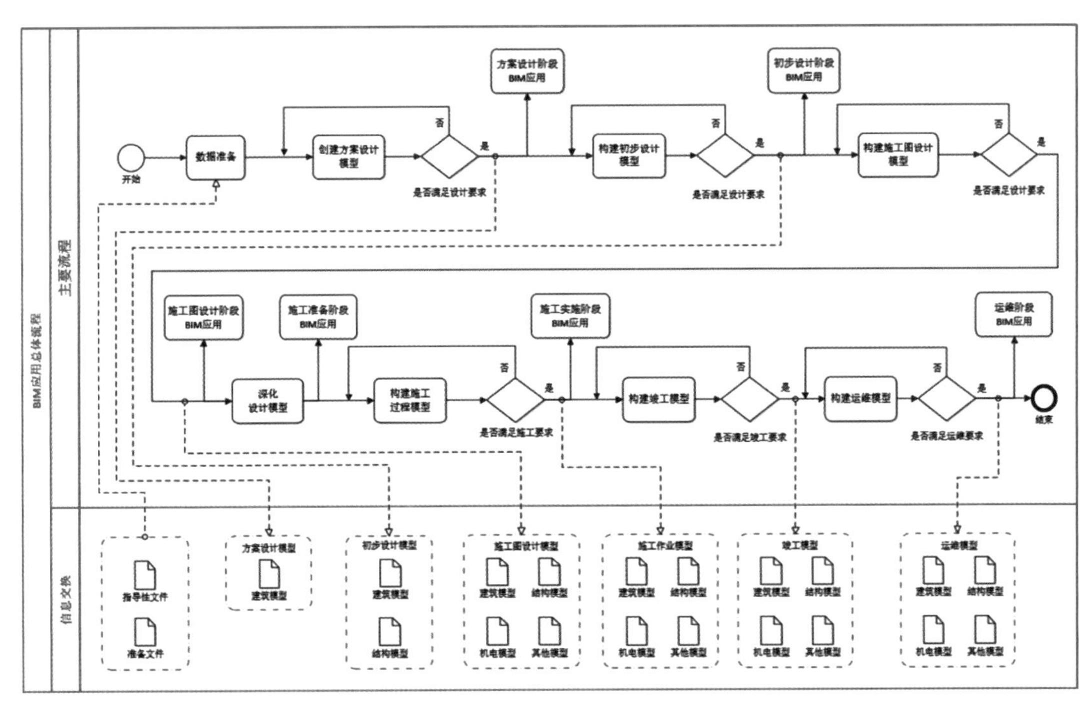

图64　BIM应用总体流程

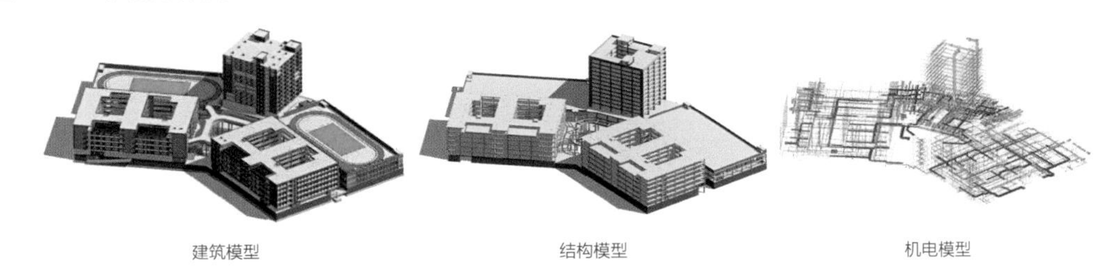

建筑模型　　结构模型　　机电模型

图65　实验学校各专业BIM模型

施工阶段BIM应用

利用BIM技术，对项目施工阶段进行平面布置模拟和施工工艺模拟，将施工过程中可能遇到的问题进行前置预演并讨论解决方案。结合项目总进度计划，对项目各个阶段进行模型创建，通过BIM技术对周进度计划、月进度计划、年进度计划进行模拟。此外，利用BIM技术还可进行施工现场可视化交底。

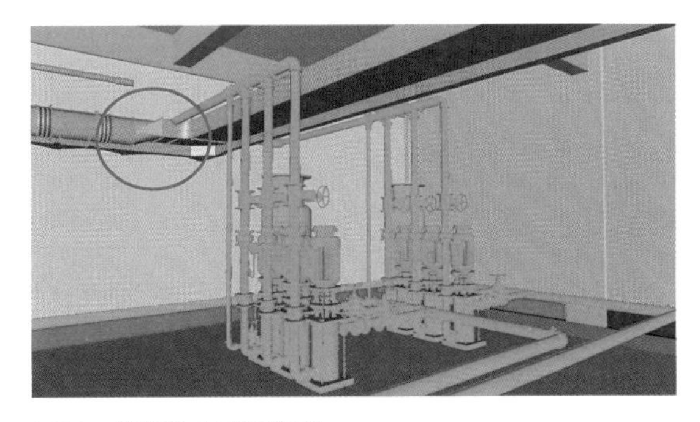

图66　管线综合碰撞检测

装配式建筑智慧建造平台

自主研发和应用“装配式建筑智慧建造平台”，针对装配式建筑的特点，系统集成了数字设计、云筑网采购、智能工厂和智慧工地等众多创新技术，贯穿设计、采购、制造和施工的全过程，突破传统的点对点、单方向的信息传递方式，实现全方位、交互式信息传递，以创新的信息化管理手段保障和提升EPC项目的工程建设质量。

图67　预制阳台安装模拟

图68　预制楼梯安装模拟

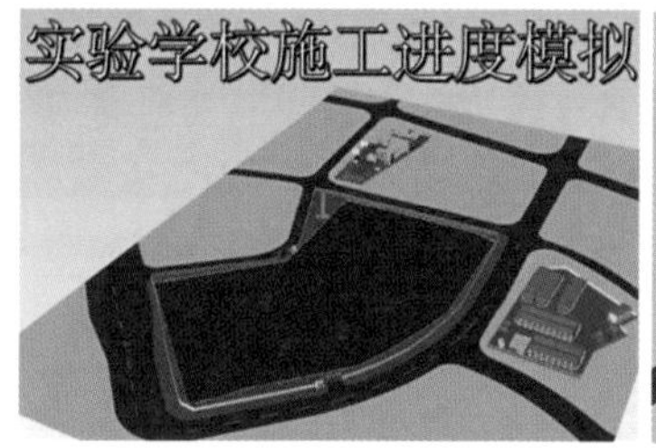

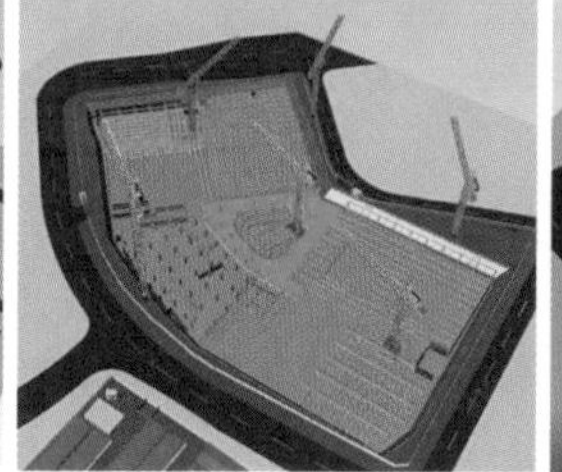

图69　实验学校施工进度模拟

图70　装配式建筑智慧建造平台

数字设计

将协同设计完成的学校BIM模型经过轻量化处理以后，无损导入至“装配式建筑智慧建造平台”形成坪山三校的BIM轻量化模型，并在平台构件及部品部件库中进行列表展示。

云筑网购

本EPC项目利用BIM模型将前期设计信息快速转换为商务采购信息，采用云计算和大数据等新技术实现电子化招采，通过“云筑网”进行统一集中招采，实现了算量和采购的无缝对接，并降低采购成本。

智能工厂

接入工厂的生产管理系统，以构件二维码的形式对数据进行识别，转化成工厂的构件生产信息，按照生产需要将数据进行分类统计并传递给对应的生产线，优化排产，使构件实现高效自动化生产。在平台上可直接进入系统查看原材料、生产、堆场等情况。

智慧工地

虚拟建造模拟：应用BIM技术，对施工各阶段的施工工艺和进度进行前置预演模拟，实现建造可视化，使施工更加直接和高效。

二维码信息溯源：利用移动端APP对构件的不同阶段进行扫码，记录该构件从设计、生产、验收、吊装的全过程信息，实现构件历史信息可追溯。

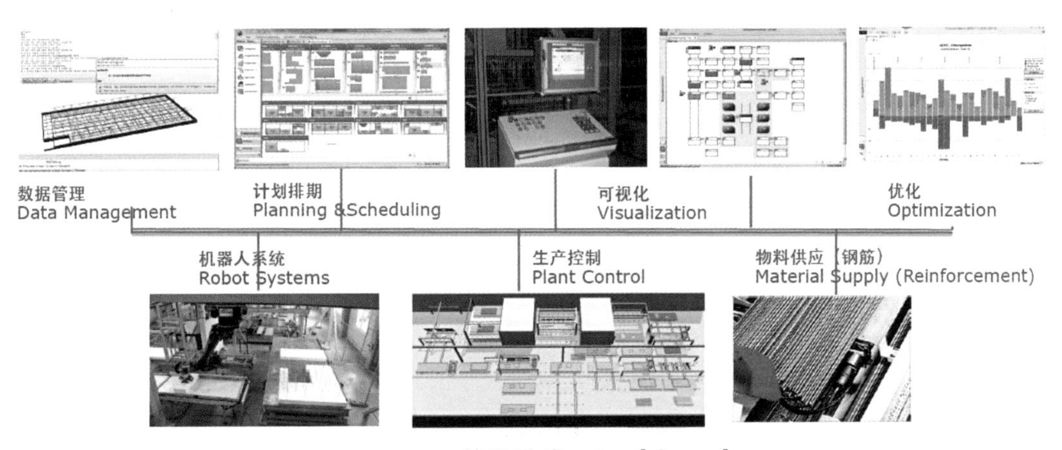

图71　ERP管理系统

图72　机械化生产

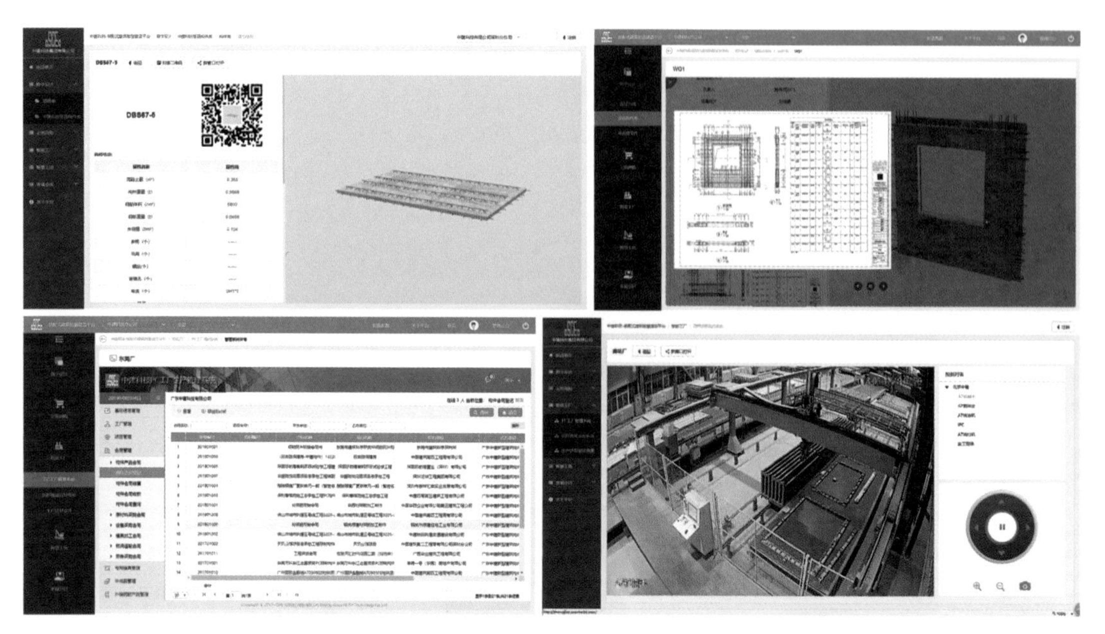

图73　智能工厂

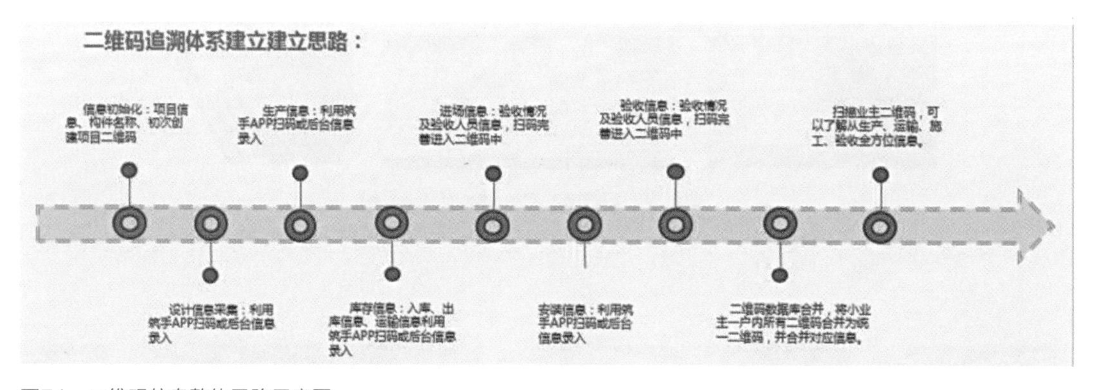

图74　二维码信息整体思路示意图

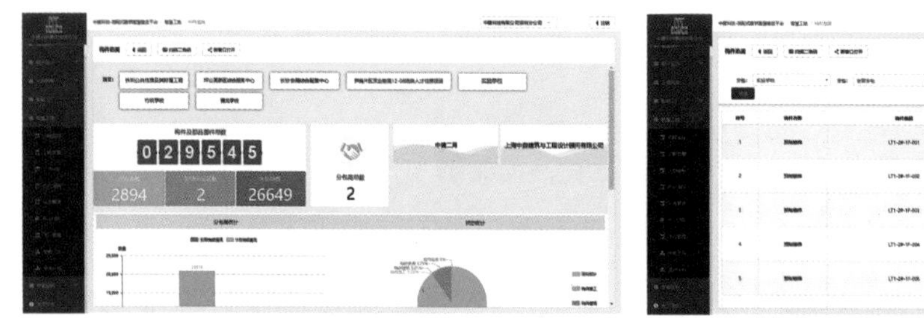

图75　构件质量二维码全过程追溯管理平台

图76　追溯平台管理界面

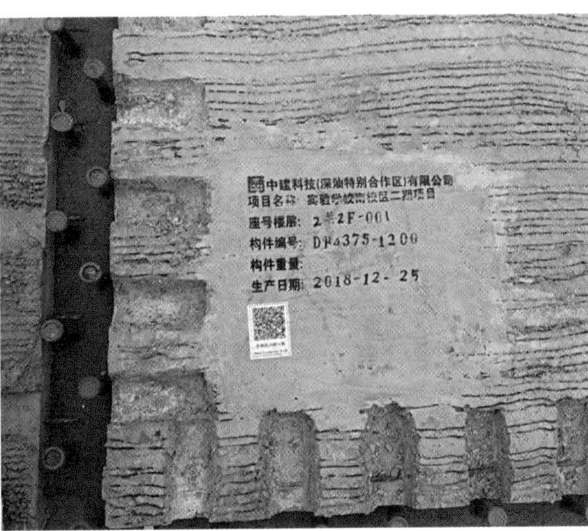

图77　构件全过程二维码信息追溯

AI智能行为管控：将视频监控系统与AI自主学习技术和机器视觉技术结合，捕获现场工人动作和工人穿戴图像，对现场工人的不安全行为进行实时识别、实时报警、现场处罚，最后将全过程在云端记录，从而进一步规范现场工人作业行为，杜绝安全隐患。

无人机管理：采用无人机的自动巡航和建模功能，根据三所学校的建设情况，设置飞行周期与航线，采集现场信息，利用现场航拍图进行现场分阶段的三维建模，立体展示现场形象进度，辅助管理人员对各个周期进度情况进行对比，并及时调整施工组织与进度安排。

图78　AI智能行为管控

图79　无人机拍摄现场照片（锦龙学校）

8　EPC管理成效

坪山三校EPC项目充分利用中建科技集团有限公司在研发、设计、制造、采购、施工等全产业链的综合实力，成功运用了装配式建筑REMPC五位一体的总承包管理模式。本EPC项目主要具有以下优势和亮点：

（1）全国首个仅用10.5个月就完成的装配式学校EPC项目，相对于传统现浇建造方式，节省了约1/3的工期，创造了装配式学校EPC项目新的“深圳速度”与“闪建模式”。

（2）深圳市首个装配率达到76.6%的装配式学校EPC项目，按国家标准《装配式建筑评价标准》GB/T 51129-2017均被评为AA级装配式建筑。

（3）华南地区首个采用预制钢筋混凝土柱、钢梁、预制叠合板等预制构件组成的新型装配式钢—混组合框架结构体系的EPC项目。

（4）研发出一种连接预制钢筋混凝土柱和钢梁的新型装配式梁柱连接节点，大幅提高梁柱节点工厂制造和装配化施工的效率。

（5）首个应用聂建国院士团队研发的预应力带肋叠合板和不出筋叠合板（无桁架筋+不出胡子筋）创新技术的学校EPC项目。

（6）通过装配式建筑的标准化设计方法，坚持“少种类，多数量”的原则对三所学校的预制构件与部品的通用性进行优化，较大程度地减少了模具数量和降低了成本。

（7）研发和应用“装配式建筑智能建造平台”，系统集成了数字设计、云筑网采购、智能工厂和智慧工地等众多创新技术，从“设计—制造—采购—施工”全过程实现高效的信息化管理。

（8）本项目的平均造价约为6300元/m^2，而同时期坪山其他学校项目的造价约为7300元/m^2，相对降低造价约13.7%。

总之，中建科技集团坪山三校EPC项目运用REMPC五位一体的总承包管理模式，结合应用BIM技术和“装配式建筑智慧建造平台”进行高效的全过程信息化管理，较好地整合与优化资源，降低成本，缩短工期，快速解决了深圳市坪山区学位紧张的燃眉之急，创造了装配式学校EPC项目新的“深圳速度”与“闪建模式”，取得了较好的社会效益和经济效益，最终实现了EPC工程总承包项目的高品质履约。

团队合影

项目小档案

项　目　名　称：坪山实验学校南校区二期工程、竹坑学校、锦龙学校

地　　　　点：深圳市坪山区

建　设　单　位：深圳市坪山区建筑工务署

EPC总承包单位：中建科技集团有限公司

EPC项目团队：张仲华　樊则森　孙　晖　孙占琦　冯伟东　金春光　左　浩　张　玥　李秋波　林汉极　毛　毳　田李成　于成明　魏红难　徐政宇　罗传伟　高　扬　唐智荣……

整　　　　理：唐智荣

以REMPC模式推动装配式建筑优质高效建造

——坪山三校EPC项目案例点评

坪山三校（实验学校、竹坑学校、锦龙学校）EPC项目是深圳市首个装配率达到76.6%和全国首个超短工期（10.5个月）的装配式学校EPC项目、华南地区首个采用新型钢—混组合框架结构体系的EPC项目。相对于传统的现浇建造方式，该EPC项目采用装配式建造方式，节省了约1/3的工期，降低了约13.7%的造价。该EPC项目荣获多个荣誉奖项，对于中小学校的装配式建造有很好的示范作用，主要有以下亮点：

（1）运用了REMPC五位一体工程总承包管理模式。总承包单位在深圳市坪山三所学校的建设过程中，充分利用了企业在研发、设计、制造、采购、施工等全产业链的自身实力，以及其首创的装配式建筑REMPC五位一体工程总承包管理模式，快速解决了深圳市坪山区学位紧张的难题，取得了很好的社会效益和经济效益。

（2）积极应用新技术解决了设计难题。在该EPC项目的建设中，通过前期研发创新，总承包单位提前解决了装配式学校建设中可能存在的重点和难点问题。在该EPC项目的建设中应用了较多创新技术，如新型装配式钢—混组合结构体系及梁柱连接节点、预制预应力叠合板技术、预制不出筋叠合板技术等，为该EPC项目全过程实施提供了有力的技术支撑。通过装配式建筑的模块化和标准化设计方法，对建筑物的模数及构件的尺寸进行统一优化协调，实现了三所学校预制构件与部品通用性的最优化，较大程度地减少了模具数量和成本，从而加快了设计、制造与施工速度，进而缩短工期和降低造价。

（3）信息化管理提高了履约水平。在该EPC项目的信息化管理方面，中建科技集团自主研发和应用了“装配式建筑智慧建造平台”，针对装配式建筑的特点，系统集成数字设计、云筑网采购、智能工厂和智慧工地等创新技术，贯穿设计、采购、制造和施工全过程，以创新的信息化管理手段保障和提升该EPC项目的工程建设质量。

该EPC项目运用REMPC总承包模式，以创新研发为支撑，以标准化设计为引领，以工厂化制造为依托，进行统一集中采购和装配化施工，结合“装配式建筑智慧建造平台”进行全过程信息化管理，有利于整合与优化资源、提升建造速度、缩短工期和降低成本，最终实现了该EPC项目的高品质履约。

点评专家

令狐延

中建丝路建设投资有限公司副总经理兼总工程师，教授级高级工程师，国家一级注册建造师。国务院政府特殊津贴专家、国家优质工程奖复查专家、住房城乡部科技协同创新专家。

作为深圳京基100大厦项目经理，创造了中国百层高楼总工期46个月的又好又快纪录，并在该项目成功实现了C120混凝土的417m超泵送。参与建设广州东塔、华南理工大学国际校区等数十个项目，多个项目被评为国家或省市级优质工程。主持研究过基于BIM的施工进度重量管理法、铝木组合超级模板体系等技术。曾获国家科技进步奖、詹天佑奖、鲁班奖。

刘威

上海宝冶集团有限公司装配式建筑事业部负责人，中国中冶装配式建筑（上海）技术研究院首席研究员，上海交大建筑工业化中心研究员、研究生校外导师，上海市装配式设计咨询联盟专家，四川省装配式建筑产业协会专家。主持及参与研发、设计和咨询各类项目100多个，装配式项目累计建筑面积达400多万m^2。主持或参与科研课题12个，获得中国五矿集团有限公司“百强班组”、中国勘察设计协会2020年工程勘察设计质量管理小组二类成果、上海土木工程科技进步奖二等奖等荣誉。

管理理念

坚持标准化设计是装配式建筑全产业链的核心和关键，要想将EPC模式同装配式建筑有效结合，必须从设计源头上下功夫，革新设计理念和思路，真正做到建筑源头标准化、装配化。在EPC总承包管控模式的统领下，以设计标准化为核心，由内至外，依次实现方案、建筑、结构、机电等设计专业的小协同和设计、生产、施工、运维的等项目参与各方的大协同，小协同与大协同相互配合，相辅相成，充分发挥“EPC模式+装配式”降本增效作用，实现装配式建筑的工业化、精细化建造要求。

图1　顾村世界外国语学校新建工程项目　鸟瞰效果图

顾村世界外国语学校新建工程

建设单位	上海顾村房地产开发（集团）有限公司
设计单位	上海宝冶集团有限公司
施工单位	上海宝冶集团有限公司
设计时间	2017年
竣工时间	2019年
建筑面积	55814m^2
建筑类型	教育建筑
地　　址	上海市宝山区顾村镇

1　项目概况

顾村世界外国语学校新建工程项目位于上海市宝山区，工程包含小学部、初中部、高中部、宿舍楼等单体，主要为教学，办公及相关配套功能。

结构体系为装配整体式框架结构，预制构件范围包括：预制框架柱、预制叠合框架梁、预制叠合次梁、预制叠合楼板、全预制楼梯等，预制率依据沪建建材［2016］601号文件计算细则，该项目单体预制率为42.17%。

顾村世界外国语学校宿舍楼预制率计算表　　表1

层号	层数	预制混凝土体积（m^3）					现浇混凝土体积（m^3）					混凝土总体积
		柱	梁	板	楼梯	其他	柱	梁	板	楼梯	其他	
1	1	0	88.536	47.528	4.246	0	65.8	44.39	96.36	2.11	0	2135.58
2～5	4	49.736	88.536	47.528	4.246	0	16.06	44.39	96.36	2.11	0	
屋面	1	0	0	0	0	0	92.75	130.55	167.46	0	0	
合计	6	198.944	442.68	237.64	21.23	0	222.79	352.52	649.23	10.55	0	
预制率	42.17%											
依据	沪建建材［2016］601号文方法一											

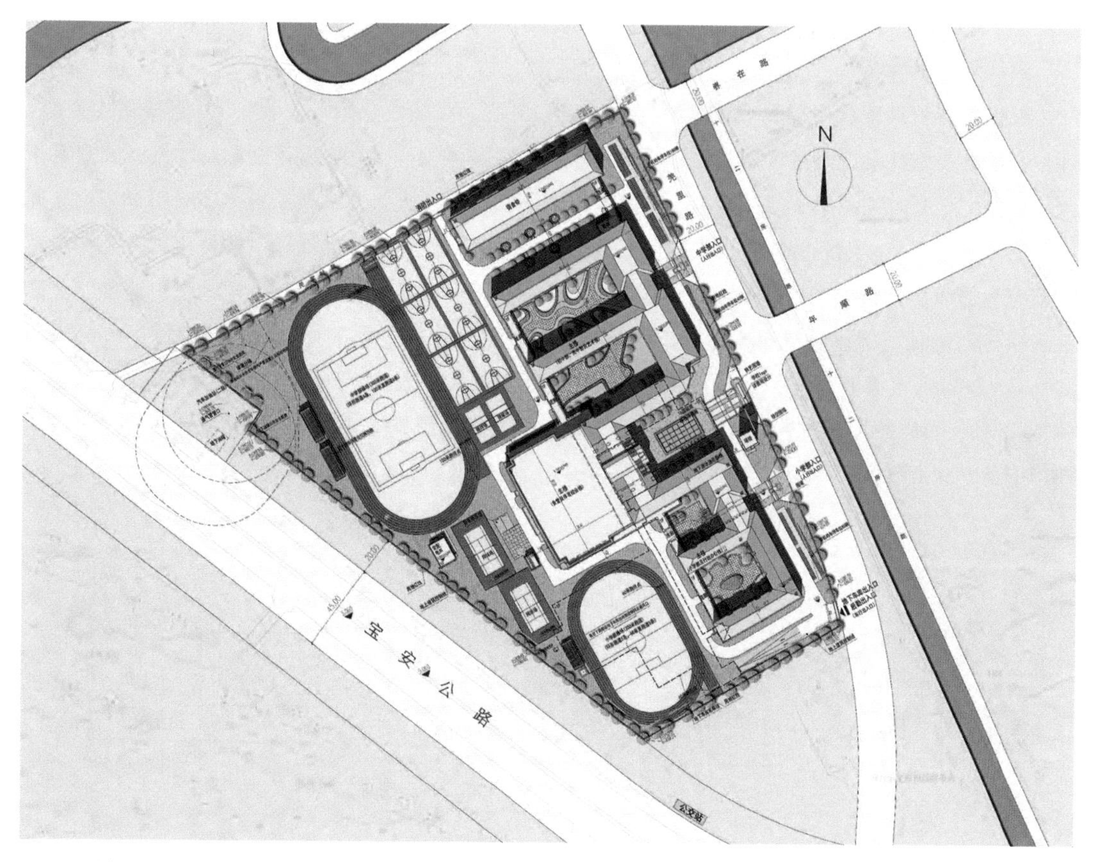

图2　顾村世界外国语学校新建工程项目　总平面图

2 EPC管理模式

装配式是一种新型的绿色建筑方式，是一种集成化、集约化建造模式，它不仅仅局限于建造方式的创新，更是一种管理模式、设计理念的变革，对建筑建造全产业链中的参与各方提出了更高要求。相比于传统现浇建筑，装配式建筑考虑方面广，建造精度高，容错能力低，针对装配式建筑的特点，本项目采用了以上海宝冶集团有限公司主导的设计—采购—施工总承包（EPC）管理模式，并借助建筑信息模型（BIM）为信息化管理手段，将设计、生产、施工结合在一起，统一筹划、统一组织、统一安排、统一协调，明确总承包项目部责任主体作用，巩固设计的核心地位，发挥EPC模式下设计的引领主导作用，从大局把控进度、从源头解决问题、从细部关注质量，有效地整合设计、采购、施工、管理等环节，合理节约项目各环节的工程成本，从而体现出装配式建筑“设计—生产—施工”一体化的技术实力及优势。

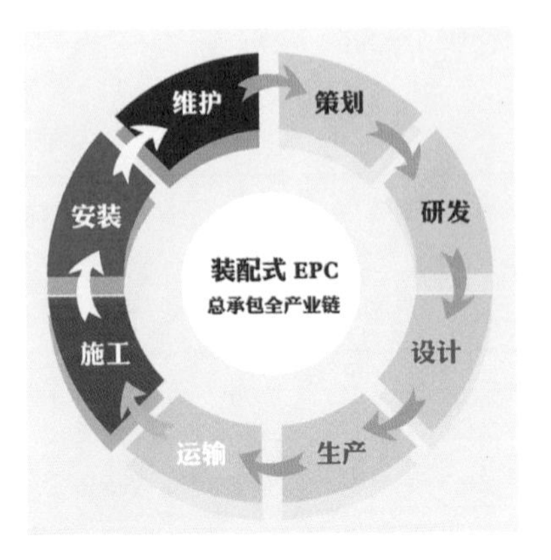

图3 装配式EPC总承包全产业链

3 标准化设计

装配式方案策划

现代项目管理理念中提到“项目不是在结束时失败，而是在开始时失败”，对于装配式EPC管理，合理的前瞻性设计方案策划至关重要。以本项目宿舍楼为例，在方案策划初始，设计团队基于预制构件生产高效性和吊装便捷性两个方面，考虑到当前装配整体式框架结构推广应用过程中暴露出的梁柱后浇节点区钢筋密布，预制构件出筋方式复杂等问题，为给后期预制构件生产、现场吊装创造有利的前提条件，在EPC总承包方的统一组织下，方案、建筑、结构、生产、施工等多专业通过多次协商沟通，优化建筑布置方案。比如在满足建筑使用功能的前提下，框架柱截面统一采用600mm × 600mm大截面，外墙和内墙尽量统一居中布置，同方向柱距保持一致。在保证主体结构规整性的同时，建筑外立面造型采用干挂石材、玻璃纤维增强混凝土（GRC）外贴等手段满足了建筑使用上外立面造型的多样性。

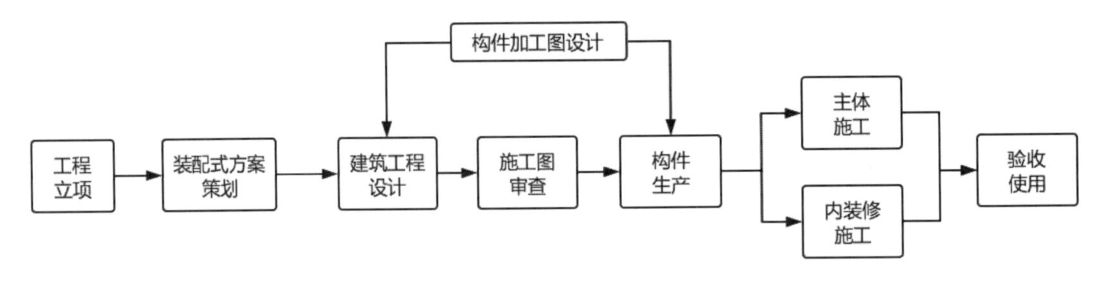

图4 装配式建筑建设流程图

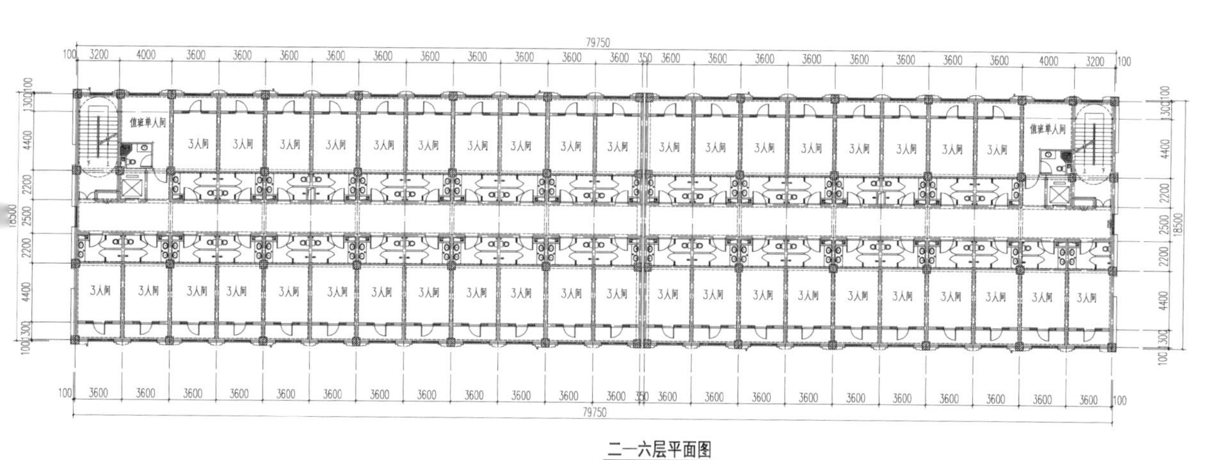

图5 顾村世界外国语学校新建工程项目 宿舍楼2～6层平面图(标准层)

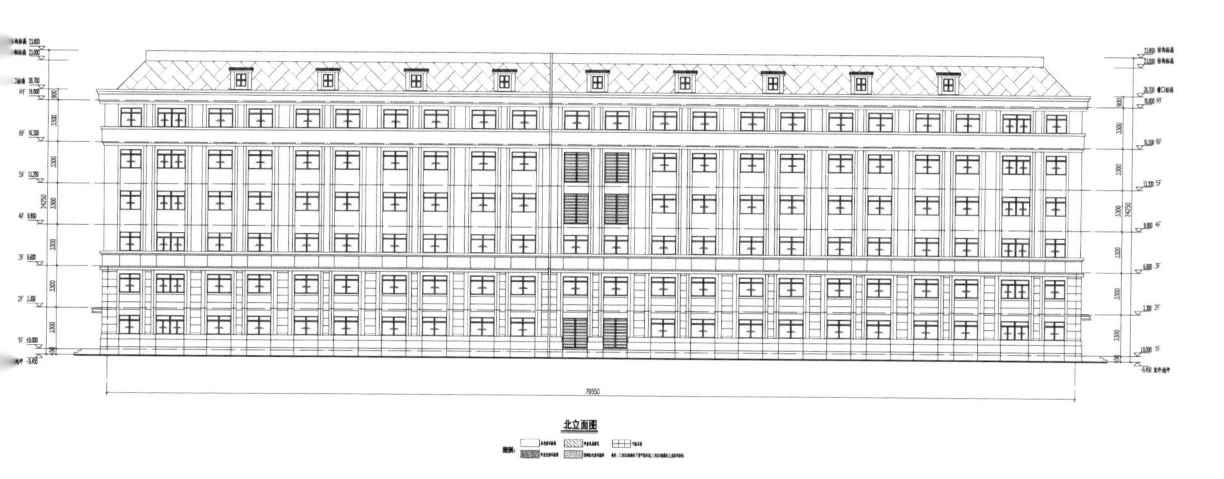

图6 顾村世界外国语学校新建工程项目 宿舍楼北立面图

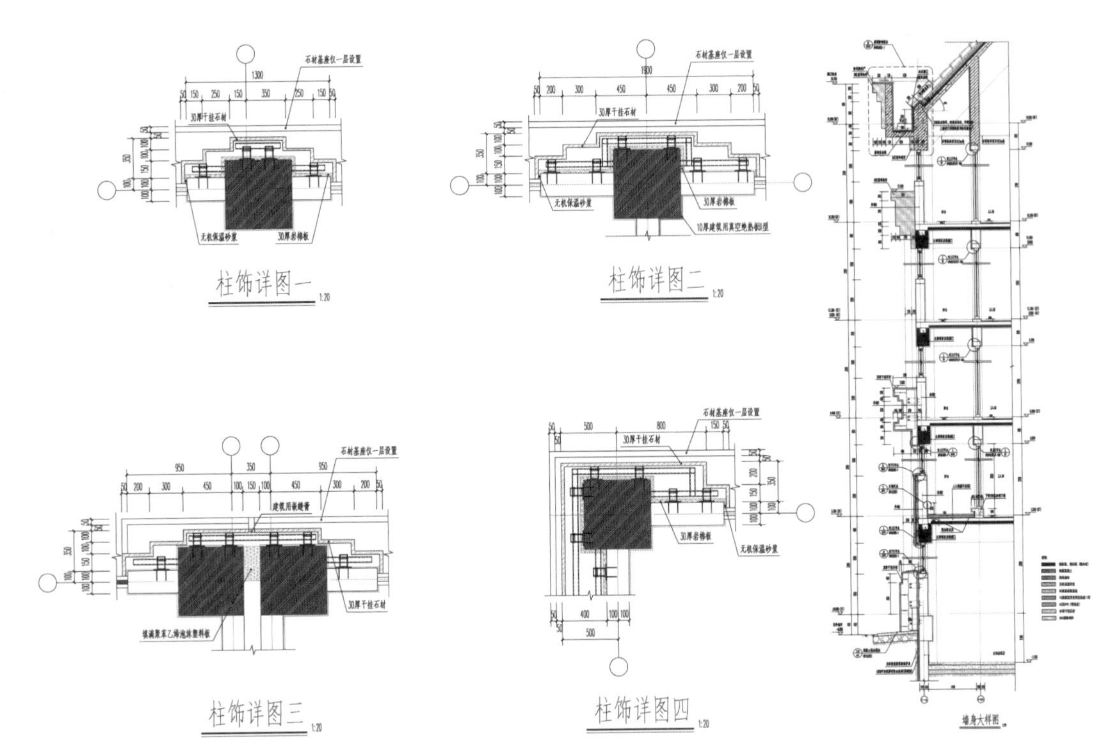

图7 顾村世界外国语学校新建工程项目 宿舍楼柱饰详图、墙身大样图

节点设计

在EPC管理模式下，由工程总包方统一组织，设计、生产、施工等各方针对装配整体式框架结构中存在的梁柱节点区钢筋排布密集，预制构件吊装效率低下等问题广泛交流意见，并由设计方牵头，制定出装配整体式框架结构节点设计方案。本项目中，设计方根据项目参与各方需求分别从结构方案设计、梁梁节点设计、梁柱节点设计三个角度出发，综合考虑预制构件的标准化及现场吊装的便捷化，在设计源头减少预制构件种类，简化梁柱节点出筋方式，从而提高预制构件生产吊装效率，降低预制构件综合成本。

（1）结构方案设计梁截面高度选择时，不同方向的预制框架梁截面高度设置不小于50mm的高差，便于不同方向的预制梁伸入节点区的底部钢筋在高度上错开，预制梁底筋无需钢筋向上弯折避让，不仅方便预制构件生产，而且提高了现场预制构件的吊装效率。

结构设计梁截面宽度选择时，由于框架梁箍筋末端135° 弯钩的平直段长度不应小于10d，若采用四肢箍及以上箍筋，不同肢的箍筋弯钩平直段存在交叉问题，并未达到开口箍的效果，不利于梁上部钢筋从预制梁正上方落下绑扎，只能从预制梁梁端穿插绑扎，严重影响现场的施工效率，故而在本项目中，预制框架梁截面宽度统一，并优先在300mm～400mm范围内取值，在满足梁箍筋肢距要求的前提下，优选两肢箍，为现场后浇层预制梁上部钢筋的绑扎创造有利的前提条件，提高了现场工作效率。

（2）主次梁连接节点，在满足规范相关要求下，优选牛担板连接方式。一方面有效避免了预制主梁为预制次梁预留的后浇槽口所带来的预制构件生产、运输、吊装等方面的不便；另一方面，采

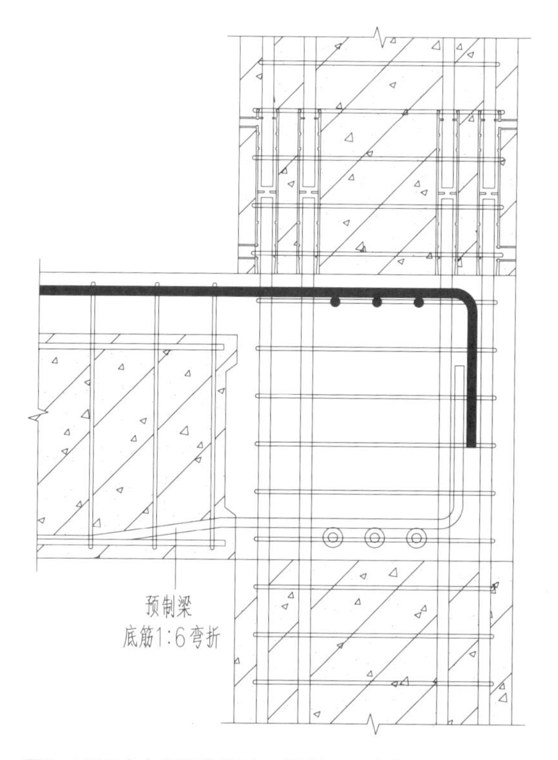

图8 不同方向预制梁梁高一致节点示意图

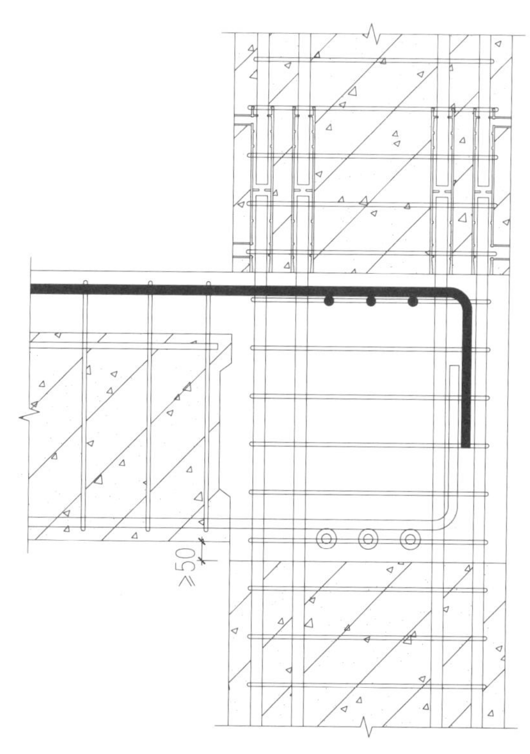

图9 不同方向预制梁设置高差节点示意图

用牛担板连接方式的次梁，无钢筋伸出，预制次梁构件种类优化为一种，便于构件生产，极大提高了施工现场的吊装效率。

（3）梁柱节点区钢筋排布是装配整体式框架结构的重点、难点、关键点。常见装配式建筑项目中，预制框架柱纵筋和预制框架梁纵筋在梁柱节点区锚固连接，节点区钢筋密集排布，不仅给现场吊装工序带来极大的挑战，而且不利于节点区后浇混凝土的振捣密实，甚至影响结构的安全性。因此在本项目梁柱节点设计时，主要从以下两个方面考虑简化梁柱节点区的钢筋排布形式，一方面，预制框架柱纵筋创新性采用HRB500级钢筋，减少了柱纵筋根数，又采用柱纵筋对称集中于四角布置手法，简化了节点区柱纵筋排布，为预制梁底纵筋在梁柱核心区锚固创造了有利条件，大大方便了预制构件吊装，提高了现场吊装工作效率；另一方面，由于钢筋根数的减少，用于预制柱纵筋连接全灌浆套筒数量相应减少，施工现场套筒灌浆工作量减少，进一步提升现场施工效率。

图10 不同方向预制梁设置高差图（现场）

该项目中梁柱节点区预制梁底筋排布基于成熟的钢筋弯折锚固、锚固板锚固等技术，综合前期

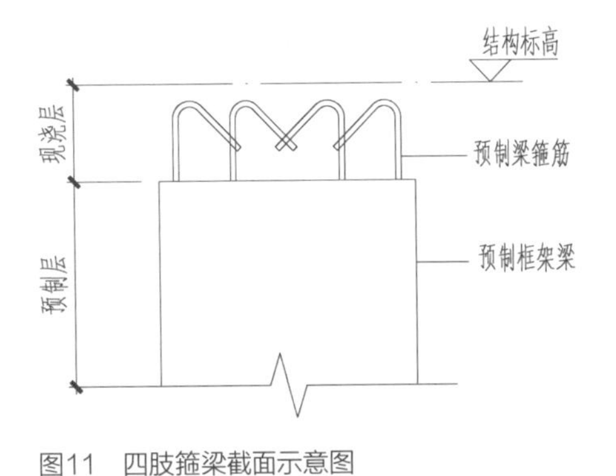

图11　四肢箍梁截面示意图

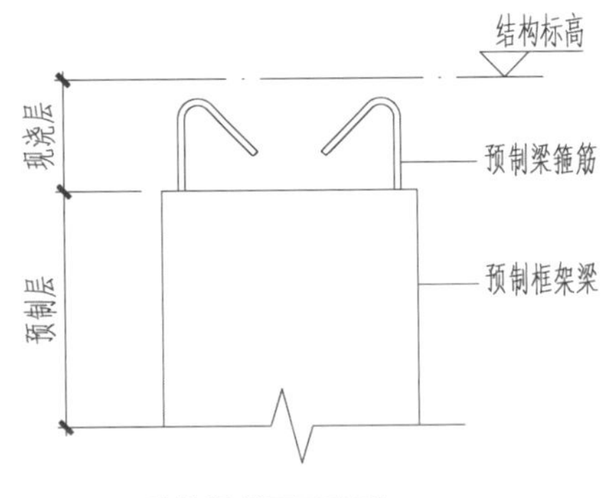

图12　双肢箍梁截面示意图

图13　四肢箍现场图（非本项目）

图14　两肢箍现场图（本项目）

图15　牛担板主梁预留槽口图

图16　预制次梁（牛担板）图

图17　预制次梁（牛担板）现场搁置图

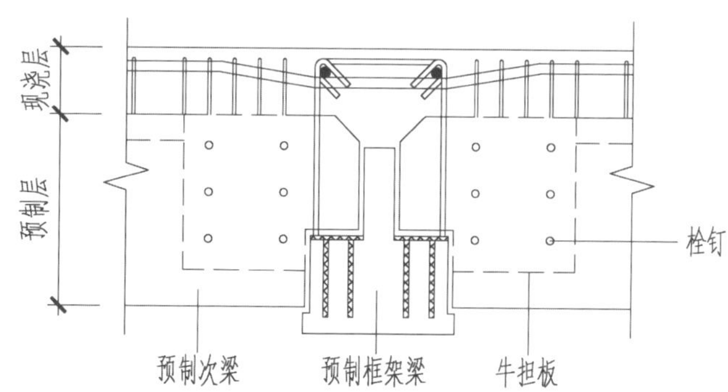

图18　主次梁牛担板连接节点示意图

图19　预制柱模型（HRB400钢筋）

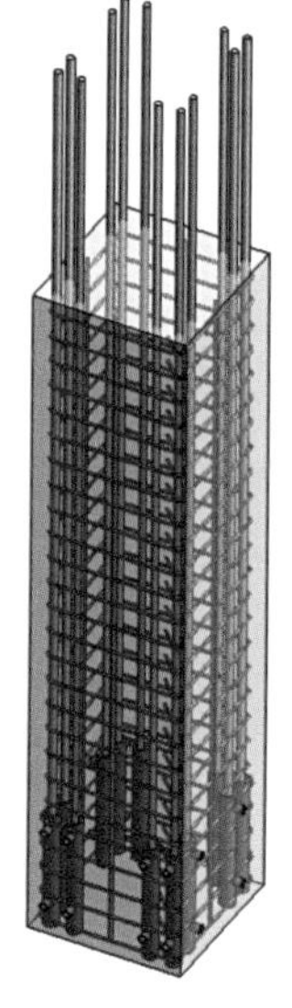

图20　预制柱模型（HRB500钢筋）

图21　预制柱底部灌浆套筒布置图

图22　预制柱顶部伸出钢筋排布图

梁柱居中布置、不同方向梁设置高差、预制柱采用HRB500级钢筋等所创造的有利条件。在节点区钢筋排布设计时，一方面，同方向的预制梁之间均采用梁底筋1∶6弯折锚固，不同方向的预制梁之间优先采用锚固板锚固，最大程度减少了钢筋的向上弯折，简化了节点区的钢筋排布，降低了预制构件伸出钢筋之间的碰撞概率；另一方面，考虑到预制构件的制作误差、现场吊装误差、带肋钢筋外径大于其计算直径等因素，节点区同方向预制梁钢筋之间、预制梁钢筋与预制柱钢筋之间在节点设计时预留了一定的净距（≥10mm），避免了实际误差的存在导致预制构件无法吊装，保证了施工现场预制构件吊装的便捷性。

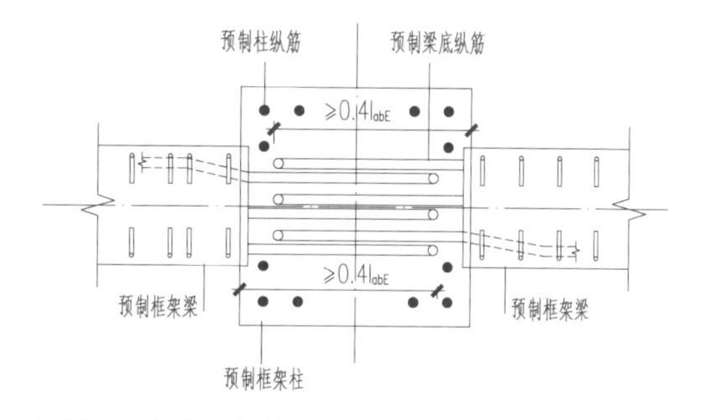

图23　预制梁弯折锚固节点示意图

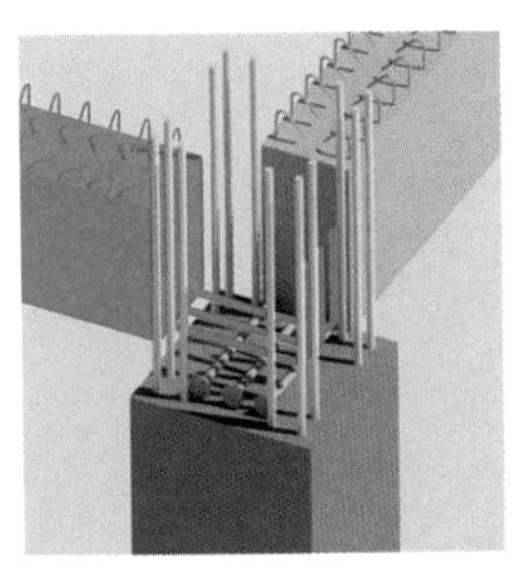
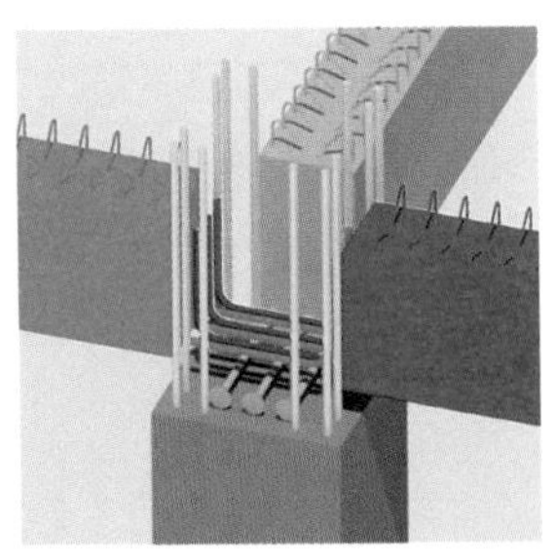
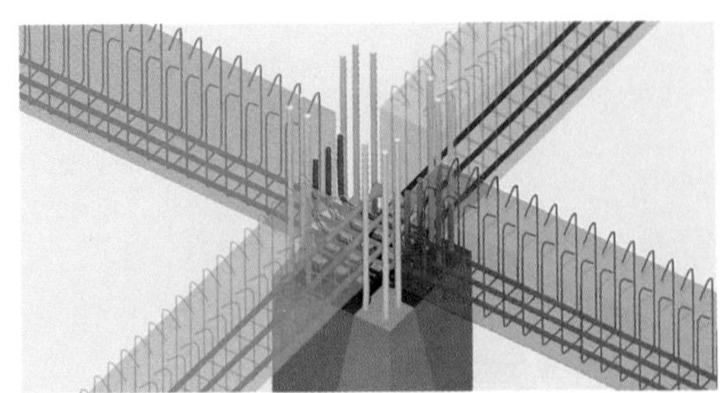

图24 角柱节点模型图　图25 边柱节点模型图　图26 中柱节点模型图

4 工厂化制造

相比于传统现浇建筑，部分施工现场工作转向预制构件厂，“粗放式作业”转变为“精细化作业”，对工程项目生态链上的参与各方协同性提出了更高的要求。本项目EPC管理模式下，以总包单位为统筹，以设计为核心，装配式设计师多次深入预制构件生产一线，了解预制构件生产过程中的重难点问题，对症下药，以提高预制构件标准化为目的，归并预制构件种类，减少预制构件模具套数，增加构件模具周转使用次数，从设计源头上控制了预制构件生产成本，提高了预制构件的生产效率。

构件厂根据预制构件种类分别采用“固定模台”“流水线模台”两种不同生产方式，对于叠合板等平板类的预制构件采用流水线模台生产，对于预制叠合梁、预制框架柱、全预制楼梯等大尺寸或异形构件采用固定模台生产，以达到最佳生产效率。在EPC管理模式下，预制构件生产过程中，生产单位和设计单位保持密切联系，严格按照构件深化图纸进行管线洞口的预留预埋，合理安排工序穿插，细化生产计划，优化人员调配，保质保量完成预制构件生产。

5 装配化施工

新材料、新产品研发

针对装配式建筑施工，本项目充分发挥装配式EPC管理模式的优势，由工程总承包方统一筹划，组建专业技术团队，从座浆料、灌浆料、灌浆套筒、灌浆充盈度检测等四方面入手，攻克相关技术难题，推出上海宝冶装配式建筑拥有独立知识产权的装配式建筑配套产品，与市场同类产品相比，自主研发产品在施工工期、灌浆料早期强度、套筒体积、生产效率、连接性能等方面具备明显的优势，为本项目的顺利推进奠定了坚实的基础。与此同时，上海宝冶集团有限公司作为首届全国装配式建筑职业技能竞赛总决赛的优胜单位，在建筑产业化工人技能培训上建立了成熟完善的管理机制，逐步形成了设计—生产—施工—检测—技能培训完整的装配式建筑全产业链。在EPC管控模式下，以降本增效为最终目的，项目参与各方发挥各自优势，协同配合，高效高质量推进本项目落地。

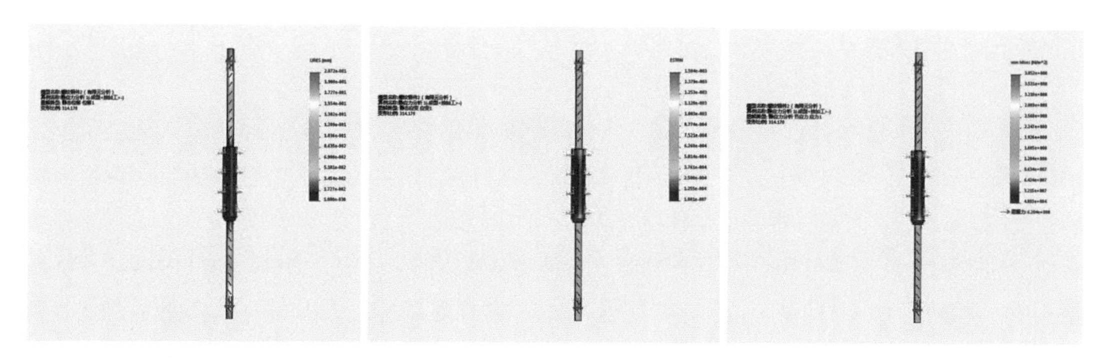

图27 新型灌浆套筒数值模拟分析

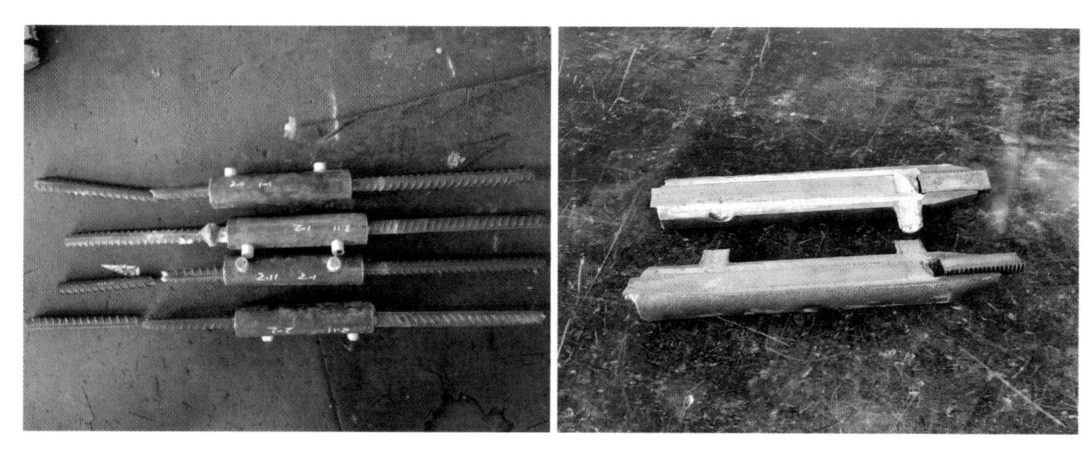

图28 新型灌浆套筒拉拔实验

BIM技术应用

本项目通过BIM技术的三维可视化功能，创建预制构件拼装模型，直观反映各个预制构件的空间关系，形象地展现梁柱节点区各构件钢筋间相对关系。结合BIM可视化和仿真，创新性地将CAD图纸二维平面检查和BIM三维立体检查有效地结合，大大节约了建模检查时间，减少了大量错漏碰缺。与此同时，在梁柱节点钢筋碰撞检查模型中，针对装配整体式框架结构之重点——梁柱节点区，仅将深入节点区的钢筋建入模型，简化了三维碰撞检查流程，节约了大量的时间成本。

图29 装配式建筑施工流程

6　EPC管理成效

（1）项目成本成效：在EPC管控模式下，针对装配整体式框架结构重难点问题，组建技术攻关团队，借助早期介入和各专业方案优化，优化预制构件拆分，简化后浇节点区钢筋排布，降低预制构件种类。设计优化前后，预制框架柱种类从原来的56种减少为13种，减少77%；预制框架梁种类从原来的89种减少为13种，减少85%；预制次梁种类从原来的42种减少为5种，减少88%；预制叠合板种类从原来的102种减少为17种，减少83%。预制构件种类减少，生产模具数量相应降低，模具周转使用次数提升，大幅减少了预制构件生产成本。

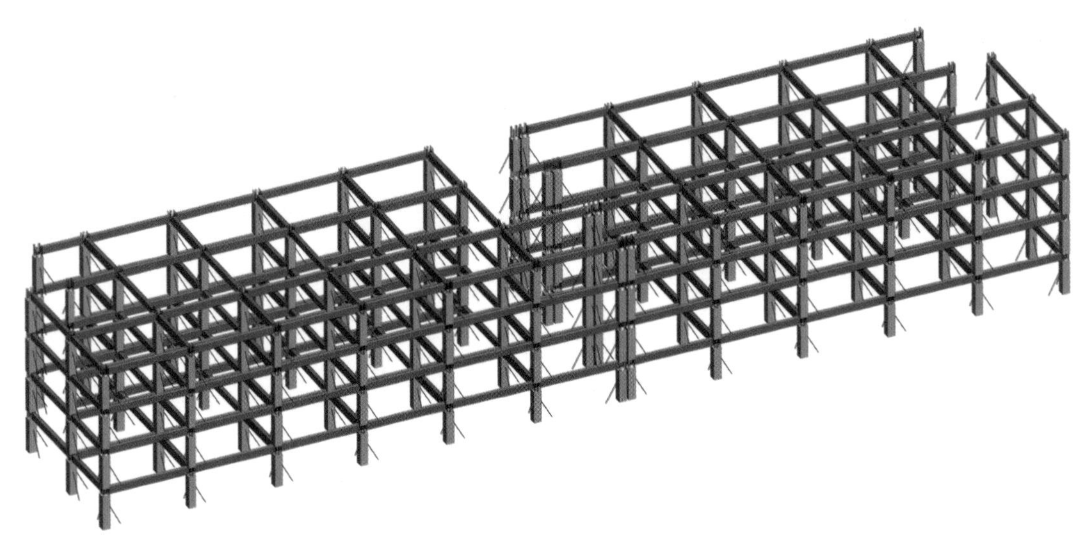

图30　预制构件三维碰撞检查图

（2）项目进度成效：在EPC管控模式下，施工现场方面，预制柱吊装需要2天时间，预制梁、预制叠合板吊装需要4天时间，一层所有预制构件吊装、后浇段钢筋绑扎、电气线盒后浇层预埋、灌浆、浇筑混凝土等工作需12~14天时间，相比于同面积装配整体式框架结构提前工期4~5天，相比于同面积现浇框架结构提前工期1~2天。

（3）技术创新成效：在EPC管控模式下，以设计创新为核心内容的企业重点科研课题“装配整体式钢筋混凝土框架结构梁柱节点连接方式研究及应用”经中冶集团科技成果鉴定委员会鉴定，该成果达到了“国际先进水平”，同时以该课题为子内容的“装配式建筑全产业链系列技术研究及应用”成果获得了上海市土木工程科技进步奖二等奖。并以此申报QC成果一项，斩获“2020年度上海市工程勘察设计优秀质量管理小组活动成果”二等奖。

（4）产品创新成效：在EPC管控模式下，根据装配式行业发展需求，完善企业装配式产业产品体系，创新研发新产品、新材料，先后形成预制叠合楼板专用多功能吊具（ZL 2015 2 0687324.7）、预制构件的斜撑拉结装置（ZL 2017 2 0165623.3）、一种新型装配式建筑灌浆套筒（CN201720367501.2）等装配式产品。

EPC团队合影

项目小档案

项 目 名 称：顾村世界外国语学校新建工程
地　　　点：上海市宝山区宝安公路
建 设 单 位：上海市宝山区顾村镇人民政府
总承包单位：上海宝冶集团有限公司
EPC 团 队：
方 案 设 计：张贵文　李松龄　杨娜等
建 筑 设 计：武玉花　任春丽　唐亚等
结 构 设 计：吴　锋　刘　威　刘华锋等
机 电 设 计：王英鸽　安明涛　叶风波等
装配式设计：刘　威　武　涛　黄永胜等
BIM 运 维：何　兵　阮江平　林闪宇等
施 工 团 队：沈　剑　叶　华　贾晓明　陈　琳等
整　　　理：武　涛　王　铮

EPC搭台、BIM来支撑：全面推进装配式建筑建造发展

——评“顾村世界外国语学校新建工程”装配式建筑建造实践

顾村世界外国语学校新建工程项目位于上海市宝山区，建筑面积为55814m^2，运用装配整体式框架结构体系，其工厂制作、现场装配的PC构件包括：预制框架柱、预制叠合框架梁、预制叠合次梁、预制叠合楼板和全预制楼梯等。依据沪建建材［2016］601号文件计算细则核定，项目单体预制率达42.17%。

该项目由上海宝冶集团有限公司主导，采用EPC工程总承包管理模式，其设计与施工分别由集团所属上海宝冶建筑设计研究院和上海宝冶建筑工程有限公司负责。项目实施过程中运用了多项先进、适用的技术手段和管理模式，无论是工期还是造价，都取得了较好效果，为当前和今后一段时间装配式混凝土结构建筑的推进运用提供了有益的借鉴和参考。具体表现在以下各方面：

（1）项目采用EPC工程总承包管理模式，有效整合了装配式建筑的设计、采购、施工与管理等各个环节，合理地节省了项目实施各环节的工程成本，充分发挥了工程总承包模式一体化建造的技术优势。

（2）项目全程借助“建筑信息模型”（BIM）这一先进的技术、管理手段，以多维角度视角及时把控和管理项目建造活动的各个环节，有效地避免了各种碰撞及误差、优化了作业流程、节约了资源，提高了建造效率。

（3）充分利用企业自有知识产权的BY灌浆料和灌浆套筒以及企业作为“全国首届装配式建筑职业技能竞赛总决赛优胜单位”所积攒的经验及技术优势，为项目的顺利实施奠定了较好的基础。

（4）在EPC工程总承包管控模式的统领下，以标准化设计、工厂化生产、装配化施工、信息化运维等装配式核心理念为指导，重点突出工程设计的主导引领作用。坚持标准化设计是装配式建筑全产业链的核心和关键，从设计源头下功夫，革新设计理念和思路，真正做到建筑源头的标准化和装配化。

（5）项目建造全程由同一个单位来主导和管控，充分整合设计、生产、施工资源，统一筹划、统一安排、统一组织、统一协调，从大局把控进度、从源头解决问题、从细部关注质量，发挥了装配式建筑+EPC模式下设计的龙头作用和企业的技术优势，提高预制装配构件的生产和施工效率，节省建造时间和成本。

点评专家

邓明胜

中建八局首席专家、教授级高级工程师，享受国务院特殊津贴专家，英国皇家特许建造师。

邓明胜从事施工技术及管理工作近40年，具有丰富的理论和实践经验，主编多部企业技术标准，是《建筑信息模型设计交付标准》《建筑工程设计信息模型制图标准》等国家和行业标准的主要编制人员，是《建筑施工手册》（第五版）主要编写人员；发表/出版论文/著作30 余篇（本），获省部级科技奖10余项、国家专利10余项。

主要社会兼职：国家（科技部）科技专家库专家，住房和城乡建设部绿色施工专家委员会委员，国家科技部“十三五”技术预测专家，中国专利审查技术专家，住房和城乡建设部中国工程建设标准化协会工程管理专业委员会第一届理事会副主任委员，中国建筑业协会国家级工法评审专家，中国BIM认证联盟技术委员会委员、中国建筑学会数字建造学术委员会理事、中国建筑学会高层人居环境学术委员会副主任委员，中国建筑学会施工分会BIM专业委员会副理事长，中国建筑工程总公司专家委BIM技术委员会委员，上海市工程施工标准化专业技术委员会委员，上海市土木工程学会第十二届理事会理事、工程建造专业委员会副主任委员，上海市绿色建筑协会副会长、上海市安装行业协会副会长，《施工技术》杂志编委等。

邓世斌

中国建筑西南设计研究院建筑工业化设计研究中心执行总工程师、院工业化专委会副主任。高级工程师，一级注册结构工程师，成都市首批绿色建筑暨装配式建筑专家库专家，四川土木建筑学会建筑工业化专委会委员。负责或参与多项大型公建及高装配率示范项目设计，获协会、省部级奖 30 余项。负责或参与国家科技部“十三五”重大研发计划及省市级装配式建筑相关课题十余项，主编或参编装配式相关规范、图集十余册。

设计理念

起着“龙头”作用的全过程设计为项目的造价、利润、工艺、工期提供可靠的引导、支撑，保障，并从源头上树立安全、经济、美观的理念，始终是EPC项目管理的关键，尤其是装配式EPC项目。通过标准化设计、工业化制造、装配化施工、一体化装修、信息化管理高效地营造绿色、环保、经济、美观、高质的装配式建筑。

图1　新兴工业园服务中心鸟瞰图

天府新区新兴工业园服务中心

建筑类型	办公建筑
项目单位	成都天投科技投资有限公司
设计单位	中国建筑西南设计研究院有限公司
施工单位	中国建筑第五工程局有限公司
监理单位	四川中冶建设工程监理有限责任公司
设计时间	2015年
竣工时间	2019年
建筑面积	90100m^2
地　　点	成都

1 项目概况

新兴工业园服务中心项目位于成都市天府新区，作为新兴工业园区生活配套服务中心，规划设计有政务办公、商业、酒店、公寓以及公交车始末站等功能。总建筑面积约90100m^2，其中1号楼包含政务办公及酒店等功能，为装配整体式框架核心筒结构，是西部首例装配式高层公共建筑，依据《装配式建筑评价标准》GB/T 51129—201装配率为76%，达到AA级标准，是介绍的重点。

该项目为十三五“国家重点研发计划预制装配式混凝土结构建筑产业和关键技术项目”示范工程、住房和城乡建设部装配式建筑科技示范工程、西部首个EPC模式装配式建筑示范工程、四川省科技示范工程。

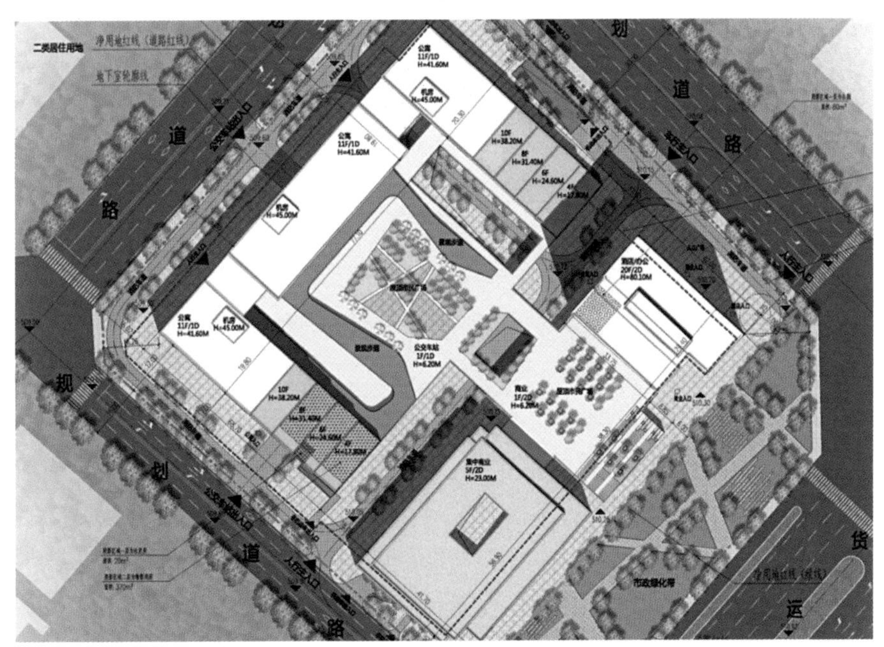

图2　新兴工业园服务中心总平面图

图3　新兴工业园服务中心总效果图

图4　各建筑结构体系图

2　EPC管理模式概述

建筑产业化是一整套生产方式的变革，而装配式建筑只是其中一种建造形式的载体，其本质上改变的是管理系统。

装配式建筑发展遇到的瓶颈之一，在于建筑设计、构件制作和安装施工等环节脱节。而EPC总承包模式与装配式建筑有着天然的契合度，能够充分发挥管理优势，打通产业链的壁垒，解决设计、生产、制作、施工一体化难的问题，从而优化资源配置，提高产品质量，并降低建造成本。

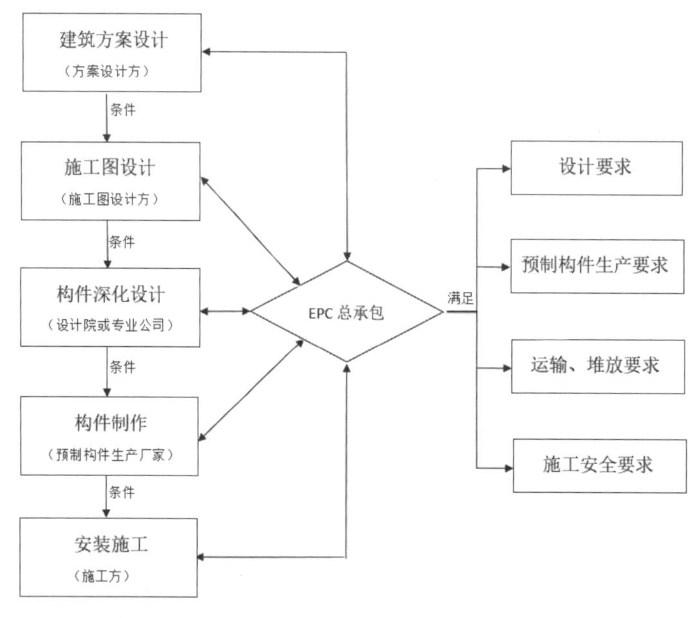

图5　EPC管理模式示意图

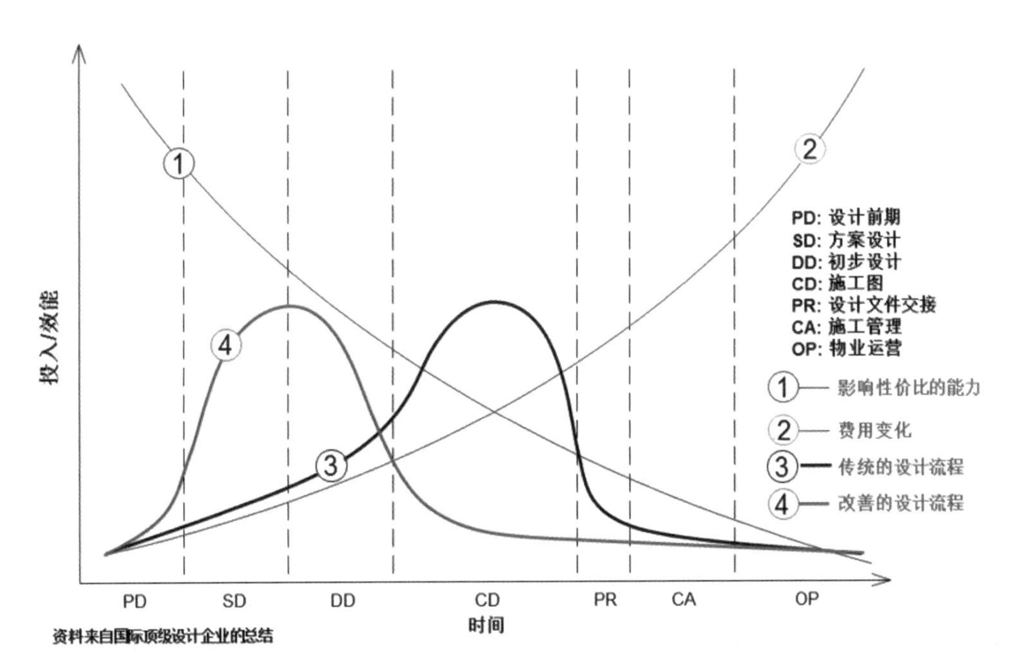

图6　优化的设计流程与传统设计流程

新兴工业园服务中心项目由成都天投科技投资有限公司投资建设，中国建筑股份有限公司牵头，采用了“标准化设计、工厂化制造、装配化施工、一体化装修、信息化管理”五化一体的EPC工程总承包管理模式，有机协调装配式建筑全产业链，实现了工程建造精细化、过程化和系统化以及技术创新集成化和成本最低化，提高了装配式建筑管理效率及产品质量。

该项目在EPC总承包模式下，构件制作方和施工方全过程参与了建筑方案、施工图和构件深化设计。借助BIM协同平台，打通信息壁垒，实现数据的全过程传递，加强专业间信息交互，减少错漏碰缺，保证工程质量，节约综合造价，缩短了工期。

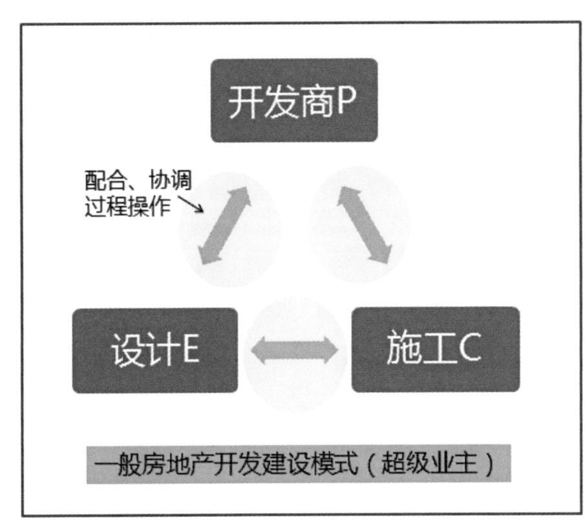

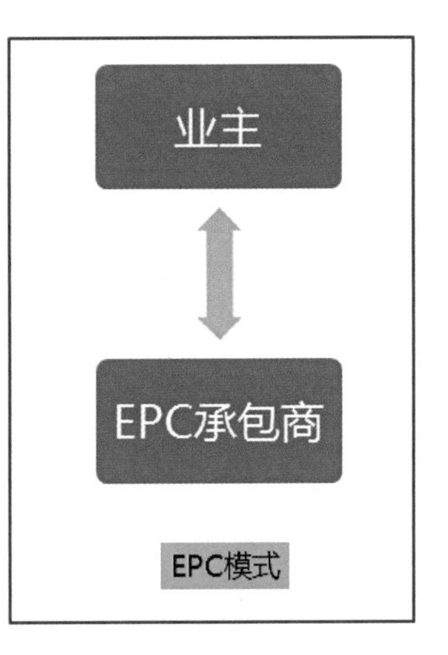

图7　EPC关系图

3 标准化设计

对于装配式建筑而言，标准化设计的目的是统一构件规格，减少构件种类，提升模具使用率，降低建造成本。

如何在标准化的前提下实现多样化的建筑造型，展现其独特的标识性，一直是设计的难点。在少规格，多组合的基本思路下，依托模具灵活的造型能力，充分发挥混凝土可塑性的特性来满足公共建筑平面功能的多样性和建筑立面的丰富性。

图8 透视图

装配式技术策划

建筑功能布置：1号楼1～10层为办公区，11～18层为酒店区，楼梯和管井均设置在核心筒内，统一的建筑功能均布置在框架范围内。立面上通过板块的重复错位，在标准单元内排列变化满足立面多样性和丰富性要求，使整个立面呈现严谨且活跃变化的韵律感。

结构系统：采用装配整体式框架——现浇核心筒结构，除了核心筒及其周边楼板采用现浇外，其余结构构件均采用预制。预制柱范围从首层到大屋面，叠合梁、桁架钢筋叠合板均从2层楼面到18层楼面。

外围护系统：主要采用预制外挂墙板，局部采用幕墙系统。

设备及管线系统：管线分离技术。

内装系统：全装修。

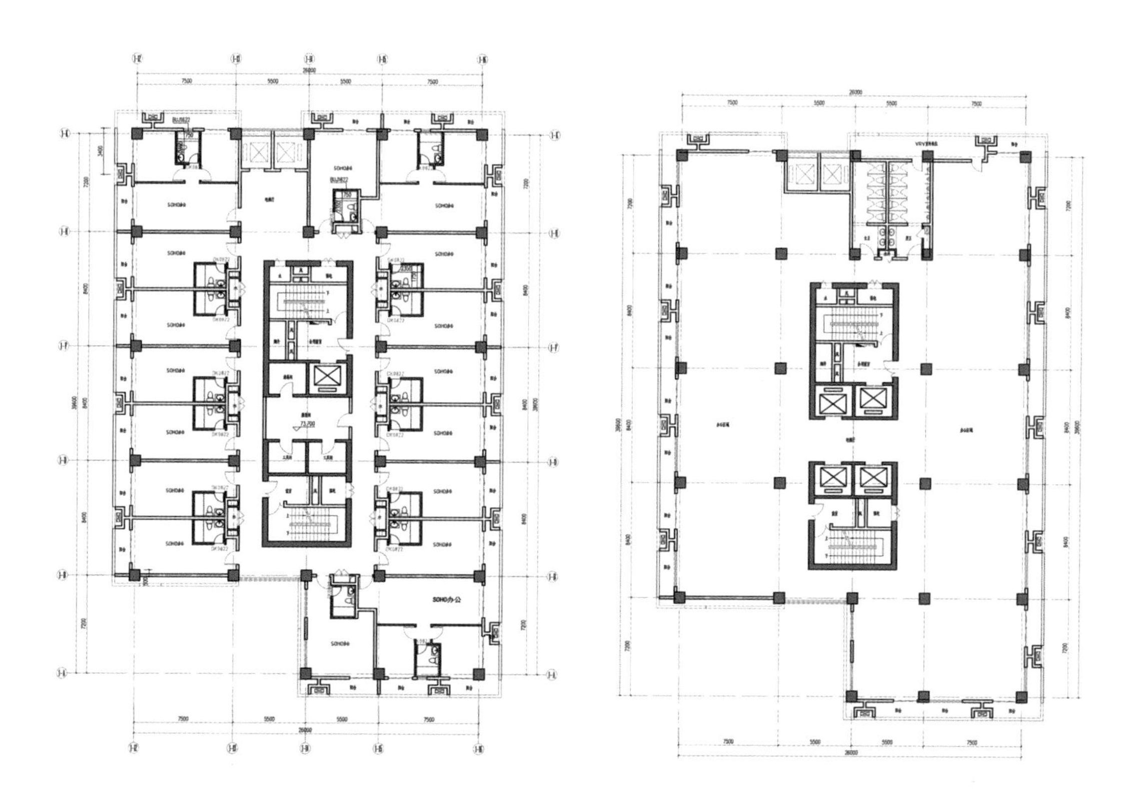

图9　标准层建筑平面布置图

标准化柱网、统一的层高和平面功能布置均契合了装配式技术特点，可实现叠合梁、预制柱、叠合板、预制外挂墙板、预制楼梯、装配式内隔墙等构件批量生产和标准化安装。核心筒现浇和框架装配可实现施工工作面分区，避免预制和现浇交叉作业。

外挂墙板主要布置在办公及酒店客房无保温、防水要求的阳台处，无预留预埋管线的需求，简化了设计、生产、施工难度，节约了造价。

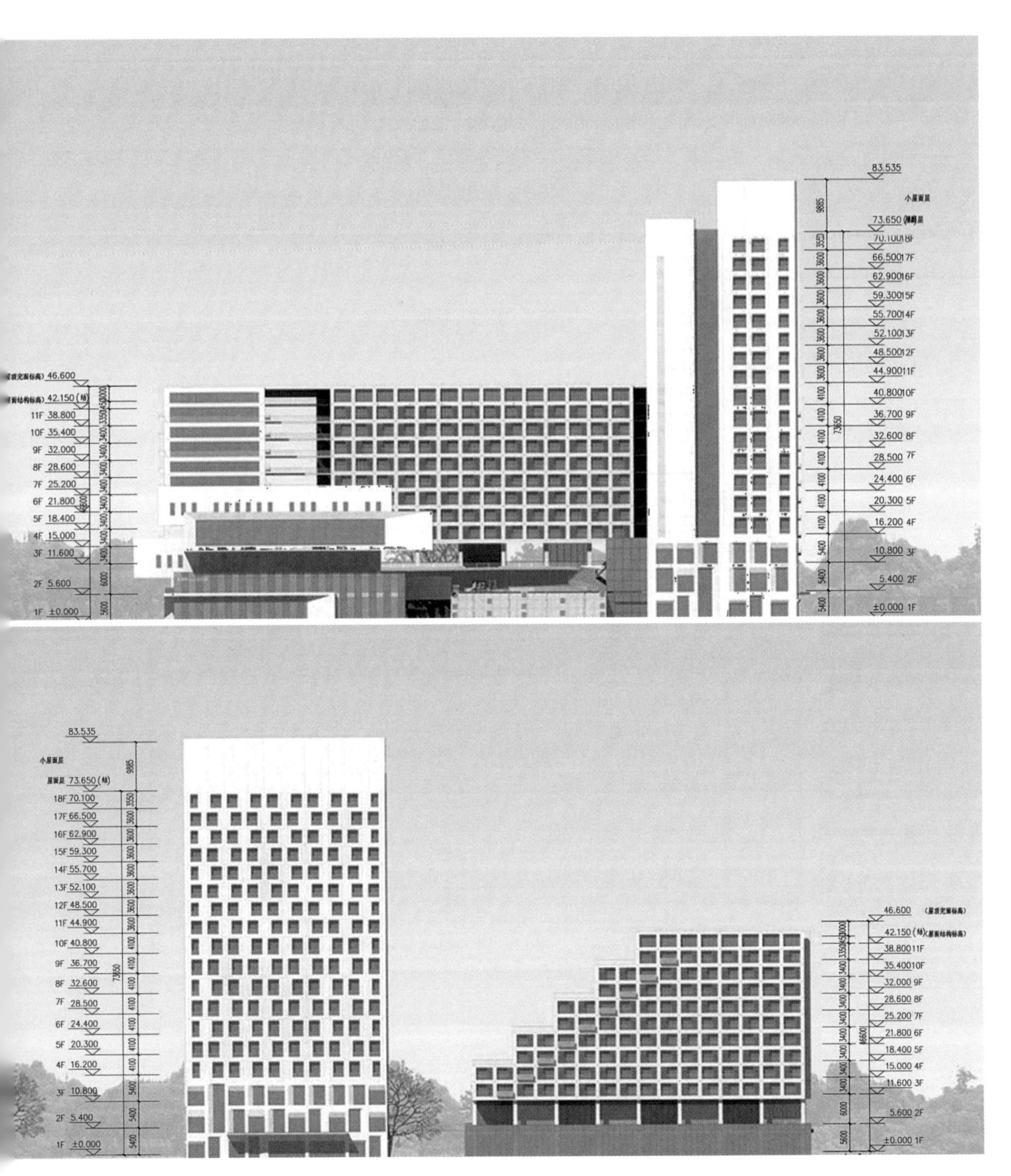

图10　建筑立面图

1号楼预制构件、部品部件包括：叠合梁、预制柱、叠合板、预制外墙板、预制楼梯、玻璃幕墙、金属穿孔板幕墙等、装配式内隔墙、整体卫浴等。

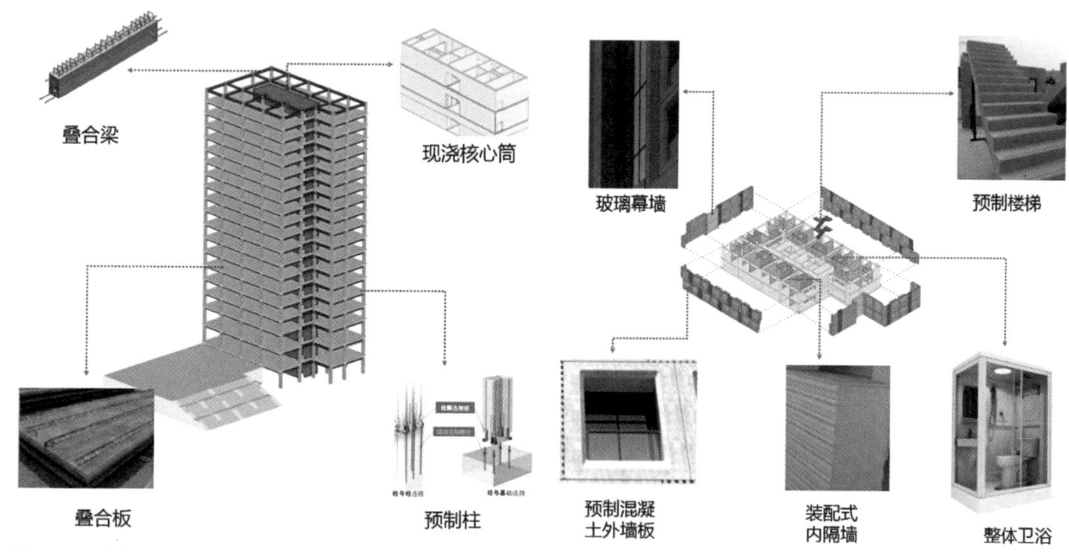

图11　1号楼预制构件种类

平面标准化设计

在项目方案阶段，根据建筑平面、结构特点和构件标准化要求，进行了两个结构方案的比选。方案二相对方案一主要是增加了中间的4个框架柱。两种方案结构计算整体指标相差不大，均满足规范要求。方案一结构周边刚度相对较大，结构扭转效应略小，混凝土和钢筋用量相对较小。方案二标准化程度更高，框架梁截面相对统一，减少了次梁和连接节点种类，构件制作和安装环节相对简单，避免了施工时现浇区和预制区交叉作业，同时提高了过道净高。综合设计、制作、安装施工等因素，最终确定方案二为实施方案。

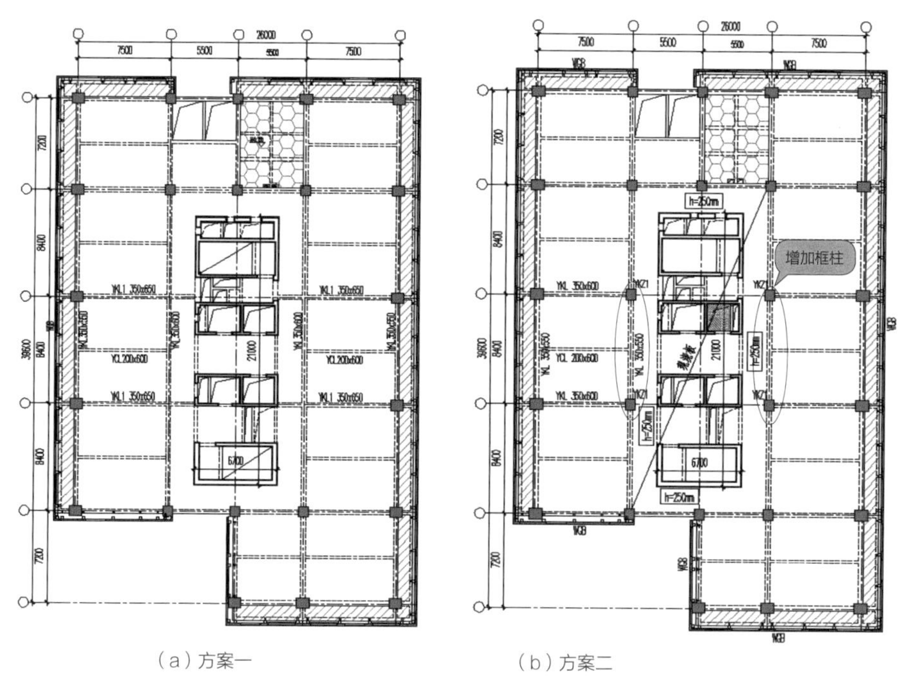

（a）方案一　　（b）方案二

图12　平面标准化设计

竖向构件确定后，根据建筑功能，考虑结构受力特性、预制构件制作和安装的便利性，针对酒店部分标准柱跨，对比了三种梁、板体系布置。方案一楼板双向传力，四周不留“胡子筋”，施工时可取消支撑，但鉴于工期和当时施工经验不足，最终未采用该方案。方案二和方案三均为主次梁体系，桁架钢筋叠合板方案。方案二布置一道竖向次梁，方案三布置一道横向次梁，竖向利用楼板高差，形成暗梁。考虑到方案二竖向梁截面高度较大，对建筑入户净高有影响，故最终方案三作为实施方案。

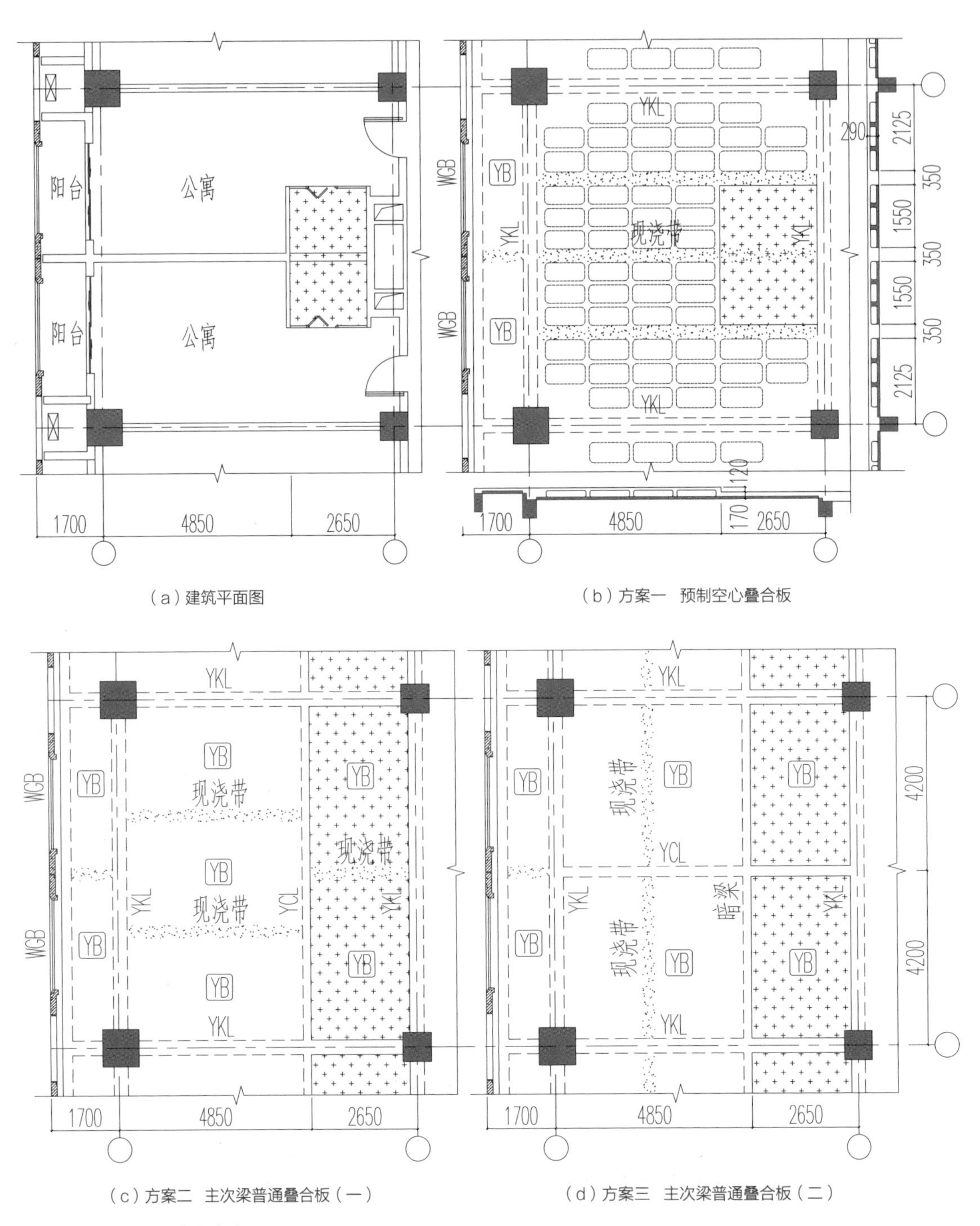

（a）建筑平面图

（b）方案一　预制空心叠合板

（c）方案二　主次梁普通叠合板（一）

（d）方案三　主次梁普通叠合板（二）

图13　梁、板体系布置方案

立面的设计——标准化与丰富性

建筑立面是内部空间功能对外部的投射，符合逻辑的建筑立面必然与其平面功能有着不可分割的联系。

该项目1号楼，单元式办公及酒店标准客房均为重复性的、模块化的内部功能空间。一方面，重复性、模块化的内部功能空间带来了高度标准化的立面形式，提高了装配式建筑的生产、建造效率；另一方面，高度标准化的立面单一重复，很容易形成单调的建筑形态。因此，在高度标准化的同时，怎样保持建筑的个性化，是该项目装配式建筑设计亟待解决的一个问题。在这种情况下，就需要以严密的装配式建筑立面构成逻辑为指导，提出可以形成多样化立面的构成方式。

设计在标准化的内部功能空间中，引入了一个具有较高灵活性的缓冲空间——阳台。阳台作为一个半室外空间，其对使用功能的需求低于室内空间，有利于打造出灵活多变的建筑立面。通过阳台及置于阳台上的空调机位，在立面上形成了宽窄不同的两种模块——阳台外挂板模块和空调机位穿孔铝板模块。具体到办公区及酒店区的设计中，立面上宽度为8400mm的轴网被划分为两个4200mm宽的空间单元，通过阳台与空调机位的组合，将每跨轴网重构拆解为3400mm（阳台外挂板）+1600mm（空调机位穿孔铝板）+3400mm（阳台外挂板）3个单元，再通过奇偶层的错动，形成了灵活、富有变化的立面效果。

借助EPC协同平台，通过设计与生产、施工联动，共同进行装配式建筑外墙挂板优化设计。在维持原设计外观基本不变的前提下，减少了构件种类，尤其是大幅度减少了只出现1次的构件数量，增加了模具的重复使用次数，缩短构件生产时间，降低了建造成本。

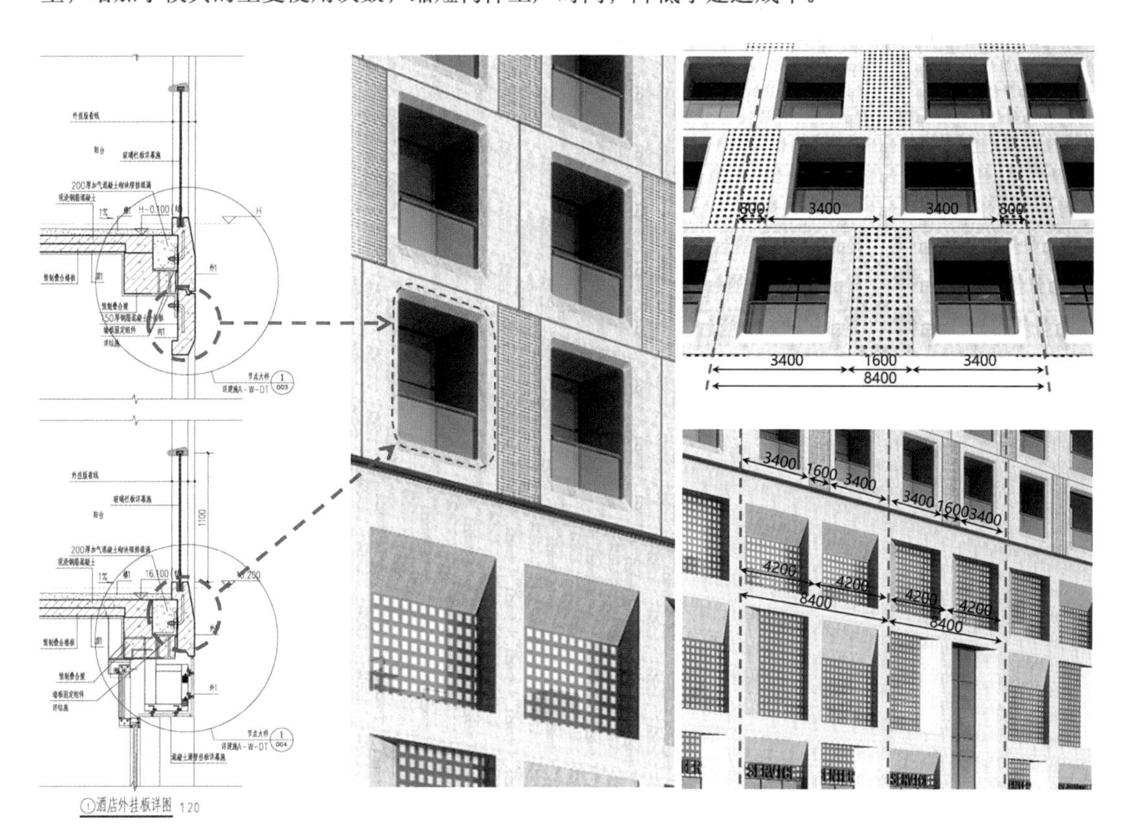

图14 立面设计方案

图15 立面外观

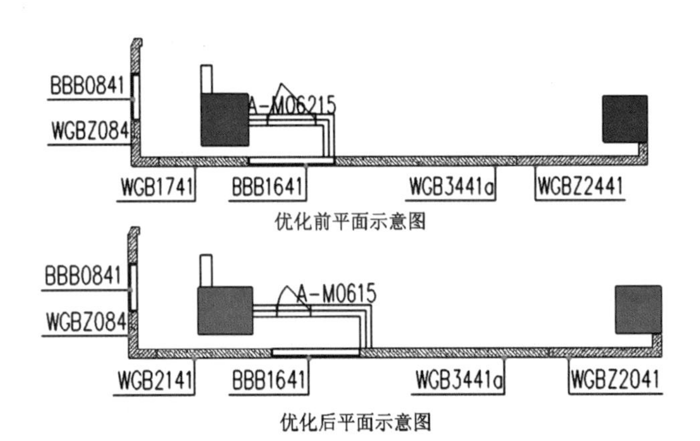

图16 外墙挂板优化设计示意图

节点设计

为简化构件生产制作和现场安装，提高效率，设计阶段对主要构件的连接节点进行了优化和研发。

中间层梁柱节点设计：大直径高强钢筋能有效减少钢筋根数和灌浆套筒，避免节点区钢筋碰撞。该节点为国家“十三五”课题研究成果，已被收录于国标《装配式混凝土建筑技术标准》GB/T 51231-2016。

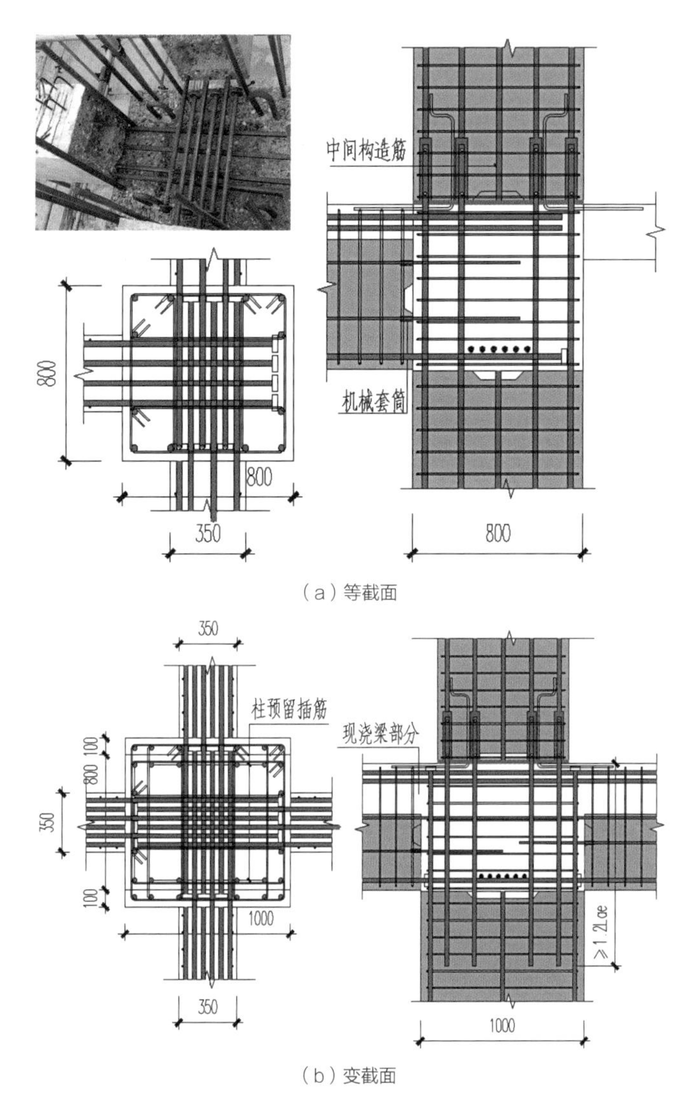

图17　中间层梁柱节点设计

顶层端节点设计：该节点为国家“十三五”课题研究成果。

《装配式混凝土结构技术规程》JGJ 1-2014中提出了两种装配式顶层端节点构造，第一种节点带柱头，柱纵筋在柱头内锚固，预制梁、柱预留的纵筋均采用锚固板直锚，该节点预制梁、柱的吊装、就位及节点区箍筋绑扎方便，但这种柱头抬高了屋顶的可踏面，往往不能满足建筑要求。第二种节点梁柱外侧纵筋弯折搭接，其连接方式和现浇结构基本一致。但这种构造现场叠合梁、叠合板就位、安装以及节点区箍筋绑扎非常困难，可操作性差。

针对这种顶层端节点，项目将梁柱外侧纵筋采用锚固板直锚在节点区，同时配置倒U形插筋。这样，在保证节点区受力性能的同时，也使得施工更加便利。配置倒U形插筋能有效保证节点区斜截面抗弯承载能力，加强节点区整体性，并且能有效控制节点外角处裂缝。

外挂墙板支座节点设计：外挂墙板与主体结构的连接节点是外挂墙板设计的重点和难点。项目采用旋转式点支承连接节点。力学模型为下部简化为不动承重铰支座，上部简化为可动铰支座。

该连接节点不仅保证了墙板与主体结构的可靠连接，同时能协调主体结构变形，减少了现场预留预埋，简化了施工工序。

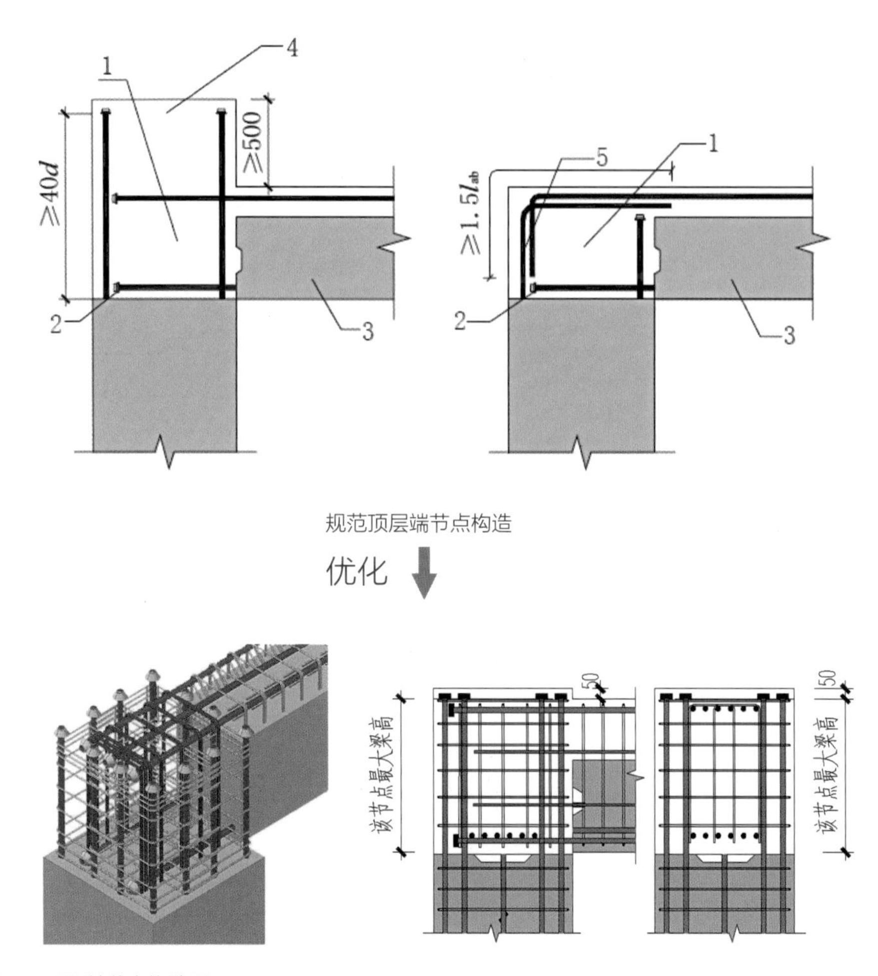

图18　顶层端节点构造图

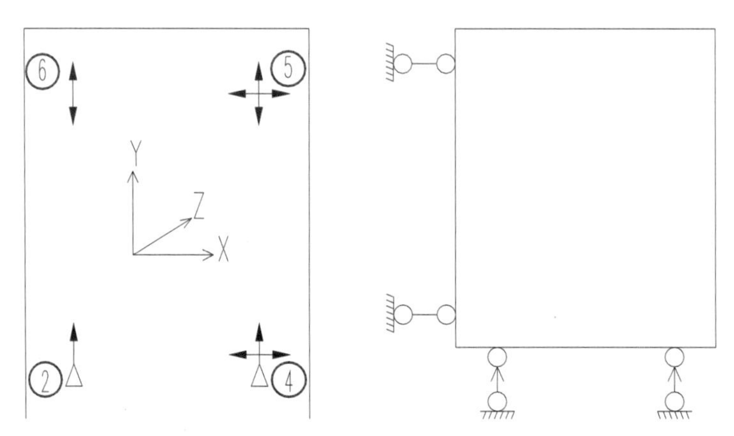

图19　旋转式连接节点构造图

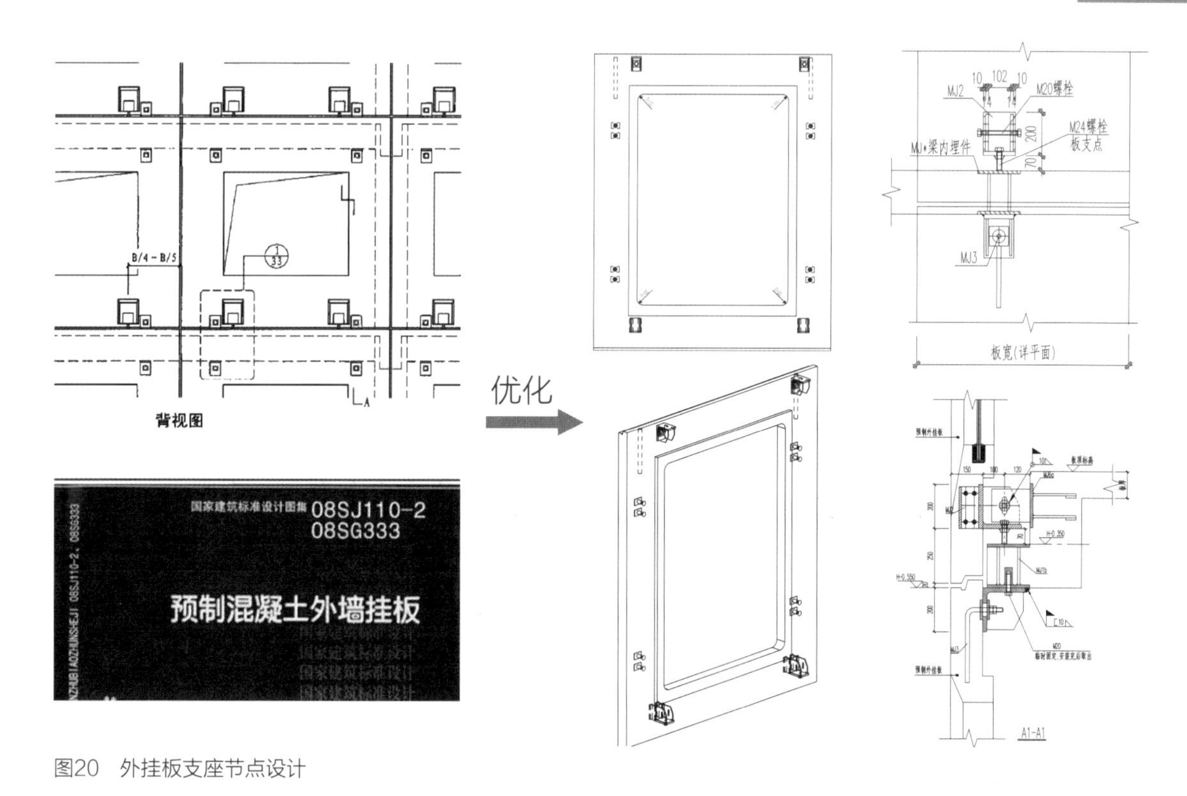

图20　外挂板支座节点设计

主次梁铰接设计：本工程主次梁连接采用“牛担板”铰接节点，减少了支撑，提高了安装效率。

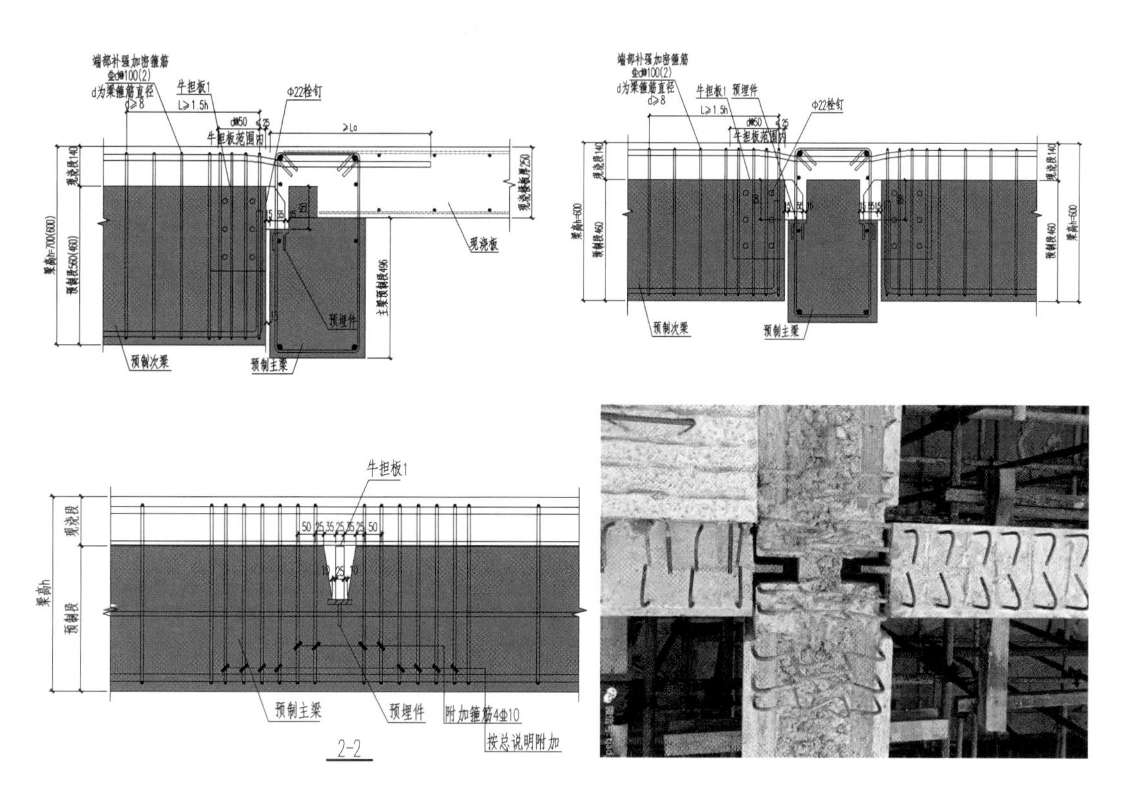

图21　主次梁牛担板连接节点

节点优化：工程在前期设计和后期深化过程中对梁板交接处、梁柱节点区和主次梁交接处模板、支撑进行了优化，简化了施工，提高了质量。

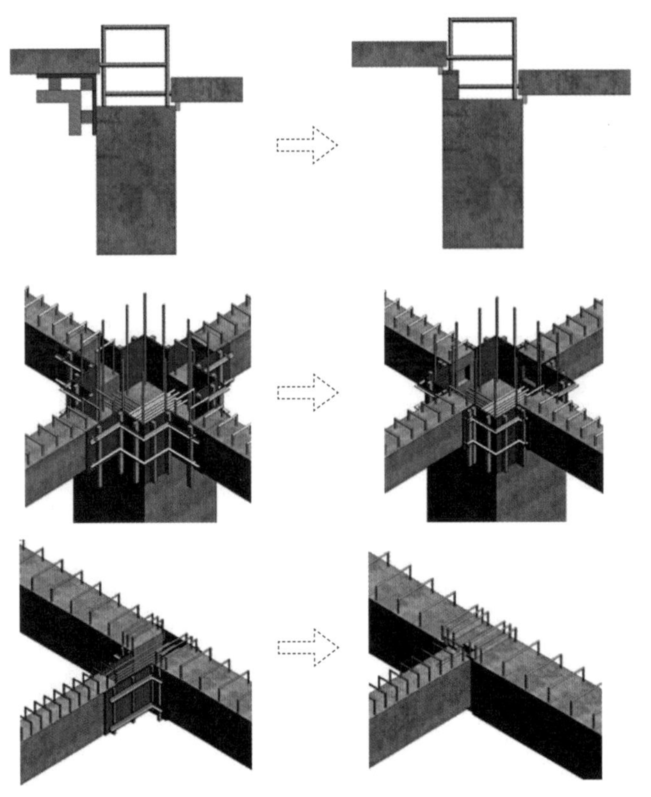

图22　预制主次梁节点模板优化

上述系列节点优化，减少了现场支模工作量，降低了施工难度，提高了施工效率，工程质量得到更好的保证。经对比分析，虽然某些节点做法增加了构件在工厂的制作难度，但极大方便了现场施工。优化后综合性能更优，发挥了EPC模式的优势。

装修设计

项目的装修区域包括人流电梯厅、卫生间和部分走廊等。在EPC模式下，内装设计在前期方案阶段已介入，在整体装修效果、管线预留预埋、材料选择、造价控制等方面得到了保证，避免了后期的返工和不必要的投入。

4　工厂化制造

在EPC模式下，构件生产方早期参与建筑方案和施工图设计，预制构件的种类类型等得到了充分优化，同时能很好地结合构件厂的生产能力，扬长避短，充分发挥工厂流水化作业、机械化加工、规模化生产的优势。

本项目叠合板、外挂墙板钢筋全部采用钢筋网片，为了实现钢筋网片的机械化生产，设计阶段取消了叠合板端部弯钩，加长了搭接长度，同时板底钢筋尽量采用小直径。经实践，增加现浇带宽度对施工阶段影响较小，为钢筋网片和桁架钢筋等部件的机械化生产提供了条件，提高了生产效率。

为保证构件生产与建筑设计、现场施工安装信息的传递，项目对构件进行了高效的信息化管理。利用设计阶段BIM数据指导构件深化设计和构件生产，对出厂构件指定对应的二维码，确保了现场安装的精确度，同时使得构件可追溯，为构件的信息查询和必要返厂及责任制度建立提供了便利。

图23　机械化生产的钢筋网片

图24　信息化管理界面图

借助EPC协同平台，充分了解构件生产能力，发掘生产和施工工艺特点，利用模具的造型能力，发挥混凝土可塑性特点，在构件中形成精巧的圆弧倒角、转折斜面，增强了建筑立面的表现力，同时解决了角部脱模易损坏的问题。

图25　外挂板实物图

5 装配化施工

在总包方协调下，施工方于方案阶段介入，在项目实施过程中密切配合，减少生产及施工的错漏，避免了资源浪费，节约了工期。以设计为核心，合理融合生产、装配等环节，有效控制项目成本。通过BIM技术的应用，保证了构件运输、塔式起重机附着、爬架安装、临时支撑、构件吊装、套筒灌浆等各方面安全高效实施。

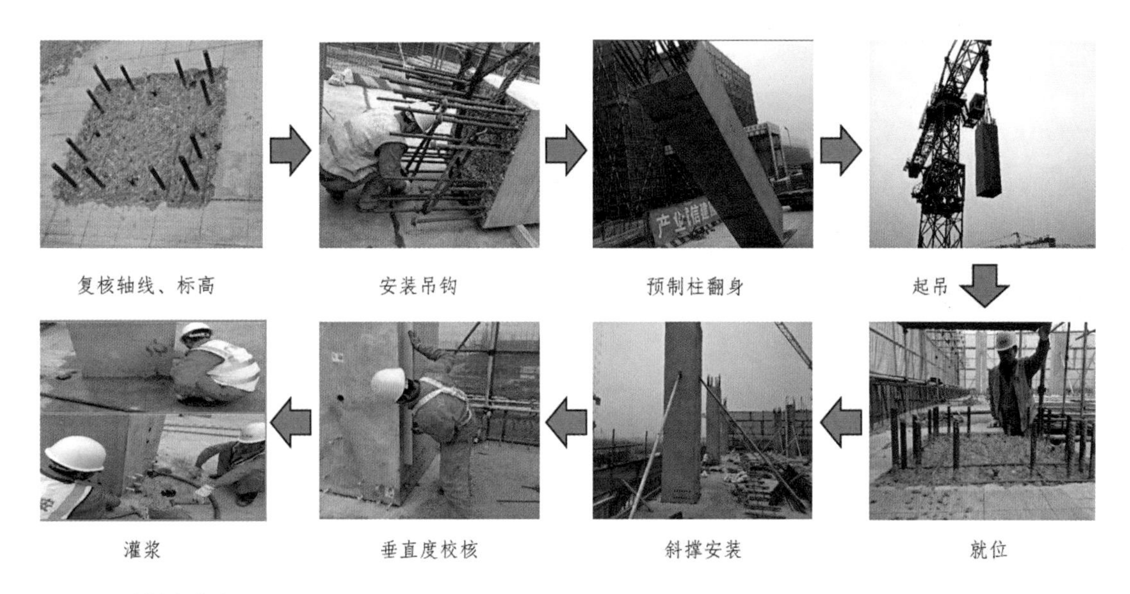

图26 预制柱安装流程

图27 预制叠合板安装流程

图28　外挂板现场安装图

塔式起重机设置和外维护爬架方案

施工前，根据预制构件重量和分布情况合理选型和布置塔式起重机。外维护爬架能提高施工可靠性，减少施工人员数量，降低作业人员劳动强度，为满足该施工方案的结构安全性，设计对结构布置进行了调整，将挑板改为挑梁。

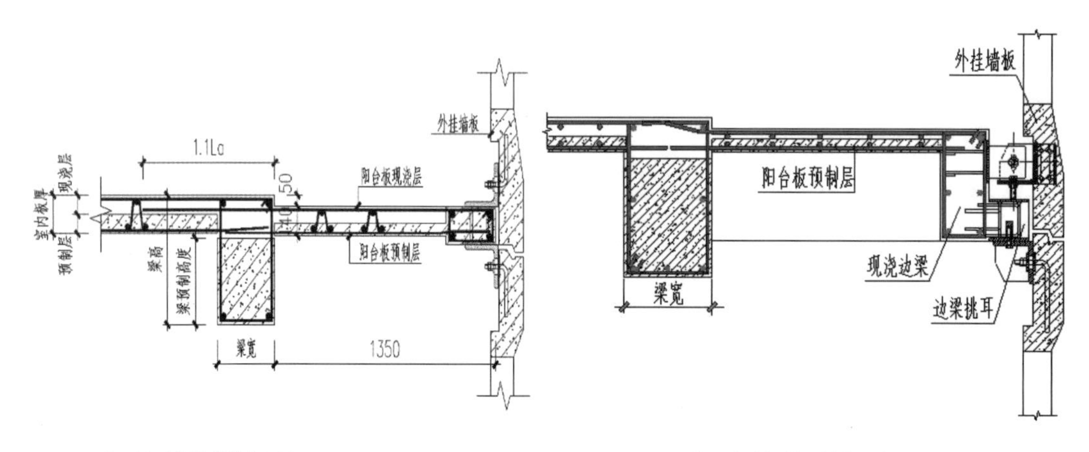

施工方案调整前结构示意　　施工方案调整后结构示意

图29　施工方案调整示意图

中国建筑 屹立世界500强
中国建筑股份有限公司
中國建築
过程精品
质量重于泰山
中國建築
中国建筑
服务跨越五洲
2#
塔吊

图30 施工现场图

样板间的施工

项目在施工前进行了样板间施工，模拟吊装施工，明确构件的吊装顺序，确保构件出筋位置正确，吊装顺利；模拟灌浆，保证操作熟练性和灌浆质量。

图31　样板间施工图

6　信息化管理

在EPC总承包模式下，借助BIM技术，搭建BIM总协同平台，可提高各建造环节沟通效率。

项目作为大型装配式建筑项目，需要设计、构件生产、施工全过程协同。BIM技术可实现精细化配合，可视化呈现，协同复杂关系，满足装配式建筑对设计深度、广度要求，预见施工过程中可能出现的问题，避免因生产、设计、施工阶段配合不到位、前后脱节而造成的构件报废、现场返工等问题。

BIM总协同平台的优势：实现项目参与各方对BIM及文档管理；

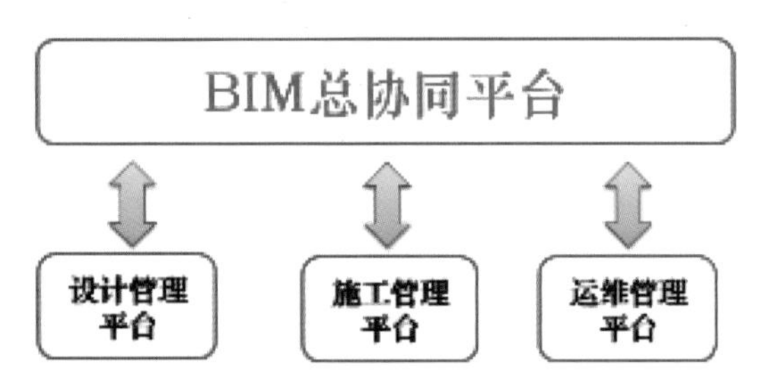

图32　BIM总协同平台示意图

图33　BIM在项目全生命周期的应用

各参与方信息交互及权限管理；

模型信息全面提取；

BIM操控；

平台接口的统一；

移动客户端实现查询功能。

BIM技术在设计阶段的应用

项目在方案阶段、施工图阶段、深化阶段均应用了BIM技术。包括文件管理、BIM建模、模型整合及碰撞检查、BIM构件深化图等。

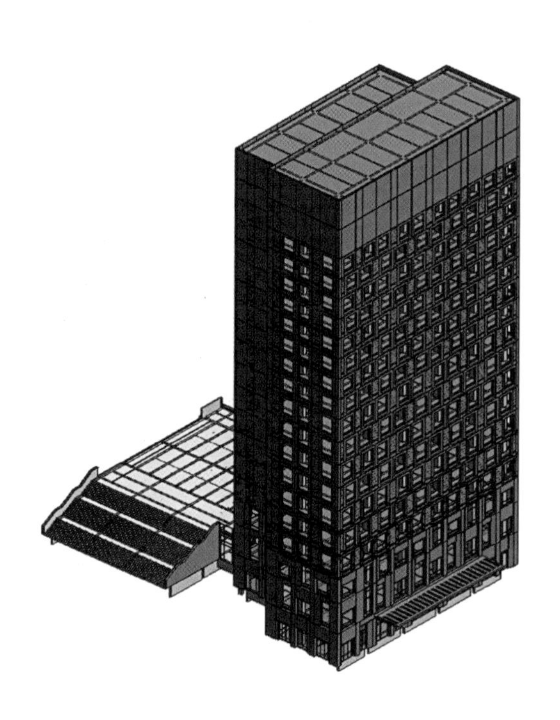

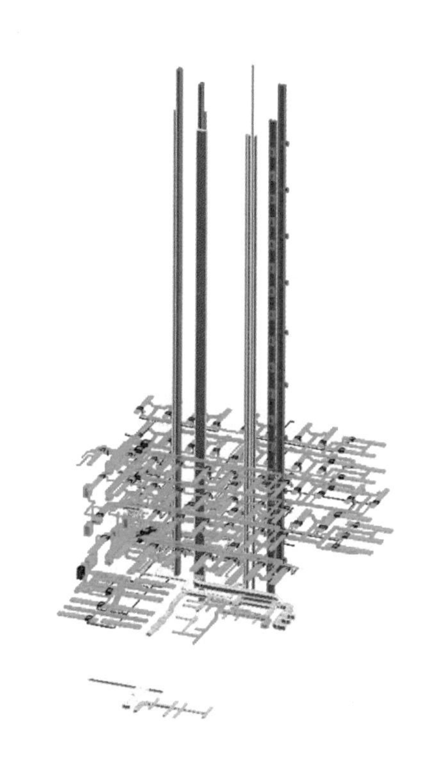

新兴工业园服务中心酒店项目 BIM 碰撞检查问题台账

截止日期：2016 年 12 月

问题类型	提出时间	是否解决	备注
预制构件图纸问题汇总	2016 年 8 月 3 日	是	
BIM 深化设计中图纸问题 1	2016 年 8 月 9 日	是	
BIM 深化设计中图纸问题 2	2015 年 8 月 10 日	是	
BIM 深化设计中图纸问题 3	2015 年 8 月 15 日	是	

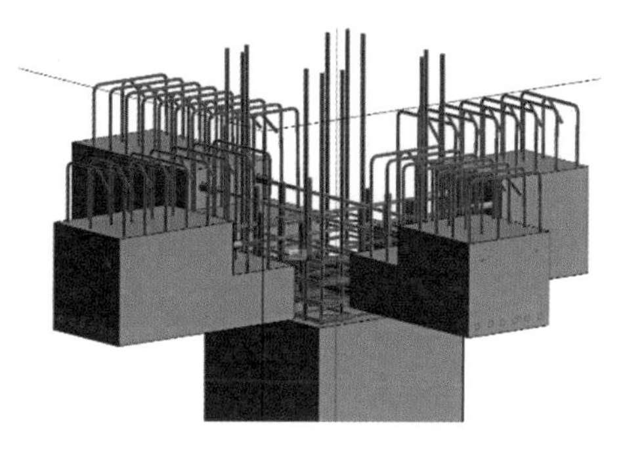

图34　BIM管网综合应用效果图

通过BIM实现了可视化建筑模型、参数式设计、全专业全流程协同工作，提高了效率。

BIM技术在构件制作阶段的应用

设计阶段的BIM数据传递给构件制作厂，指导模具和构件下料、生产。

图35　BIM技术指导下的构件生产图

BIM技术在施工阶段的应用

项目通过BIM技术模拟施工过程，实现了可视化装配、全过程全方位的信息化集成。

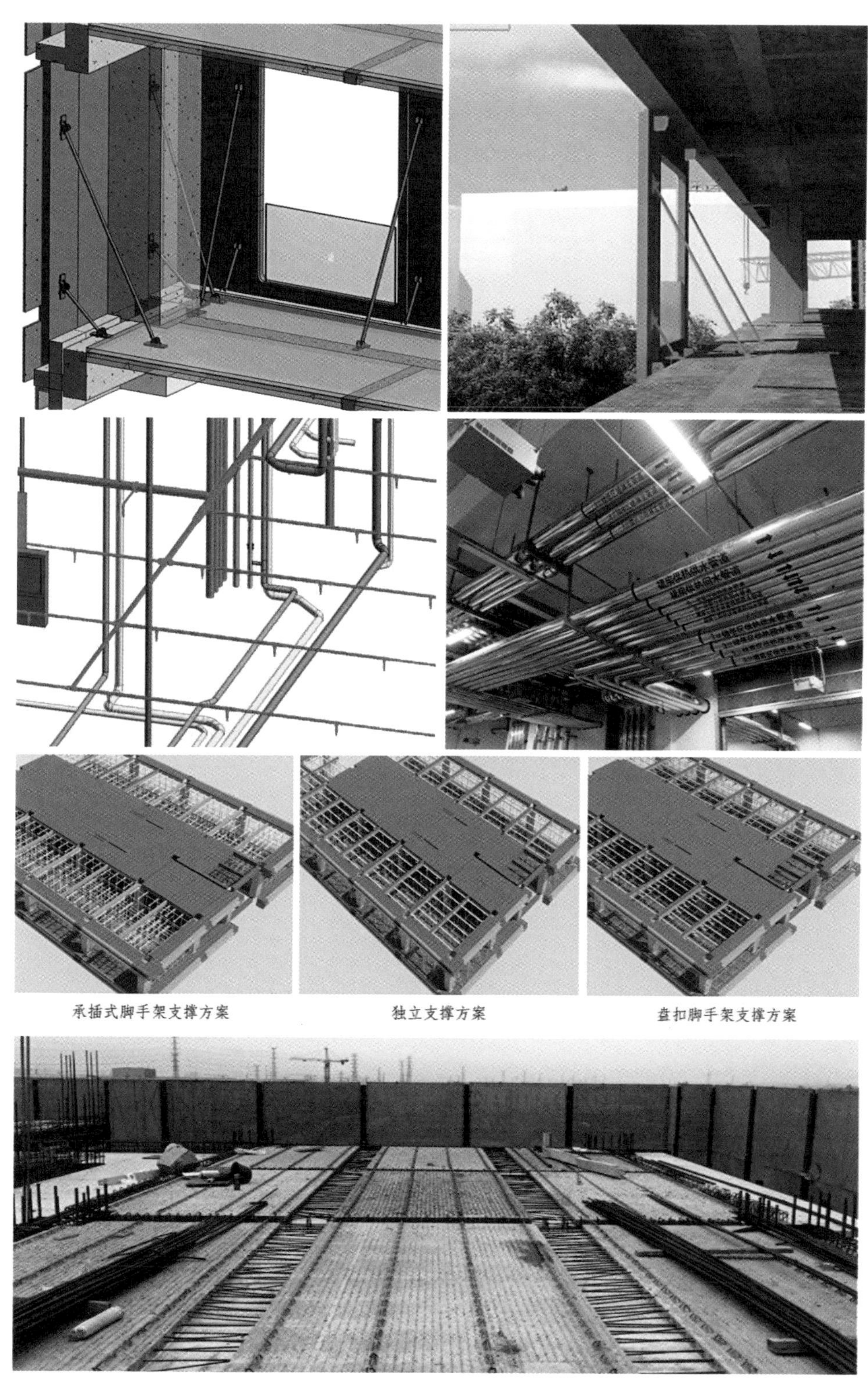

图36　BIM技术施工过程

图37　1号楼酒店铝膜标准层布置

图38　现场铝膜应用

7　EPC管理成效

（1）精细化设计：通过BIM全专业、全过程协同设计，保证了数据信息的可靠传递。项目全专业施工图总变更数少于5张，深化图设计实现了零变更。

（2）高效率制作：构件采用标准化设计，机械化加工，模具及构件制作效率大幅提高。

（3）节约工期：经对比测算，1号楼主体结构相比传统现浇结构施工时间平均每层节省1～2天。

（4）节约成本：采用EPC模式，从设计、制作到安装，全过程的方案比选，并结合最新的科研成果，实现了综合最优。

（5）良好社会反响：通过EPC模式下的精细管理，项目得以高质量呈现，得到业界高度认可。被评为“国家重点研发计划预制装配式混凝土结构建筑产业和关键技术项目”示范工程、住房和城乡建设部装配式建筑科技示范工程、四川省科技示范工程。

图39 新兴工业园服务中心实景图

项目小档案

项目名称：新兴工业园服务中心项目
地　　点：成都市天府新区新兴工业园
建设单位：成都天投科技投资有限公司
总承包单位：中国建筑股份有限公司
中建科技有限公司
主创建筑师：李　峰
设计团队：
建　　筑：佘　龙　林绍平　王　周　张　渝　张小龙　何青铭等
结　　构：毕　琼　邓世斌　吴　靖　张林峰等
机　　电：刘光胜　冯领军　朱海军　王　蕾等
幕　　墙：殷兵利　范建磊
B I M：靳　鸣　孙钰钦　刘济凡
摄　　影：存在建筑　建筑摄影

于不变之中创造变化

——评新兴工业园服务中心项目

建筑产业化是一整套生产方式的变革，而装配式建筑只是其中一种建造形式和载体，其本质上改变的是管理系统。而EPC总承包模式与装配式建筑有着天然契合度，能够充分发挥管理优势，打通产业链壁垒，解决设计、生产、制作、施工一体化难的问题，从而优化资源配置，提高产品质量，并降低建造成本。

公共建筑体量大、功能多样、外形丰富、结构复杂，相对于住宅项目，公共建筑实施难度大，案例较少。

新兴工业园服务中心项目位于成都市天府新区新兴工业园区，装配率达到“国家评价标准”AA级，采用EPC总承包模式建造。该项目为十三五“国家重点研发计划预制装配式混凝土结构建筑产业和关键技术项目”示范工程、住房和城乡建设部装配式建筑科技示范工程、西部首例装配式高层公共建筑、西部首个EPC模式装配式建筑示范工程、四川省科技示范工程。

项目设计理念传承梁思成60年前提出的尽量在保持预制构件“千篇一律”的情况下，做到建筑的“千变万化”。通过标准化与模数化设计，减少预制构件种类，在少规格、多组合的基本思路下，依托模具灵活的造型能力，充分发挥混凝土可塑性的特性，来满足公共建筑平面功能的多样性和建筑立面的丰富性，并结合建筑的功能特性、构件制作流程和施工实施方案，在平面设计、立面设计、节点设计等方面进行多角度全过程的方案比选，实现整个建造过程最优。

项目采用了标准化设计、工厂化制造、装配化施工、一体化装修、信息化管理“五化一体”的EPC工程总承包模式，借助BIM协同平台打通信息壁垒，实现数据的全过程传递，加强了专业间信息交互，减少了错漏碰缺，保证了工程进度和质量。

点评专家

杨晓毅

教授级高级工程师，现任中国建筑一局（集团）有限公司副总工。曾先后主持和参与了国家电力调度指挥中心、中央电视台新台址主楼A标段、沈阳文化艺术中心、深圳平安金融中心、海南三亚亚特兰蒂斯和深圳国际会展中心等高、大、精、尖、特项目。研发了施工过程仿真技术、10m超厚大体积混凝土底板施工技术、倾斜复杂高层建筑施工超大型塔式起重机综合应用技术，实现了中央电视台新台址主楼A标段的完美履约。长期从事建筑施工技术管理工作，在超高层施工、钢结构安装和建筑施工信息化领域承担过多项国家和省部级科研课题。获华夏奖一等奖1项、省部级科技进步奖10项。参编行业标准4项。获专利22项，其中发明专利2项。国家级工法1项，省部级工法3项。发表论文16篇，出版专著15部。获评中建总公司科学技术贡献奖（2009）、全国优秀科技工作者（2014）等。

龙玉峰

华阳国际设计集团董事、副总裁、建筑产业化公司总经理，深圳市高层次专业人才、深圳市十佳青年建筑师，是国内最早从事新型建筑工业化设计、研究的从业者之一，兼任国家装配式建筑产业技术创新联盟副理事长、专家委员会副主任委员，中国勘察设计协会建筑产业化分会副会长、专家委员，中国混凝土协会预制混凝土分会副理事长、专家委员，住房和城乡建设部构配件标准化技术委员会委员，深圳市建筑产业化协会副会长、资深专家等。参编《预制混凝土结构技术规程》《装配式建筑评价标准》等十余本设计标准和图集，多次荣获省部级科学技术一、二等奖。

设计理念

以建筑师负责制为核心，强调“设计”在整个工程建设过程中的主导作用，建筑师团队全过程主导建筑设计、设计分包管理及项目管理工作。

采用装配式和BIM两大核心技术，创意设计充分体现装配式建筑的特点与价值，基于BIM平台的应用，以BIM模型为载体，实现进度、施工方案、质量、安全等方面的数字化、精细化和可视化管理，改变传统设计、采购、施工独立作业、串联推进、信息链割裂模式，将设计、采购、施工之间的各项工作并联进行有效地衔接，有效提高装配式建筑的生产效率和工程质量。保证投资的合理化及工期、质量保障，确保方案设计意图完整贯彻落地，并确保项目完成度高。

图1　立面效果图

华阳国际现代建筑产业中心1号厂房

项目名称	华阳国际现代建筑产业中心1号厂房
建设单位	东莞市华阳国际建筑科技产业园有限公司
设计单位	深圳市华阳国际工程设计股份有限公司
施工单位	深圳华泰盛工程建设有限公司
监理单位	广东鸿业工程项目管理有限公司
设计时间	2018年
竣工时间	2020年
建筑面积	1.67万m^2
地　　址	广东省东莞市茶山镇

项目为华阳国际设计主导的EPC项目，由华阳国际设计团队全流程把控项目设计及质量落地。项目采用装配式框架结构体系，工程装配率约为76%，开发建设采用“EPC工程总承包”的模式，在装配式技术和BIM技术加持下，首创“PIGR”科技建造体系，即：工业化、智慧化、绿色化、精细化的“四化建造体系”。

1 建筑设计

建筑方案设计之初充分考虑“产业化建造”的因素，以4.2m为基本模数，建筑层高为4.2m，基本柱网为8.4m × 8.4m；立面的设计灵感来源于“中国古代活字印刷”的可复制概念，在较为规整的建筑形体上，以装配式框架结构为骨架，采用5个“标准化窗洞单元”进行立面排列组合，形成极具特色的工业化立面肌理。

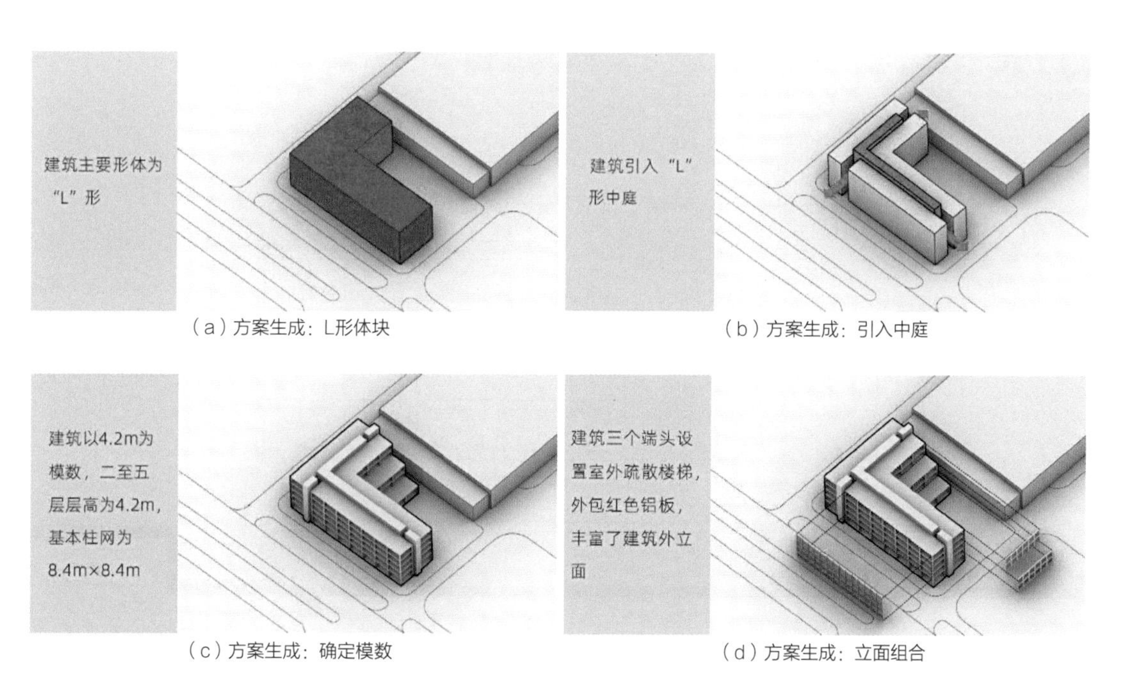

（a）方案生成：L形体块
（b）方案生成：引入中庭
（c）方案生成：确定模数
（d）方案生成：立面组合

图2 方案生成流程示意图

为打造真正可持续发展的绿色建筑，项目以LEED金级认证为目标，将绿色建筑思维贯穿整个设计过程，一方面通过双阳光中庭、退台式设计、外部凹口等绿色建筑措施，将自然光和风引入室内空间，实现建筑内部全年良好的自然通风换气和采光效果，达到被动式节能的目的；另一方面，借助太阳能光热、光电系统和节能导光管等设备，赋予建筑可持续发展的生命力。

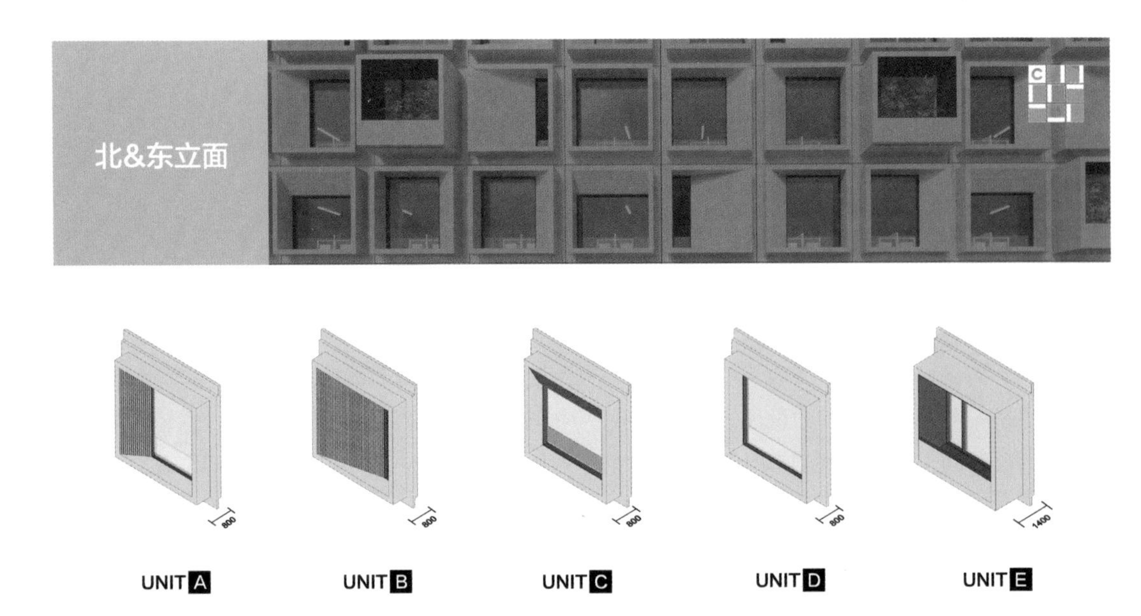

图3　5个“标准化窗洞单元组件”

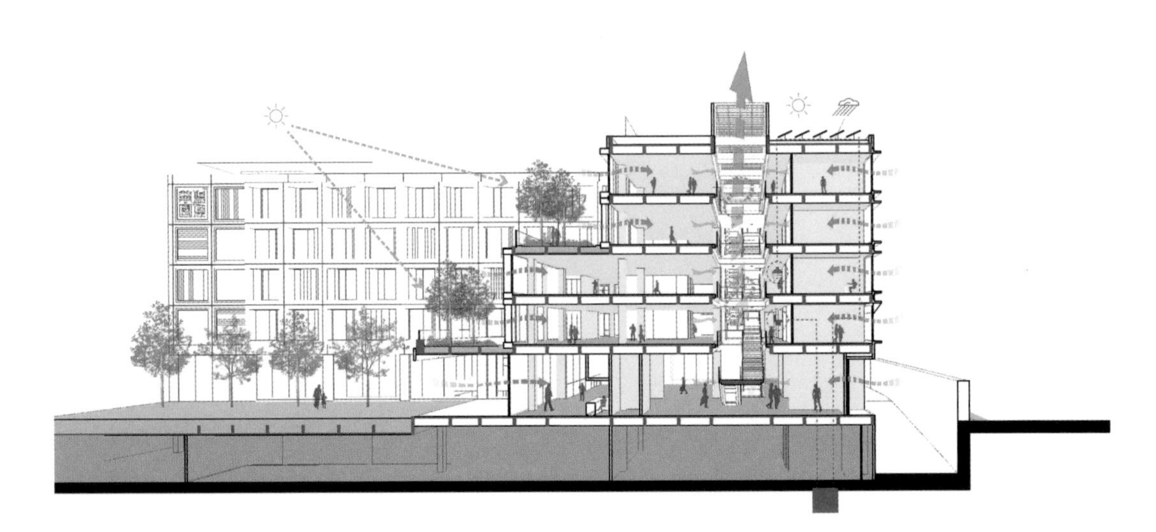

图4　被动式节能设计

2 装配式设计

该项目在东莞市当地的装配式政策前提下，结合国内的装配式设计现状，对各个类型及部位的预制构件在项目中予以实施，主要包括：预制外墙、预制柱、预制叠合楼板、预制剪力墙、预制叠合梁、预制内隔墙条板。项目的装配式设计将我司自主研发的新型材料、新型连接节点做法在项目中予以实际运用，如新型混凝土材料，预制梁的连接节点。根据《装配式建筑评价标准》GB/T 51129—2017评分要求，主体结构采用竖向及水平预制构件，围护墙及内隔墙均采用预制墙体，全装修交付并采用卫生间薄贴工艺及管线分离措施，可认定为AA级装配式建筑。

<table>
<tr><th colspan="2">评价项</th><th>评价要求</th><th>评价分值</th><th>最低分值</th><th>实际得分</th><th>合计得分</th><th>是否满足最低要求</th></tr>
<tr><td rowspan="2">主体结构（50 分）</td><td>柱、支撑、承重墙、延性墙板等竖向构件</td><td>35% ≤比例≤ 80%</td><td>20 ～ 30*</td><td rowspan="2">20</td><td>26.3</td><td rowspan="2">39.7</td><td rowspan="2">√是
□否</td></tr>
<tr><td>梁、板、梯、阳台、空调板 等构件</td><td>70% ≤比例≤ 80%</td><td>10 ～ 20*</td><td>13.4</td></tr>
<tr><td rowspan="4">围护墙和内隔墙（20 分）</td><td>非承重围护墙非砌筑</td><td>比例≥ 80%</td><td>5</td><td rowspan="4">10</td><td>5.0</td><td rowspan="4">20</td><td rowspan="4">√是
□否</td></tr>
<tr><td>围护墙与保温、隔热、装饰一体化</td><td>50% ≤比例≤ 80%</td><td>2 ～ 5*</td><td>5.0</td></tr>
<tr><td>内隔墙非砌筑</td><td>比例≥ 50%</td><td>5</td><td>5.0</td></tr>
<tr><td>内隔墙与管线、装修一体化</td><td>50% ≤比例≤ 80%</td><td>2 ～ 5*</td><td>5.0</td></tr>
<tr><td rowspan="5">装修和设备管线（30 分）</td><td>全装修</td><td>—</td><td>6</td><td>6</td><td>6.0</td><td rowspan="5">18</td><td>√是 □否</td></tr>
<tr><td>干式工法的楼面、地面</td><td>比例≥ 70%</td><td>6</td><td rowspan="4">—</td><td>0.0</td><td rowspan="4">—</td></tr>
<tr><td>集成厨房</td><td>70% ≤比例≤ 90%</td><td>3 ～ 6*</td><td></td></tr>
<tr><td>集成卫生间</td><td>70% ≤比例≤ 90%</td><td>3 ～ 6*</td><td>5.02</td></tr>
<tr><td>管线分离</td><td>50% ≤比例≤ 70%</td><td>4 ～ 6*</td><td>6.0</td></tr>
<tr><td colspan="5">合计评价得分</td><td>—</td><td>77.7</td><td>—</td></tr>
<tr><td colspan="5"><u>1 号厂房</u> 楼单体建筑装配率</td><td colspan="3">82.65%</td></tr>
</table>

图5　装配率得分表

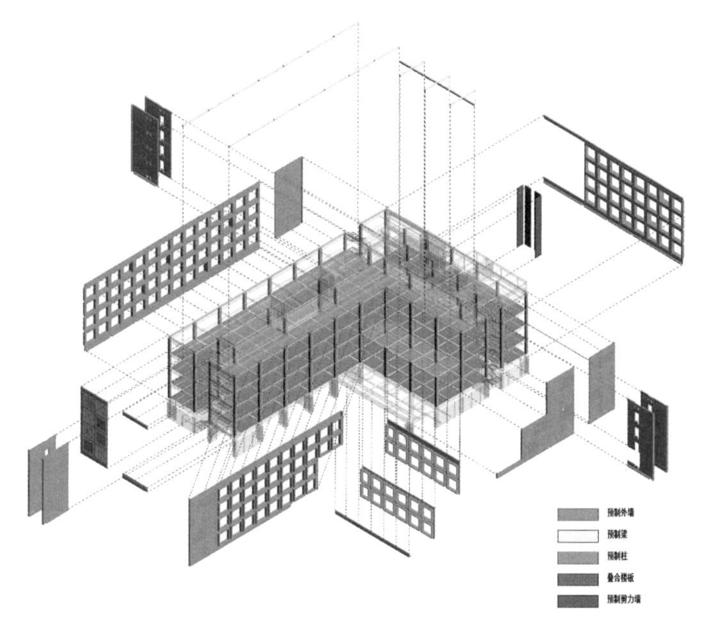

图6　装配式预制构件三维示意图

自隔热混凝土外墙板

项目外立面均采用预制外墙，外墙构件全装配化施工。项目单个构件尺寸为4180mm × 4490mm（宽 × 高），若采用常规混凝土构件，尺寸较大且重量非常重，影响实际的运输与吊装。考虑到降低施工及运输的难度，预制外墙的原材料采用轻骨料混凝土，强度等级满足外墙的构造要求，容重约1500~1600kg/m^3，导热系数约0.42。作为新型的混凝土材料，其材料保温性能优于一般的混凝土材料，构件本身即可满足节能要求，实现保温与外墙一体化，解决内保温的空鼓和多工序问题。原材料容重降低的同时，构件减重约35%，可以降低塔式起重机型号节约成本及运输、安装的难度。

预制梁连接技术

项目楼盖局部为“十”字楼盖形式，采取预制梁配合叠合楼板施工，减少现场模板数量及现浇的工作。

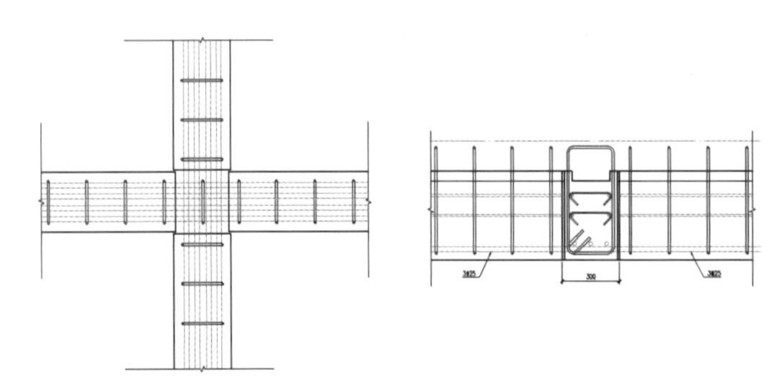

图7　预制梁连接节点

图8　预制梁构件图示

叠合楼板密拼技术

叠合楼板采用“0”缝拼接，取消了现浇段的做法，可实现楼板免模板浇筑，也规避了常规现浇段胀模的问题，减少现场后期的修补工作。

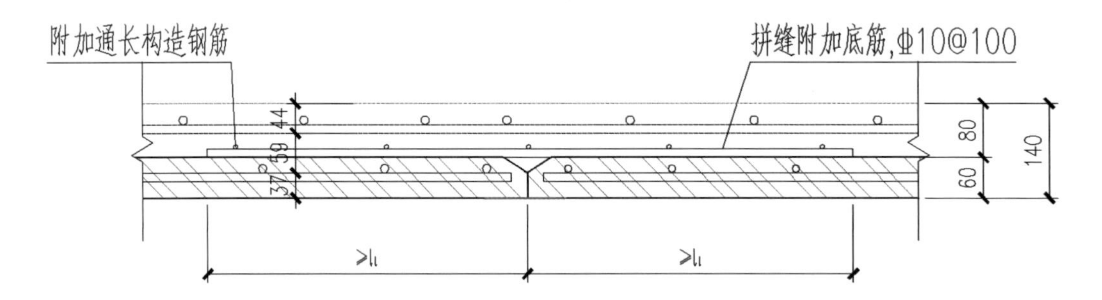

图9　叠合楼板密拼节点

叠合楼板在连接方式上也进行了创新，取消传统的胡子筋，在现浇梁钢筋绑扎完毕后吊装叠合楼板可避免碰撞问题，减少现场避让及复位梁钢筋的工作，提升施工效率。

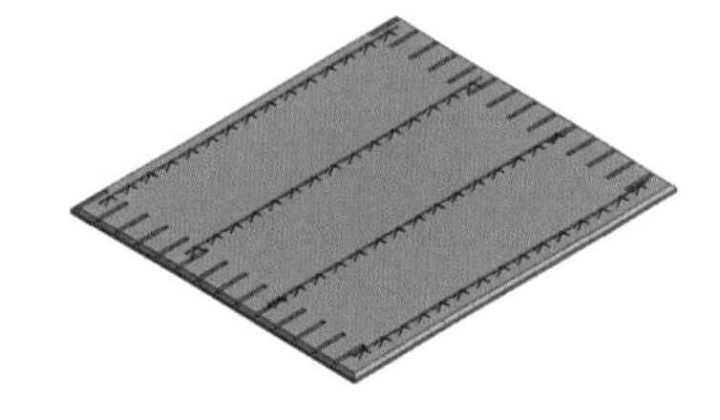

图10　叠合楼板构件示意图

3　装配式生产

项目预制构件在工厂内流水式生产作业，构件的生产标准以标准化的模数设计为前提，模具设计亦充分考虑相似构件共模的可能性，尽可能提高模具使用效率；构件划线定位、钢筋绑扎、混凝土浇筑、水电预留预埋，不同工位流水作业、每道环节严格验收，充分发挥规模化生产优势，提高生产加工精度、生产效率。

图11　构件生产基地

（a）预制柱　　（b）预制梁　　（c）叠合楼板

（d）预制女儿墙

（e）预制剪力墙

图12　5种普通PC构件

2种新型PC构件

预制凸窗、预制外墙采用轻型自隔热混凝土，自重降低三分之一，无需做保温，外墙装饰肌理一次性成型，泛光照明等水电提前预埋。

图13　预制凸窗

图14　预制外墙

图15　PC构件生产流程

图16　入库码放

4 施工

项目采用装配式框架体系，集多种实验性装配式技术施工建造，装配率高达76.28%，全程采用精细化管理，结合BIM动画演练交底，样板引路，真正做到科学指导施工。在科学化、系统化的规章制度管理体系下，以获得“广东省建设工程优质结构奖”“广东省安全生产文明施工示范工地”“广东省建筑业绿色施工示范工程”“广东省建筑业新技术应用示范工程”等奖项为目标。

在装配式技术和BIM技术加持下，首创“PIGR”科技建造体系，即工业化、智慧化、绿色化、精细化的“四化建造体系”，共包含BIM全过程应用技术、轻质混凝土预制保温外墙施工技术、预制框架结构施工技术、预制内墙板施工技术、PC有轨定位施工技术等、预制承台施工技术、可周转预制临时道路技术、建造无外墙脚手架施工技术、建筑垃圾管道运输施工技术、室外和主体穿插施工技术十大项核心施工技术。

BIM全过程应用技术

建筑工程实现可视化管理、信息化管理、产业链贯通、提供技术保障，通过BIM模型演练，改进施工工艺提高施工效率，消除设计中隐藏的问题，优化施工进程，提高施工效率，减少窝工、返工的现象，避免由于工程变更造成人力、物资地浪费。

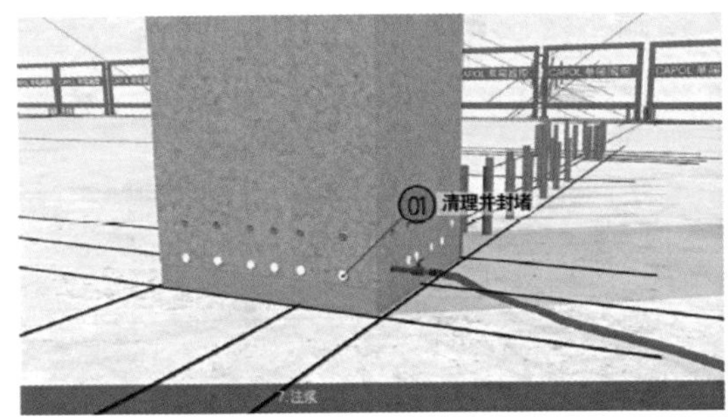

图17　BIM模型演练

PC有轨定位施工技术

PC有轨定位技术，采用双引导筋，形成轨道构件施工时有效解决构件吊装时出现偏位及，对孔困难问题，使吊装变得高效、精准、便捷。

图18　PC有轨定位施工技术

可周转预制临时道路技术

建筑施工采用预制装配式临时道路，包括道路本体。道路本体由若干面板单元拼接形成，依靠可重复拼装使用的面板单元，实现施工现场临时道路快速、灵活、有序地建造。在减少建筑垃圾产生，提高施工现场文明施工水平的同时，推动绿色施工管理，并降低资源消耗、工程成本以及对环境的负面影响，让经济效益得以提高。此应用技术除牢固可靠、经济适用、灵活方便外，还可在多个工程临时道路施工中周转使用。

图19　可周转预制临时道路技术

建造无外墙脚手架施工技术

基于外墙高精度加工工艺，取消传统外脚手架，在外墙板上采用工具连接节，形成封闭围挡体系。由此实现绿化、道路等室外工程与主体同步施工，并缩短建造工期，打造花园式工地。围挡构造简单，搭拆简单，大大节省了材料和场地，避免脚手架存在的搭拆、火灾、人员等安全隐患。

图20　建造无外墙脚手架施工技术

智慧工地

项目通过人工智慧、传感技术、虚拟现实等高科技技术的引入，实现了由建筑、机械、人员穿戴设施、场地进出关口等各类物体形成的“物联网”与“互联网”的统一整合，提高工程管理的明确性、效率性、灵活性和响应速度。

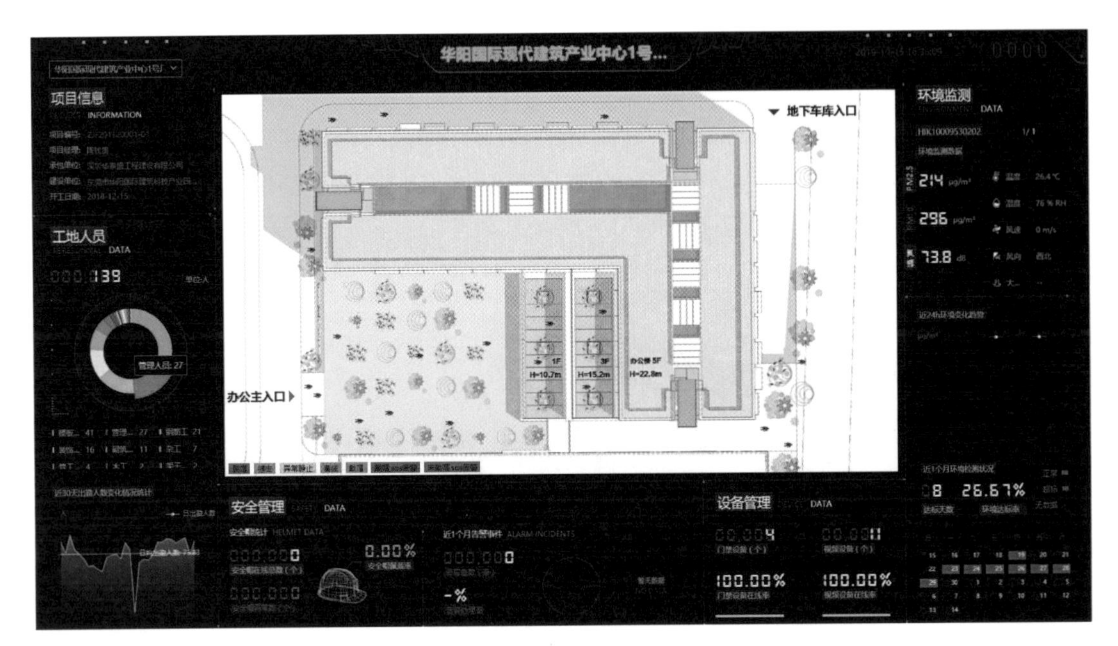

图21　智慧工地界面图

5　基于BIM的综合管控

项目之初明确以Revit为核心交互的平台软件，从规划、设计、生产、施工延续一套RVI文件，在不同应用阶段分类储存专有信息，只反馈和完善Revit模型中的几何信息，附加对设计、施工、成本、运维重要关联的非几何信息。建立统一的标准族库，可以应对设计、施工维护管理的替换和更新，保证信息储存格式一致性。建立统一的BIM管理标准及实施方案，形成中心管控的信息格式标准体系，限定模型使用、更新及交互的方法。

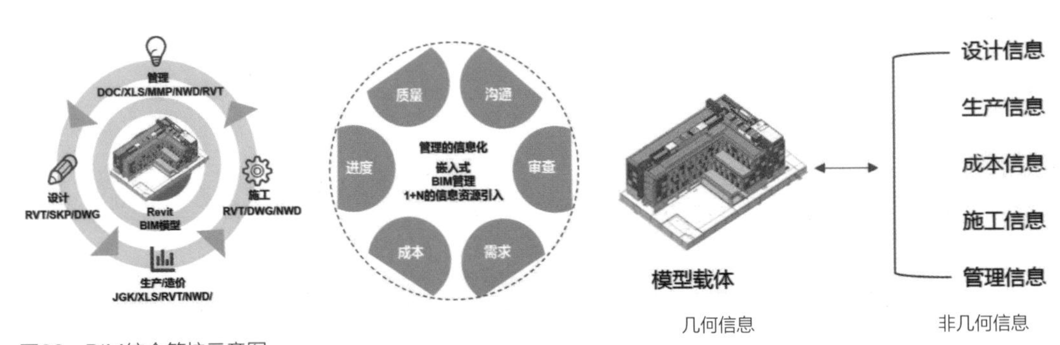

图22　BIM综合管控示意图

正向设计

采用先建模，后出图的正向设计方式，保证了图纸和模型的一致性，三维设计也减少了设计盲区，提高出图质量和出图信息的准确性，让施工沿用设计模型成为可能。

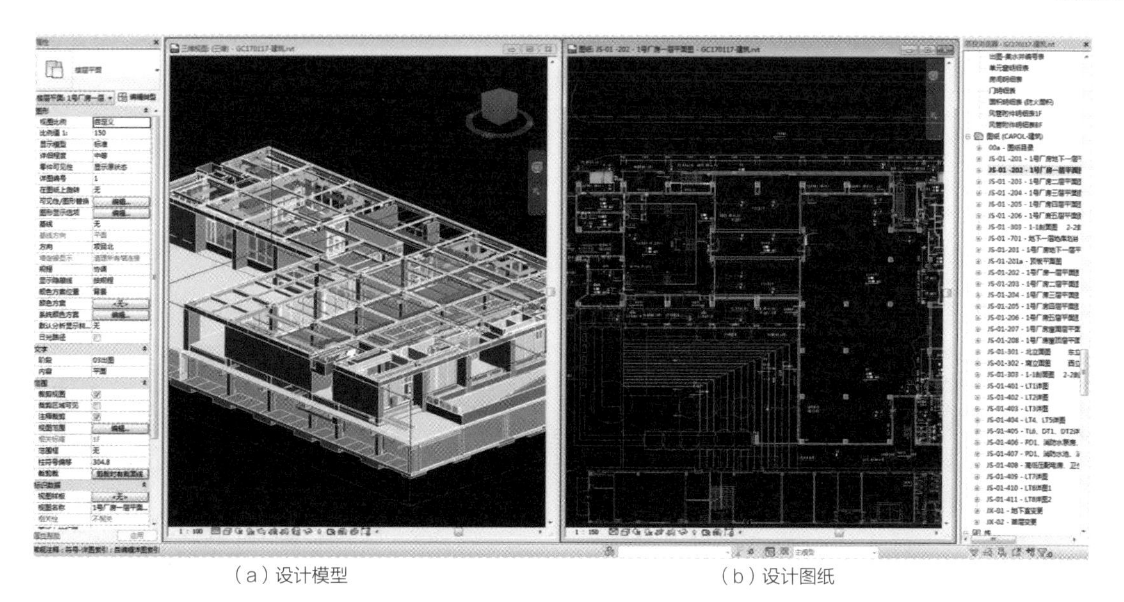

（a）设计模型　　（b）设计图纸

图23　正向设计示意图

设计施工一体化

在设计阶段预留施工信息接口，统一两阶段的信息实施标准，方便施工阶段直接利用设计模型，进行深化及信息添加，辅助可视化模拟将现场进度与施工深化相结合，实现施工阶段人、机、料多方资源的动态管理。

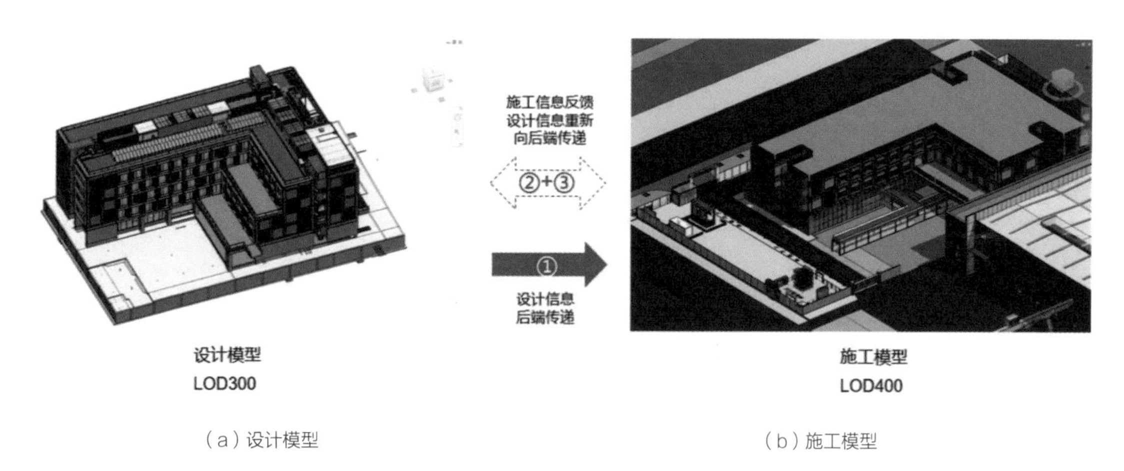

（a）设计模型　　（b）施工模型

图24　设计施工一体化示意图

工艺模拟

运用3D-MAX和Twinmotion将Revit模型制作成施工重难点工艺视频，详细说明施工工艺和施工流程，方便对工人进行施工技术交底，同时验证实施方案的落地性和可操作性，优化施工工艺。

图25　工艺模拟

场地布置

根据施工现场总平面布置方案建立施工现场三维模型，可以直观展示施工现场的总体规划布置，借此排查现场施工资源的布置、道路转弯半径合理规划等问题。通过建立施工现场三维模型，施工人员可以更直观、快速、准确、动态地进行施工场地管理。

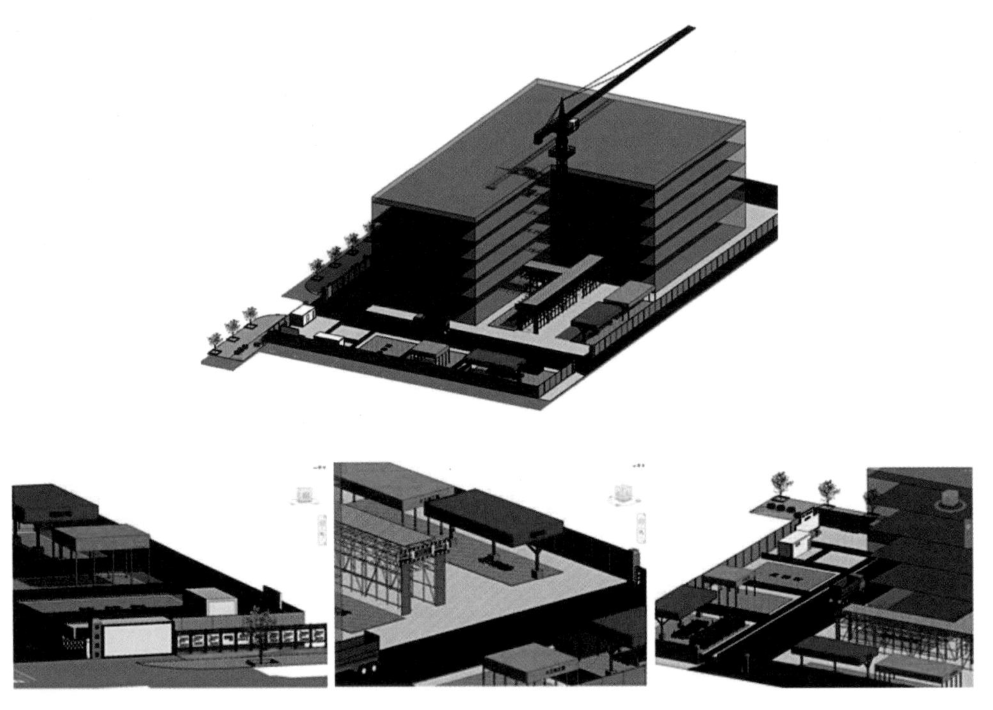

图26　施工总平面布置模型

成本管控、资金计划及资源用量分析

通过BIM正向设计，将 Revit模型导入BIM平台，并结合项目实施进度，实现项目资金的整体计划及资源用量的动态分析，为项目资金的合理运用提供有效解决方案。

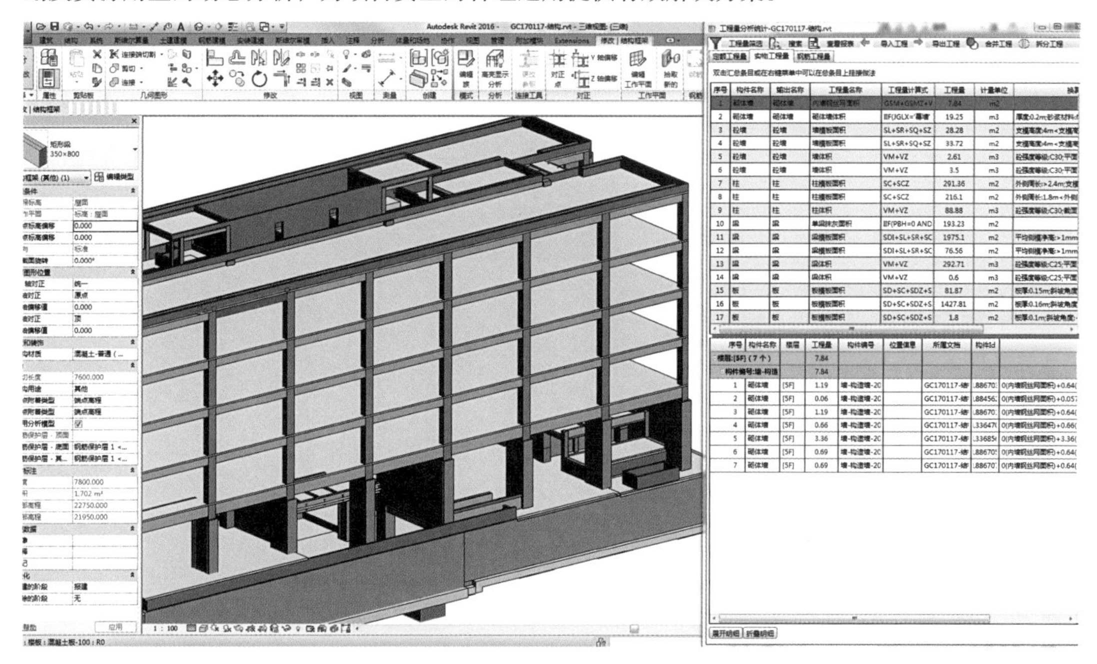

图27　造价部分分析图

变更管理

工程实施过程中，设计变更引起工程量的变化，可通过BIM模型进行构件设计调整，实现变更工程量的有效提取，并通过成本分析，进行成本估算，为变更方案决策提供准确信息。

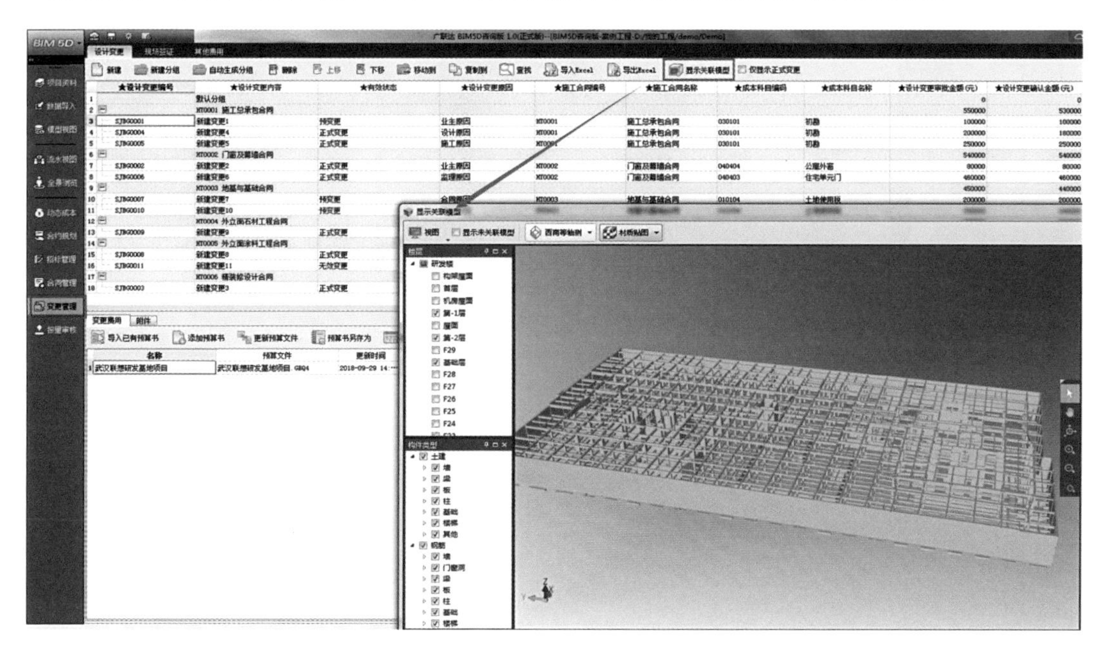

图28　变更管理图

报量审核

根据项目施工进度，通过BIM模型提取已完成工程量产值，并结合合同付款条件进行分析，对当月合同产值及累计完成产值进行核算，有效控制资金使用情况，实现项目资金成本的有效管理。

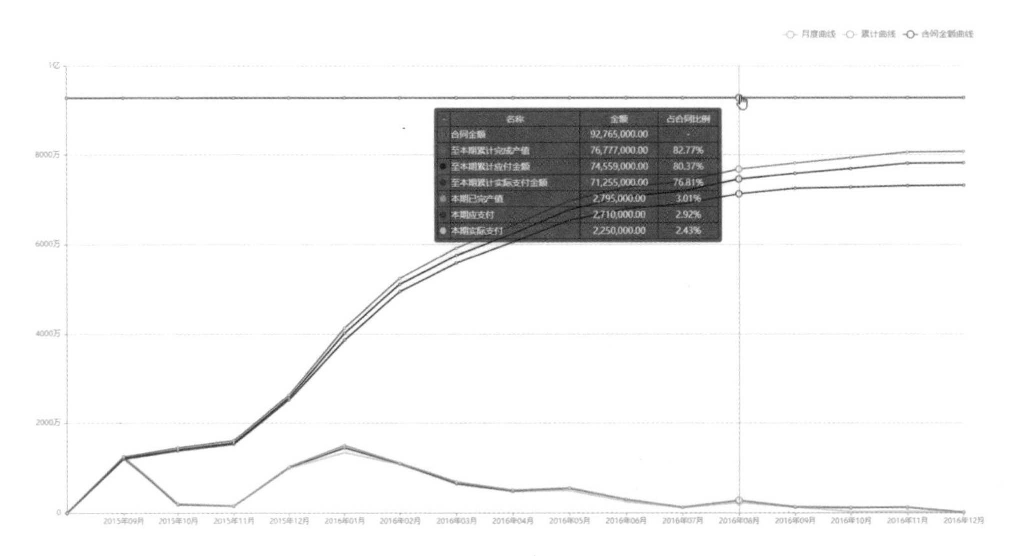

图29　报量审核图

精细化施工管理

项目采用装配式框架体系，集多种实验性装配式技术施工建造，装配率高达76.28%，全程采用精细化管理，结合BIM动画演练交底，样板引路，真正做到科学指导施工。

进场确认

放线定位

钢筋校正

垫片调平

图30　预制柱施工

构件翻转

构件挂钩

柱子送入引导筋

构件落位

斜撑杆安装

构件垂直校正

构件安装就位

孔底封堵

灌浆

图30　预制柱施工（续）

进场确认　　放线定位

垫块调平　　构件进场确认编号

拆除作业处临边防护　　构件挂钩起吊

构件落位　　斜撑杆安装

构件临时组件安装　　构件垂平微调　　顶部围栏安装

图31　预制凸窗施工

6 管理成果

（1）采购：设计单位主动介入采购部门，采购部门在获取项目主要设备材料的参数和技术条件后，及时反馈给设计单位进行验证，施工部门根据设计单位提供的技术条件和采购部门提供的主要设备材料状况，提前策划施工方案和措施，以此形成有机的循环体系。

（2）运输费省：在设计阶段，材料选择时考虑因地制宜，优先使用当地材料，可进一步节省材料费用及运输费用。

（3）劳动力成本省：设计单位信息掌握全面优势，介入工程项目、对工程项目的理解透彻和全面，制定合理的项目方案，选择经济合理的材料、设备等，有效降低工程费用。

（4）BIM模型：本项目在设计阶段通过BIM技术设计和优化，及时碰撞检查，在生产、装配阶段精艺建造，减少设计变更，优化设计图纸，避免返工造成的资源浪费。

（5）资源投入：EPC管理模式下，设计、生产、施工、采购各方工作均在统一的管控体系内开展，资源共享，信息共享，项目实现设计标准化、生产工厂化、施工装配化、机电装修一体化、管理信息化，突破以往传统管理模式，真正实现设计、采购、施工资源的有效整合，减少了沟通协调工作量和时间，从而节约工期，保证投资的合理化及工期保障，减少成本开支。

（6）现场湿作业少：项目结构主体大部分预制外墙板，极大地减少现场湿作业施工，工程质量提高，节约工期和减少环境污染。

（7）土建精装一体化：结构、机电、装饰装修等各道工序提前介入、合理穿插，外墙装饰面只上清水漆。装配式装修与装配式结构深度融合，加快装饰装修施工进度，从而加快整体施工进度。

专家点评

刘东卫

项目团队通过全过程、全专业、全流程把控项目设计和施工质量，以管理创新和技术研发，实施了设计主导的EPC工程总承包建设模式。

项目理念先进、安全可靠、技术合理、管理精细，采用轻质自隔热混凝土预制柱与剪力墙、预制叠合楼板与叠合梁、外墙板和内隔墙板等部件部品。首创的PIGR建造体系体现了工业化、智慧化和绿色化，包含BIM全过程应用技术、轻质混凝土外墙板技术、预制框架技术、PC定位施工技术和无脚手架施工技术等十项核心技术。

项目聚焦装配式建筑领域的EPC建设模式，在全产业链上实现了标准化设计、工厂化生产、装配化施工、一体化装修和信息化管理的集成设计建造，展现了由设计牵头的装配式建筑工程总承包的发展潜力和建设优势。本项目团队以提高质量、提高效率、节能减排、减少人工为初心，为装配式建筑领域的EPC建设模式的实践探索提供了一个值得借鉴和学习的优秀范例。

点评专家

刘东卫

中国建筑标准设计研究院有限公司总建筑师，住房和城乡建设部建筑设计标准化技术委员会主任委员，中国工程建设标准化协会产业化分会副会长，中国建筑学会建筑产业化委员会副理事长，中国城市规划学会住区委员会副主任，中国房地产业协会人居环境委员会副主任。

国家级“百千万人才工程”人选，获得国家“有突出贡献中青年专家”和“中央企业劳动模范”称号。主持国家科技支撑计划和住房和城乡建设部课题十余项，主编十余部国家行业标准和标准设计，获得国家科技攻关成果奖和华夏建设科学技术奖等；主持的设计项目获得中国土木工程詹天佑奖、全国优秀工程勘察设计奖、中国建筑学会奖、住房和城乡建设部设计优秀奖和广厦奖等。

董浩明

上海建科建筑设计院有限公司常务副总经理，国家一级注册建筑师，高级工程师，上海市建设工程评标专家，上海市交通建设综合专家库专家。

聚焦绿色建筑与城市更新领域，参与多项省部级及市级课题，曾获华夏建设科学技术奖，在重要期刊及会议上发表论文数篇。

参加完成上海市科委世博科技专项项目1项，主持完成设计大量超高层建筑、城市轨道综合体开发项目、大型城市综合体、文旅新城规划及建筑设计项目，获得中国勘察设计行业协会奖项1项，获得“上海市优秀住宅工程设计三等奖”等上海市勘察设计行业协会奖项5项。

设计理念

建筑设计要基于城市的可持续发展观、绿色发展观与再生发展观，综合考虑城市的地域自然环境、政治政策要求、经济发展结构和社会人文内涵。

建筑师负责的总承包模式就是在满足城市空间需求、符合空间规划要求的前提下，为促进建设工程勘察、设计、施工等各阶段的深度融合，有效控制项目投资，提高工程建设效率。在此过程中，合理协调工程设计工作、设计协调管理、招标采购管理、施工组织管理、安全生产管理等工作，综合地为城市空间解决复杂的问题。

任何一项建筑管理工作都应从城市维度回归到“城市本源”——解决城市问题，这样才能使建筑有机地“存在”于特定的时空中。

图1 10号楼整体鸟瞰图

上海市闵行区申旺路519号生产实验用房改扩建项目

建设地点	上海
建设单位	上海建科科技投资发展有限公司
建筑面积	23697m²
设计时间	2017年
竣工时间	2019年
工程总承包单位/设计单位	上海建科建筑设计院有限公司

该项目位于上海市莘庄工业园区，为上海市建筑科学研究院（集团）有限公司莘庄园区建设项目。项目东至邱泾港，西至中春路，南至申富路，北至申旺路。规划用地性质为一类工业用地，规划建筑容积率不大于1.2，建筑密度47%，绿地面积占用地总面积的比例不小于25%，其中集中绿地面积不小于用地面积的5%，建筑高度35m。

1 项目管理模式

设计牵头的工程总承包模式

根据《上海市工程总承包试点项目管理办法》（沪建建管〔2016〕1151号）和《上海市工程总承包试点项目管理办法实施要点》（沪建建管〔2017〕433号），该项目作为上海市首例工程总承包项目，是第一批第一个试点项目中开工最早、体量最大的一个。上海建科建筑设计院作为工程总承包单位从设计组织、施工管理等多方面尝试探索一条适合多方合作共建的先进路线，为后续工程总承包项目提供经验，具有较好的指导意义。项目创新性地建立了适应工程总承包模式的三层级管理体系和两层级审批流程，通过了质量、环境、安全和职业健康三合一标准体系审查，得到了市区两级管理部门的认可。同时，项目模式与建筑师负责制相结合，形成了“建筑师负责的工程总承包模式”。

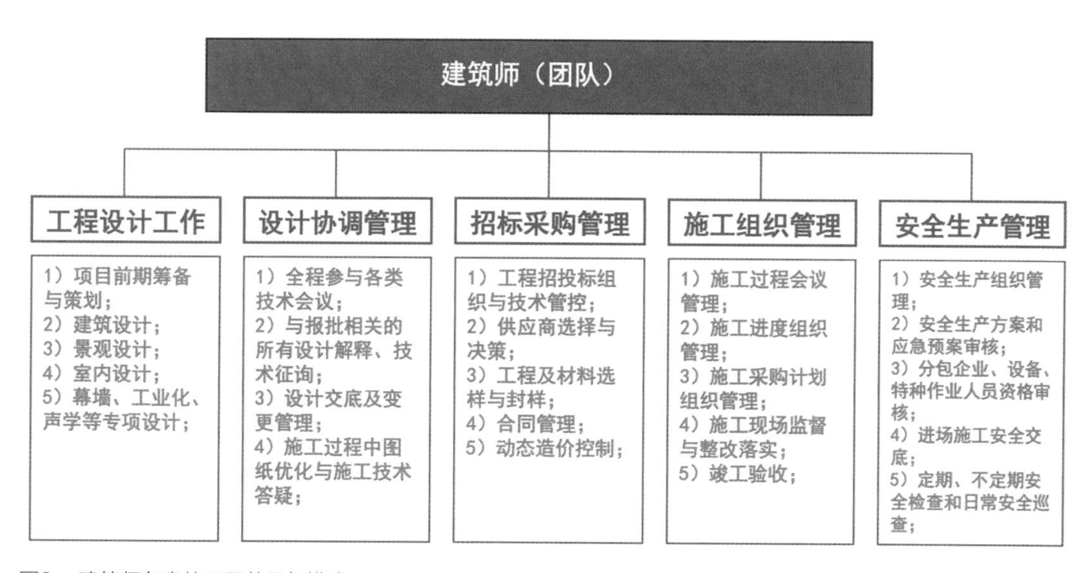

图2　建筑师负责的工程总承包模式

3.0版绿色建筑

本项目作为3.0版绿色建筑，在注重绿色技术应用的基础上，更加关注建筑健康环境以及建造与运营环节。项目应用了“工业化、绿色化、智能化”三化合一的技术体系，是多项科研课题的示范工程，包括4个国家级课题：“降低供暖空调用能需求的围护结构和混合通风十一技术及方案”“室内空气污染净化系统调控技术研发与工程示范”“基于全过程的大数据绿色建筑管理技术研究与示范”“基于BIM的绿色建筑运营优化关键技术研发”和1个上海市科委课题“低碳智慧园区建设运营关键技术与集成示范”及1个上海建科集团课题“预制遮阳藤幕设计研究与示范”。

该项目已获得国家绿色建筑三星、国家健康建筑三星称号，并获得上海市绿色施工工地、上海市优质结构、上海市安装优质结构等奖项。

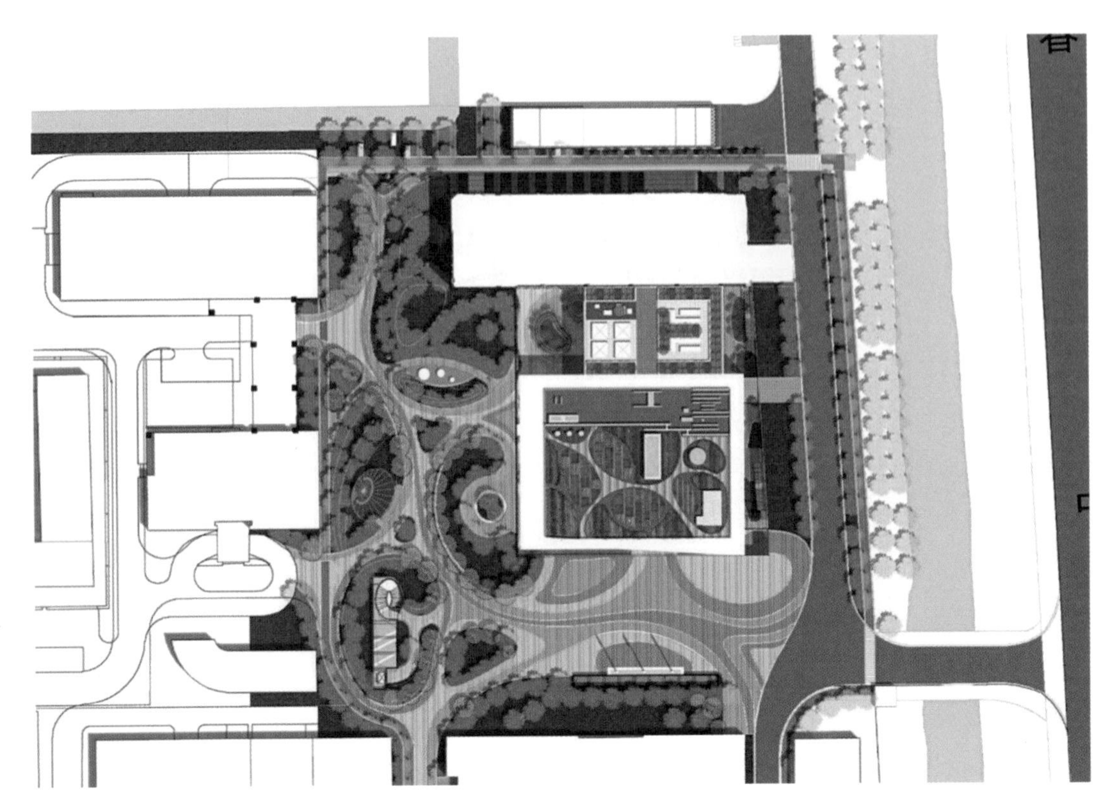

图3　10号楼总体平面图

图4　10号楼南区实拍图

图5　10号楼北区实拍图

2　工业化设计

外立面整体设计

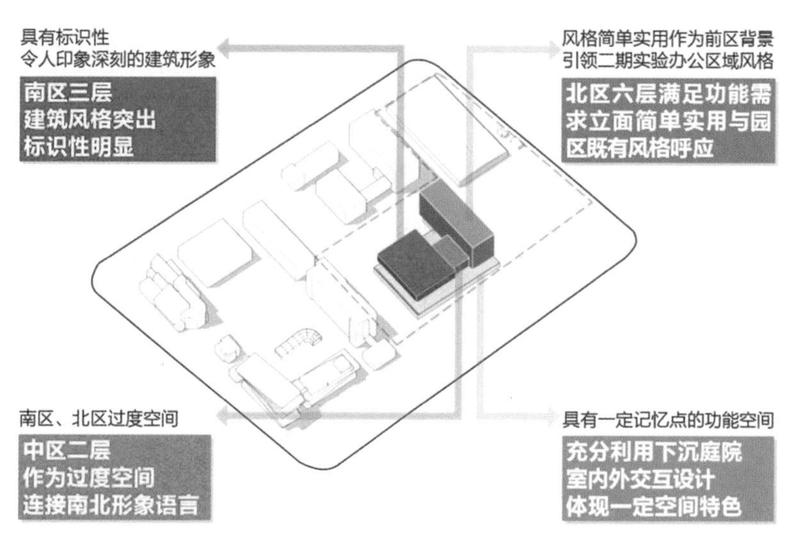

图6　形象定位

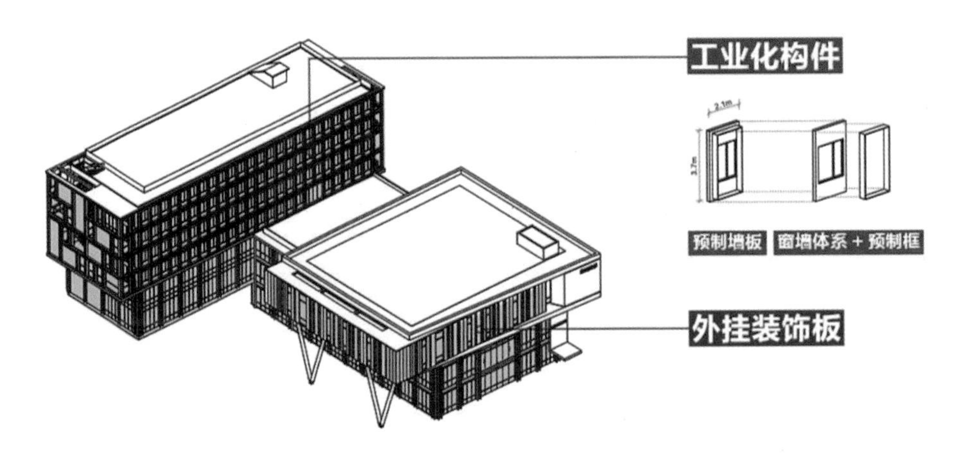

图7　外立面定位

建筑分南北两楼，南楼采用石材外挂墙板，北楼采用预制外挂夹心墙板形式，既达到展现建科建筑形象的目的，同时外窗与外墙面积比为0.32，且每个朝向的比例系数均不超过0.45，符合国家课题的任务指标。

图8　西立面实拍图

南立面采用开放式石材幕墙及木饰面的结合，体现木与石的交融，刚柔结合、软硬对比、冷暖呼应，体现出建科文化“包容互补，盈科而进，追求卓越”的精神。

北楼南北向采用预制混凝土夹心保温外挂墙板加金属遮阳外框的设计，体现出序列的韵律感和科技感，金属外框不仅仅是装饰构件，同时也是遮阳外框，建筑形成自遮阳效果，符合国家课题指标要求。

外挂墙板的标准化设计

项目外围护结构采用预制外挂墙板形式，这种装配式设计最大程度地实现预制构件的标准化和模数化，施工重点把控精度及质量，不仅很好地解决了墙体保温和耐久性能；在吊装施工中不影响内部装修与其他专业的施工，大幅地减少现场湿作业，加快施工进度，缩短工期，节约人力、物力、财力及能源。

项目PC部分为预制混凝土夹心保温外挂墙板，其主要特点是：待主体部分全部施工封顶之后，PC构件再进行安装，单体PC构件质量较大，最大的构件达到7.4t。因后期采用外饰嵌缝金属条进行装饰，所以对上下左右板缝控制要求非常严格，对施工的精度要求很高。

所有预制构件全部采用在工厂流水加工制作，制作的产品直接用于现场装配。预制混凝土夹心保温外挂墙板和传统PC构件在现浇平台上安装不同，为构件与构件之间直接对接，PC构件全部靠金属连接件与现浇主体结构拉接锚固，构件整体安装之后没有后浇带。构件与构件之间上下左右板缝用发泡氯丁橡胶密封条、防火岩棉、耐候胶进行填充。其中，发泡氯丁橡胶条需要有较大的柔软度，避免对预制构件外叶板产生应力。

立体预制构件转换成平面预制构件，预制构件标准化、模数化——24件/层，共94件，外形仅1种（4175mm × 3720mm；构件重量5.5～7.4t；含8种窗洞）。

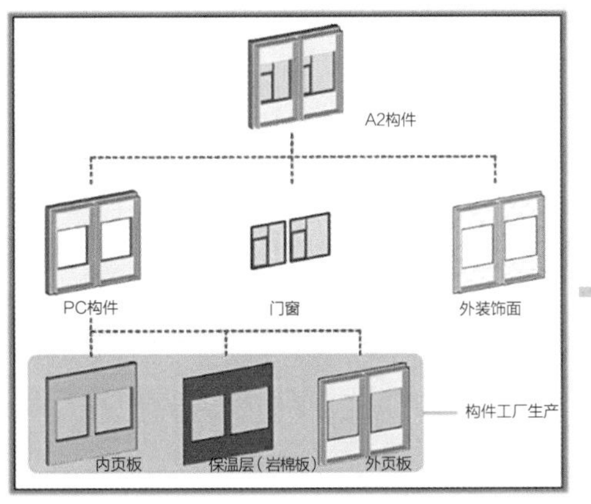

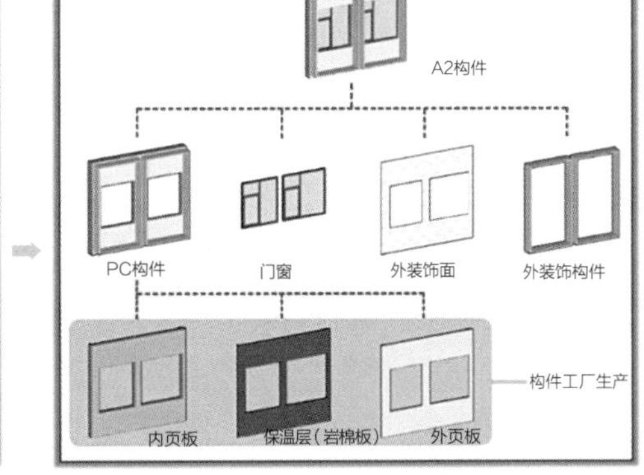

图9　立体预制构件转换成平面预制构件示意图

图10　预制构件分层示意图（BIM）

性能深化设计

项目采用预制夹心混凝土外墙挂板，由于预制构件间为贯通板缝，因此由外至内同时采用多重构造防水和材料防水措施，具体节点设计：

第一层，材料防水措施，根据建筑立面效果，板缝外侧为金属嵌条，形成首层挡水。

第二层，材料防水措施，双组分耐候密封胶，长效挡水。

第三层，材料防水措施，双层发泡氯丁橡胶条，不但是密封胶的背衬，也有挡水功能。

第四层，构造防水措施，导水空腔及导水管，挡水与导水相结合。

第五层，构造防水措施，构造企口，对易存水部位设置挡水构造企口。

第六层，材料防水措施，双层发泡氯丁橡胶条，既是挡水的最后一道措施，也是实现预制混凝土外墙挂板气密性的重要措施。

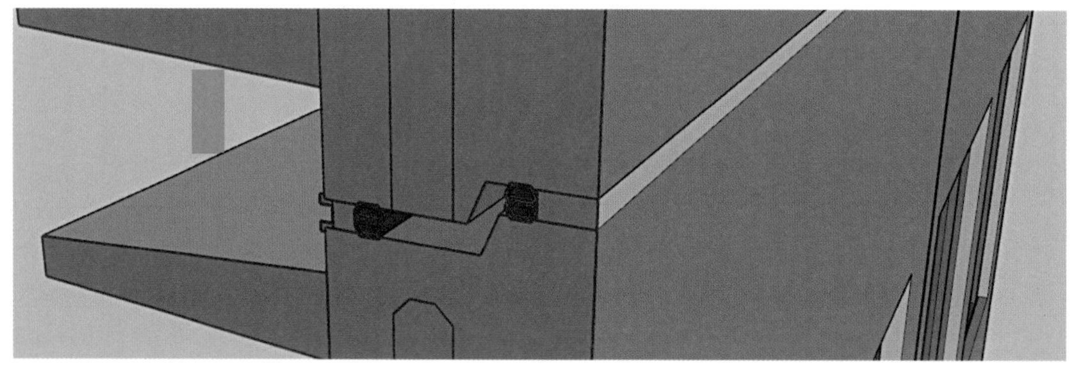

图11　预制构件板缝做法示意图

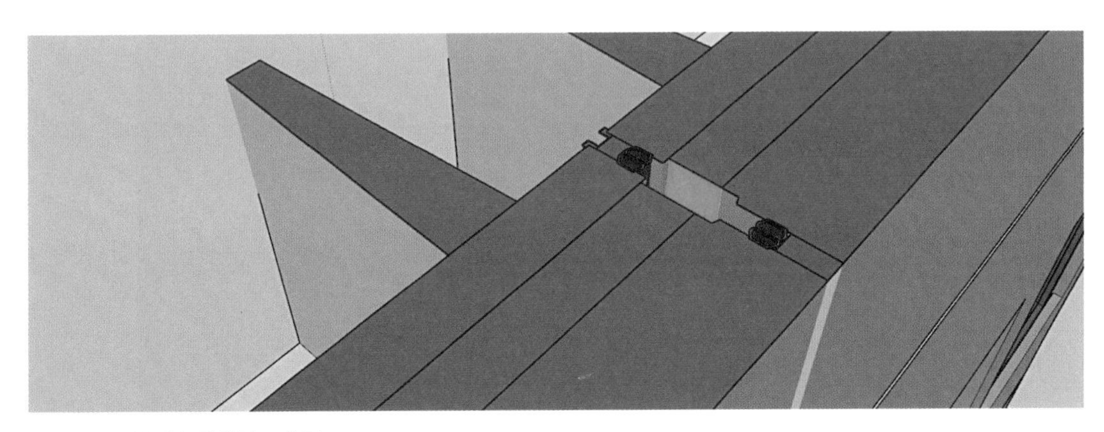

图12　预制构件板缝做法示意图

预制构件间的防水仅是装配式建筑防水设计的一个方面，窗周防水更是重要的环节。本项目窗框材料采用聚氨酯玻璃纤维复合材料节能系统门窗，具有轻质、高强、低导热、低线膨胀系数以及防腐、耐火等特点，水密性方面有独立排水腔及专用阻水条，疏堵结合，排水通畅，窗框通过在预制构件中预埋的副框进行固定。预制构件窗洞采取构造防水措施，即窗洞的上、左、右三边在窗框外侧沿窗框周边凸起，窗洞下边缘在窗洞内侧凸起。窗框在预制构件吊装就位后，统一安装，然后采用材料防水措施进行后期处理。

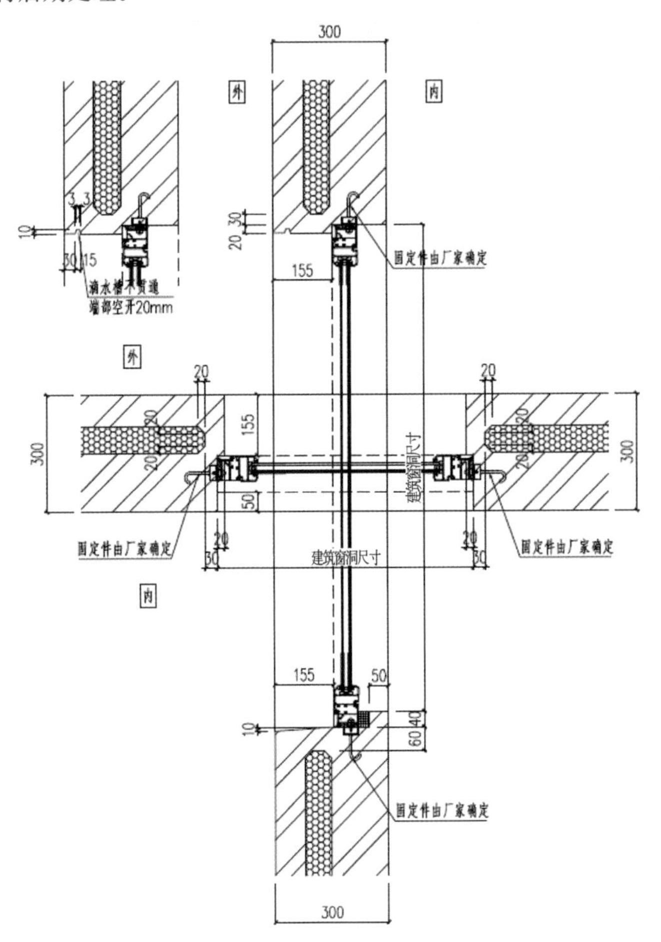

图13　窗洞构造节点图

图14　预制构件窗周防水做法示意图

图15　预制构件窗周防水做法示意图

3　工厂化制造的性能论证

装配式建筑就是把传统建造方式中的大量现场作业工作转移到工厂进行，在工厂加工制作好建筑的各部分构件和配件，从而现场现浇的湿作业大大减少，大量的是装配作业。但是大量装配式作业产生的缝隙，对建筑整体气密性、水密性、抗风压性等的影响，是否满足绿色建筑的要求，目前在国内还属于空白。

该项目是4个国家级课题的示范工程，在装配式设计之初就进行了预制构件实物实验策划。2018年3月中旬，举行了由建科集团内、外部专家对“申旺路519号生产试验用房改扩建项目外挂装配式墙板暨预制外挂墙板方案及接缝节点”的专项评审会议，最终确定采取“足尺实验”的方式对预制夹心混凝土外墙挂板缝节点进行实验。由于国内尚无关于预制夹心混凝土外墙挂板相关的实验先例，因此本实验从气密性能检测、水密性能检测、抗风压性能检测、平面内变形性能检测等方面进行全方位试验。

实验于2018年9月7日进行，按照实验方案，首先分别进行了气密性能试验、水密性能试验、抗风压性能试验、平面内变形性能试验，并重复进行气密性能试验和水密性能试验。然后模拟自然状态下，外侧耐候密封胶部分失效时，再次对预制构件进行气密性、水密性、抗风压性等方面检测。最后模拟外侧所有挡水、防水措施失效时，仅存内侧双层发泡氯丁橡胶条的极限状况下对预制构件的气密性、水密性、抗风压性等方面检测。

其中，气密性能试验过程为：在正负压检测前分别施加3个压力差绝对值为500Pa的压力脉冲，持续时间3s，然后带压力回零后开始检测；水密性能试验过程为：水喷淋装置安装在试验样品外立面一侧，首先在实验室初始状态下对整个样品均匀地淋水10min，然后依照加压税讯的加载程序逐级施加正压差或样品出现严重渗漏位置，然后卸载至0Pa，结束喷淋；抗风压性能检测过程为：安装位移计，在正负压检测前分别施加压3个压力差绝对值为500Pa的压力脉冲，持续时间3s，然后带压力回零后开始检测；平面内变形性能试验过程为：先推动活动梁做一个周期的平面内左右相对位移作为预加载，再做3个周期的相对反复移动，3个周期结束后将事件的可开启部分开关5次，然后关紧，记录过程数据。本次实验数据都在要求范围内，结果十分满意。

试验数据与结果　　表1

	检测项目	设计要求		检测结果
设计要求及检测结果	气密性能	开启部分（$m^3/(m\cdot h)$）	/	/
		试件整体（$m^3/(m^2\cdot h)$）	/	0.04
	水密性能	开启部分（Pa）	/	/
		固定部分（Pa）	≥1000	≥1000
	抗风压性能	正压（kPa）	2.320	2.350
		负压（kPa）	2.320	2.335
	房间变形性能	层间位移角（ ）	≥1/183	≥1/183
	重复气密性能	开启部分（$m^3/(m\cdot h)$）	/	/
		试件整体（$m^3/(m^2\cdot h)$）	/	0.04
	重复水密性能	开启部分（Pa）	/	/
		固定部分（Pa）	≥1000	≥1000
	密封胶性能退化试验	开启部分（Pa）	/	/
		固定部分（Pa）	≥1000	≥1000

图16　全尺寸挂板实验现场

4　装配化施工

工程总承包管理模式对建造的控制

装配式建造不仅需要精细的设计构造，完善的管理流程在整个建造体系中更显得尤为重要。从图纸的设计到工厂的生产加工、运输的可能性，再到现场的堆场与吊装，最后到安装，环环相扣，是对整个项目总控的考验与实力的印证。

生产运输难度的组织管理

预制混凝土夹心保温外挂墙板的单个板块尺寸达到4.175m × 3.7m，重量达到7.4t，加工模台常规宽度3.5m，而单板块宽度超过3.7m，单构件尺寸大，运输道路限宽3m，施工现场入口道路有限，运输难度大。

在生产与运输组织方面，作为工程总承包单位，施工的组织管理更需要考虑经济性与适宜性，最终采用的是构件加工模台单独设计制作；构件运输采用竖放加倾斜的方式进行运输，并采用9m短挂车进行运输，同时构件运输合理规划运输路线，避开高峰、限高，现场视情况考虑平板车加汽车吊短驳。现场加强与加工厂沟通，结合智慧建造信息平台，结合现场进度需要分批次进场。

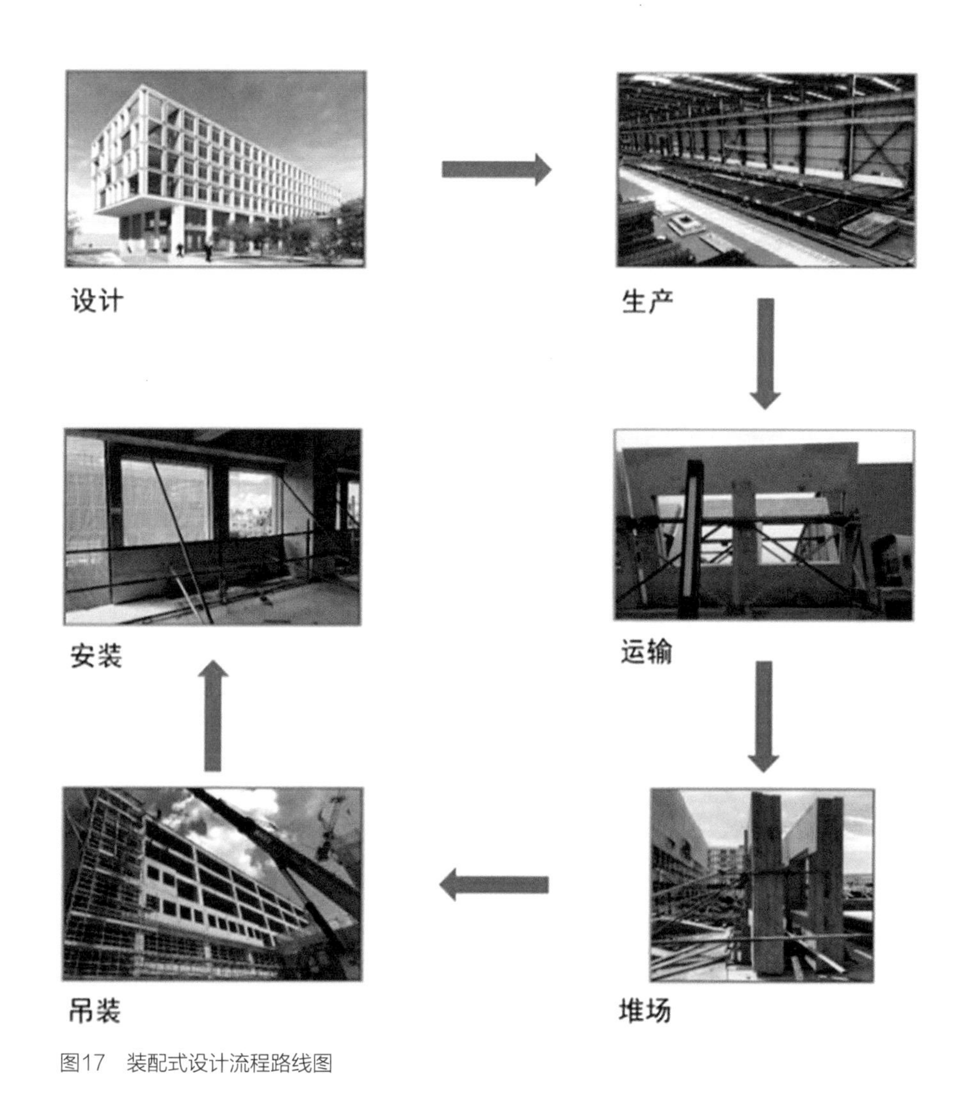

图17　装配式设计流程路线图

吊装难度的组织管理

吊装施工难度高，预制构件安装区域北侧存在汽车坡道，南立面西南侧为下沉式广场区域，东南侧为上下通道区域，均为大空洞区域，吊装就位位置高度24m，吊装水平幅度约30m，就位位置高而远，对吊装能力要求高。

结合场地布置与施工工况，采用大汽车式起重机与小汽车式起重机结合的方式，北侧采用小汽车式起重机在紧邻位置移动就位后吊装施工正对位置的构件；距离较远位置，结合机械吊装能力及场地情况，利用东侧施工道路及地下室顶板位置（作相应加固），采用大汽车式起重机进行吊装，并尽量采用固定吊装点位置吊装尽可能多的构件，减少需要加固的区域。

在构件加工时参与配合吊点的设置，确保吊点设置合理可靠，满足吊装要求。结合智慧建造信息平台，加强对进度管控并结合现场进度及需求，合理安排构件进场，加强各专业单位间的沟通管理，充分体现设计、管理及施工的高度配合。

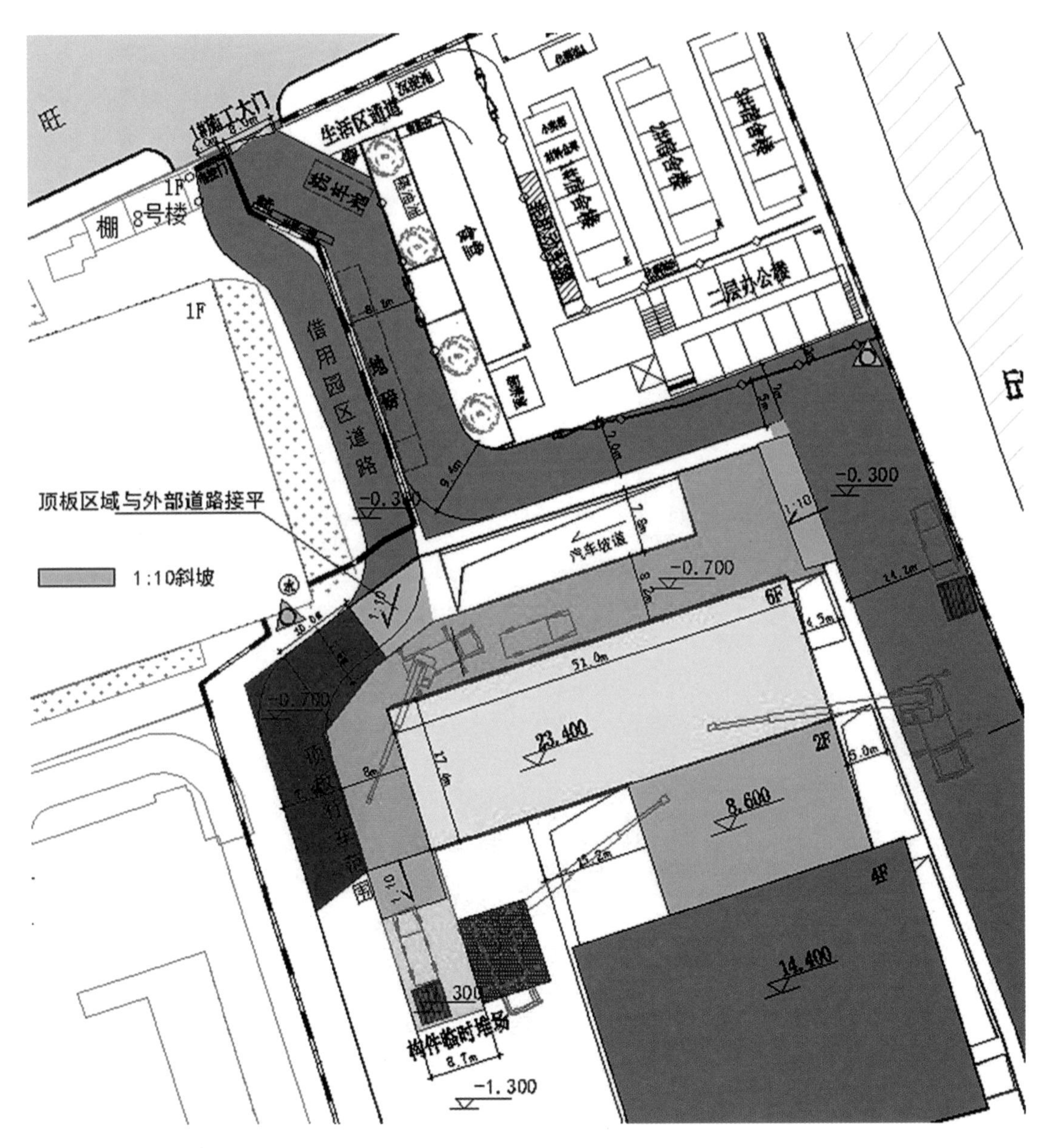

图18　现场总平面布置图

5　信息化管理

BIM在PC建筑施工筹划中的应用

应用虚拟仿真技术，在施工前进行工序模拟，事先排除现场施工隐患。优化施工工序，实现高效管理。

BIM在PC构件拼装中的应用

应用三维建模技术依托专业的施工经验，在工程施工前，进行模拟预拼装，预先发现问题、解决问题，以专业的技术力量使业主工期得到保证。

图19 吊装过程实拍图

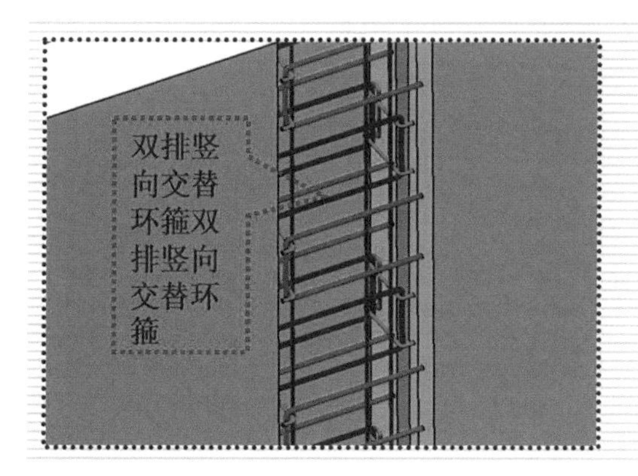

图20 BIM在钢筋节点碰撞中的应用

BIM在钢筋节点碰撞中的应用

运用BIM模拟预拼装技术，提前发现解决钢筋冲突、预留钢筋长度不足、预制构件尺寸、位置错误以及预埋铁件偏差等问题，以专业的技术能力保证了项目顺利按期完工。

6 工程总承包管理成效

技术与模式的双创新

项目从“建筑师负责”的视角出发，开展工程总承包的管理模式，全方位探索“技术创新”与“模式创新”。从项目设计、建设、运营管理、维护，体现生态反哺、精密制造、智能运营、安全舒适的要求，考虑引进相关先进技术，实现园区智能化和精

图21 项目设计要点

细化管理功能，努力做到先进性、经济性和实用性的统一。

健康关怀：获得国家绿色三星和健康三星双认证。

智慧智能：BIM技术贯穿建筑全生命周期、景观信息库管理系统、人机交互的健康环境多目标参数监控系统、综合集成运营管理平台。

低碳高效：碳排放较同类建筑降低20%。

绿色升级：建科集团绿色建筑3.0版。

精益建造：上海首例工程总承包试点项目。

BIM全流程：BIM技术贯穿建筑全生命周期。

行业密码：解密绿色建筑领域的新发现新主张。

"六借"的被动式设计：因地制宜的设计手法，充分借势、借风、借光、借水、借绿及借材。

工程总承包管理的优势

工程总承包的管理促进了建设工程勘察、设计、施工等各阶段的深度融合，有效控制项目投资，提高工程建设效率。对工程项目的勘察、设计、采购、施工等实行全过程承包，并对工程的质量、安全、工期和造价等全面负责。

工程总承包的优势体现：

- 业主管理简单，转移项目风险；
- 集中招标，减少流程，多方面的工期保证；
- 有利于设计优化，节约成本，降低工程造价；
- 责任明确，共同保证工程质量。

设计单位牵头的管控优势

- 设计方案控制工程成本；
- 设计管理实现建造精度；
- 设计周期匹配进度计划。

7 结语

申旺路519号生产实验用房改扩建项目是建筑师负责制下的工程总承包模式创新，同时也是绿色、低碳、智慧等维度的综合技术创新，具有多方面的示范引领意义。

聚焦工业化领域，本项目从方案阶段即考虑建筑外立面与标准化、工业化的建造工艺结合，考虑了后期构件生产加工的落地性与经济性，系统分析运输、堆放、起吊、安装等各个环节在方案阶段的融入，从而更好地指导设计深化阶段以及施工建造阶段的相关工作，为今后其他装配式建筑工程提供了良好的案例参考。

设计主创团队合影

项目小档案

主创团队成员名单：

项目负责人：董浩明　郑　迪

建筑主创：王　丹

建　　筑：梁晓丹　张景涵　朱迪等

结　　构：戴　旻　孙俊涛　田春玲　薛　嵩等

机　　电：宋晓霜　连纯懿　周紫依等

B I M：闫长江

P　　C：李　维　徐烟生

整　　理：梁晓丹

绿色、低碳、智慧多维度的综合技术创新

——评上海市闵行区申旺路519号生产实验用房改扩建项目

该项目是上海首个工程总承包和建筑师负责制试点项目。近年住房和城乡建设部大力推动相关项目试点，但由于国内建筑师对EPC项目中设计效果的呈现、材料设备的性能质量、工期成本的把握、施工现场的协调管理等方面从业经验不足，再加上国内的设计施工和招投标等相关管理制度仍未完善，项目实施难度可想而知。所幸的是，业主方为本项目的顺利推进提供了强力支持。经过3年努力，最终展现在我们眼前的项目，无论是工程造价的节约化控制、建筑形象的实现度，还是室内外一体化的全局控制等基本都完成了方案的初期设想。更加难能可贵的是，项目在实施过程中融入绿色发展理念，通过了绿色三星、WELL 体系认证与健康建筑标准。在装配式建筑的落地过程中，也体现出EPC的强大优势。

项目的外围护结构采用预制夹心保温外挂墙板，设计理念先进，技术运用合理，主要体现在：①装配式建筑外墙与保温、外窗、装饰一体化集成程度高；②构件标准化程度高，外立面与标准化、工业化建造工艺相结合，全楼共94块预制外挂墙板，外形尺寸仅1种，通过将立体构件拆分简化为平面构件，再二次组合拼装，提高了预制构件标准化程度；③外挂墙板通过金属连接件与主体结构点式外挂连接，受力清晰合理，连接安全可靠；④预制外挂墙板拼缝采用材料+构造+排水多重措施，实现防排疏堵结合，防水性能好；⑤预制外挂墙板封边构造较传统做法取消了侧面及底部封边构造，减少了热桥效应，保温性能更优；⑥在方案设计阶段即综合考虑构件加工、运输、吊装、进度、成本等各环节施工可行性与经济性，提升效率，实现了资源优化配置。

值得进一步总结的是，项目在立面的深化设计方面仍然有待提升：材料的模数、拼缝、不同界面的交接处理，特别是预制外挂墙板外饰面在本项目中形式相对单一，应该有多种方案的比较。如预制外挂墙板可采用的方案可以非常多：单元式、竖条式、横条式、错落式、层叠式、L形组合式、π形组合、梁柱组合等；外墙立面可通过彩色混凝土、反打砖石、造型模具、露骨料和转印混凝土等方式实现极具艺术性的表面色彩、肌理、造型和质感。建议可继续在装配式建筑外立面设计方面进行更多探索，充分表达装配式建筑立面形象创意无限的特性。

总之，项目聚焦工业化领域，采用标准化设计、装配化装修、一体化集成、信息化管理、智能化运维等核心思想，充分发挥了装配式建筑与工程总承包融合发展的巨大优势，是绿色、低碳、智慧等多维度的综合技术创新，为行业发展提供了范例，值得借鉴和学习。

点评专家

严阵

高级建筑师，毕业于重庆建筑工程学院（今重庆大学）建筑系建筑学专业，现任上海中森建筑与工程设计顾问有限公司董事长、总经理、党委副书记，上海市建设协会副会长、建筑工业化与住宅产业化促进中心主任委员。

多年来，致力于推广绿色低碳建筑理念，带领中森公司研发团队不断探索适合国内国情的PC设计模式，始终站在建筑工业化技术最前沿，成为全国首批“国家装配式建筑产业基地”，积极推动着我国建筑工业化的高质量发展。

龚咏晖

江苏南通人，现任龙信建设集团有限公司副总经理，兼任龙信集团江苏建筑产业有限公司总经理、建筑设计研究院院长，教授级高级工程师，享受国务院特殊津贴专家。具有近30年工程建设行业管理、工程实践及科研经历，取得国家一级注册结构师等多项建设领域注册执业资格，为中国房地产协会、上海市建设协会、江苏省住房和城乡建设厅特聘装配式建筑行业专家。近十年来，他尤其注重建筑产业化实践、创新与研究，牵头负责了南通政务中心停车综合楼等多项目的装配式建筑设计与施工总承包工作，参与了建筑产业化的多项课题研究，其中主持的“装配式混凝土结构创新与研究”课题获江苏省科技进步一等奖，主持了“十三五”国家重点研发计划项目课题研究，参与了多项装配式建筑的技术规范、标准编制。

设计理念

大道至简，简单是高级形式的复杂，用智慧创造简单，在变迁中不断升华。这就是我的装配式建筑项目EPC管理理念。

南通政务中心停车综合楼从现浇框架结构调整为装配整体式框架结构，看似由预制柱、预制叠合梁、预制叠合板、预制楼梯板、预制墙板、预制花池等叠积木似拼装而成，施工技术与管理简单了，效率提高了，但更是我优选合作单位、组建管理团队，牵头组织设计、采购、装配化生产、装饰等部门沟通协调，借助BIM技术的综合运用，反复复核推敲，通过技术创新与集成，才完美实现该项目“复杂”到“简单”的蜕变和升华。

图1　南通市政务中心停车综合楼全景效果图

南通市政务中心停车综合楼

建设地点	江苏省南通市
建设单位	南通市国盛城镇建设发展有限公司
建筑面积	总建筑面积48972m^2
设计时间	2015年3月28日
开工时间	2015年5月1日
竣工时间	2016年11月15日
EPC总承包单位	龙信建设集团有限公司
合作单位	南京长江都市建筑设计研究院
监理单位	南通中房工程建设监理有限公司

1 项目概况

南通市政务中心停车综合楼项目，占地6814.22m²，总建筑面积48972m²，包含汽车库、会议中心和业务用房等功能，采用了预制装配整体式框架现浇核心筒结构体系，依据《装配式建筑评价标准》GB/T 51129-2017装配率为70%。

该项目为江苏省“十三五”绿色建筑及建筑产业化重点示范项目，并先后获南通市和江苏省文明施工示范项目、江苏省三星绿色建筑运行标识、全国建筑业绿色施工示范工程及国家优质工程奖。

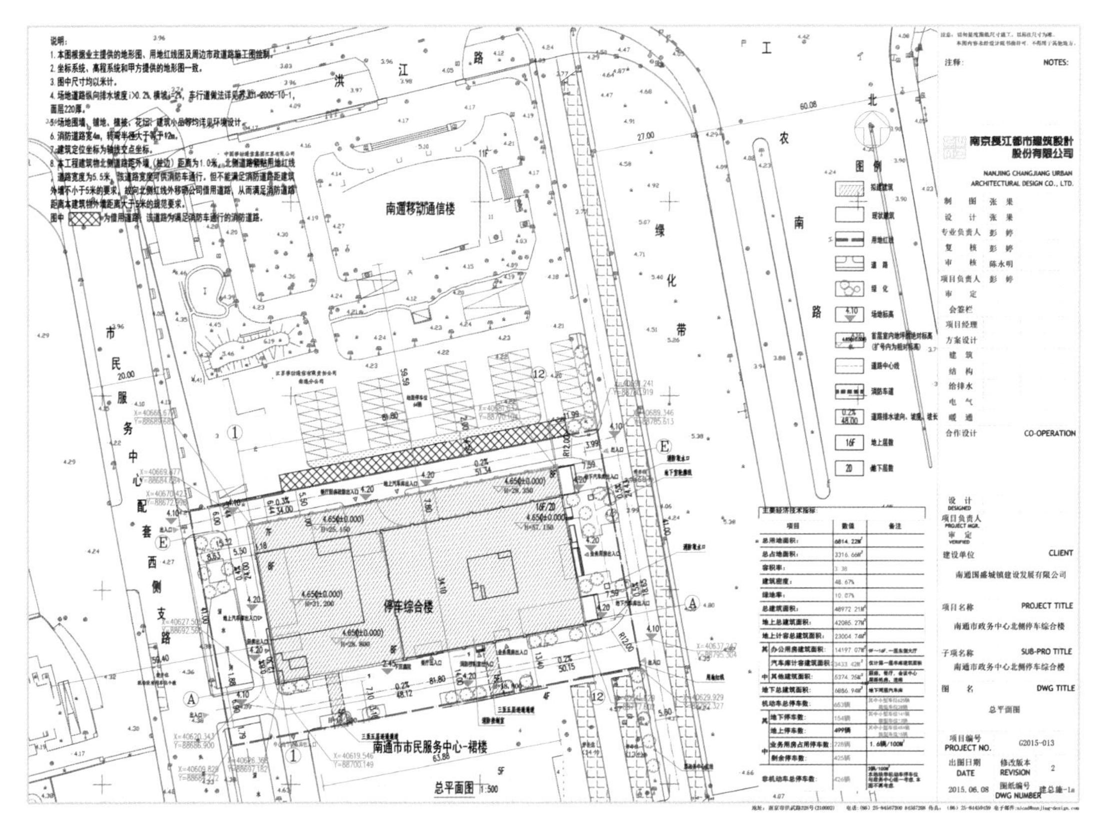

图2 南通市政务中心停车综合楼总平面图

2 EPC管理概述

项目采用EPC总承包管理模式，由南通国盛城镇建设发展有限公司将施工图设计、设备材料采购和施工全部委托给龙信建设集团有限公司实施。龙信建设集团有限公司通过优选合作单位、组建管理团队，对设计、采购、施工的统一策划、统一组织、统一协调和全过程控制，实现了设计、采购、施工之间合理有序交叉搭接，将机电设备采购和成套技术纳入设计程序，充分发挥管理优势，打通了装配式建筑产业链的壁垒。

项目实施过程中设计经理接受总承包项目经理和设计部门的双重领导，并做好与业主、预制构件生产企业（原则上为集团在项目周边布局的企业）、采购经理、施工经理及总承包项目经理之间的沟通与协调，并遵循图所示流程，为设计可行性提供了有效保障。

该项目在EPC管理模式下，设计、施工、采购、工厂各部门均在统一的管理体系下开展工作，信息、资源共享，项目实现设计标准化、现场施工装配化、结构装修一体化、部品生产工厂化、过程管理信息化，突破以往传统管理模式，真正实现了设计、采购、施工资源的有效整合，减少了沟通协调工作量，从而提高了装配式建筑管理效率及产品质量。

集团公司成立项目总承包管理部，EPC总承包组织结构如图所示。

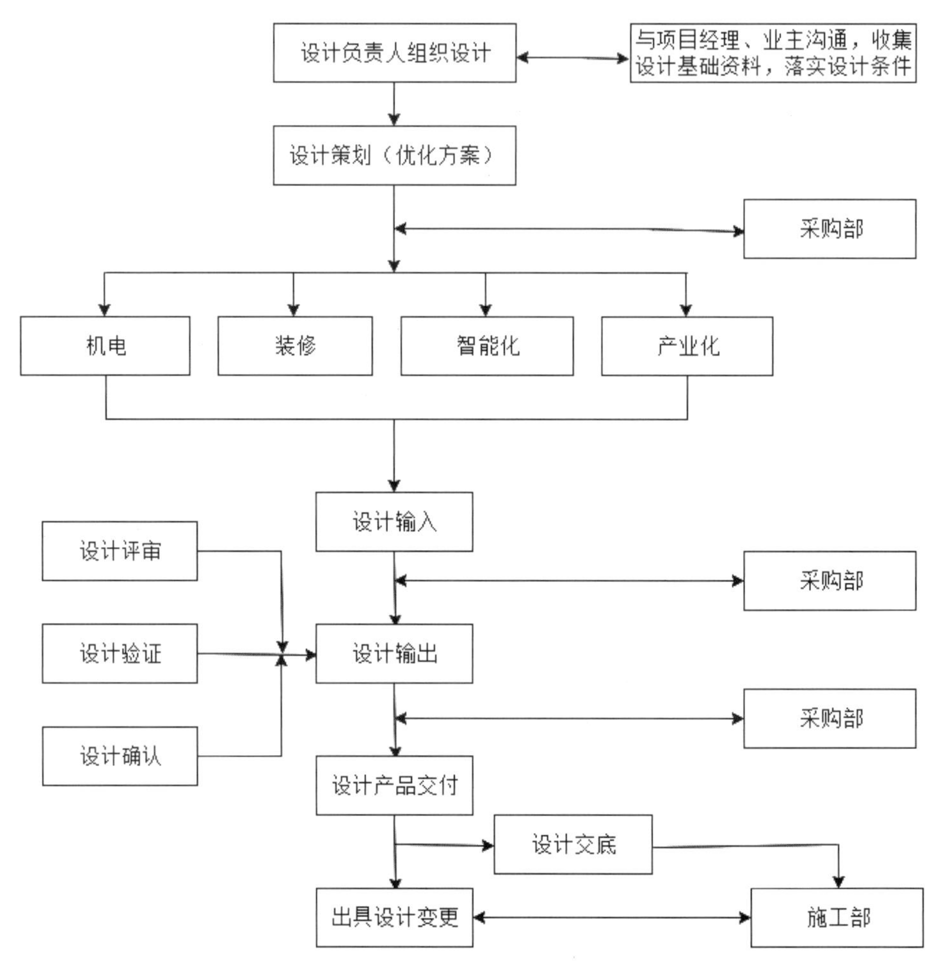

图3　混凝土结构装配式建筑项目设计管理流程图

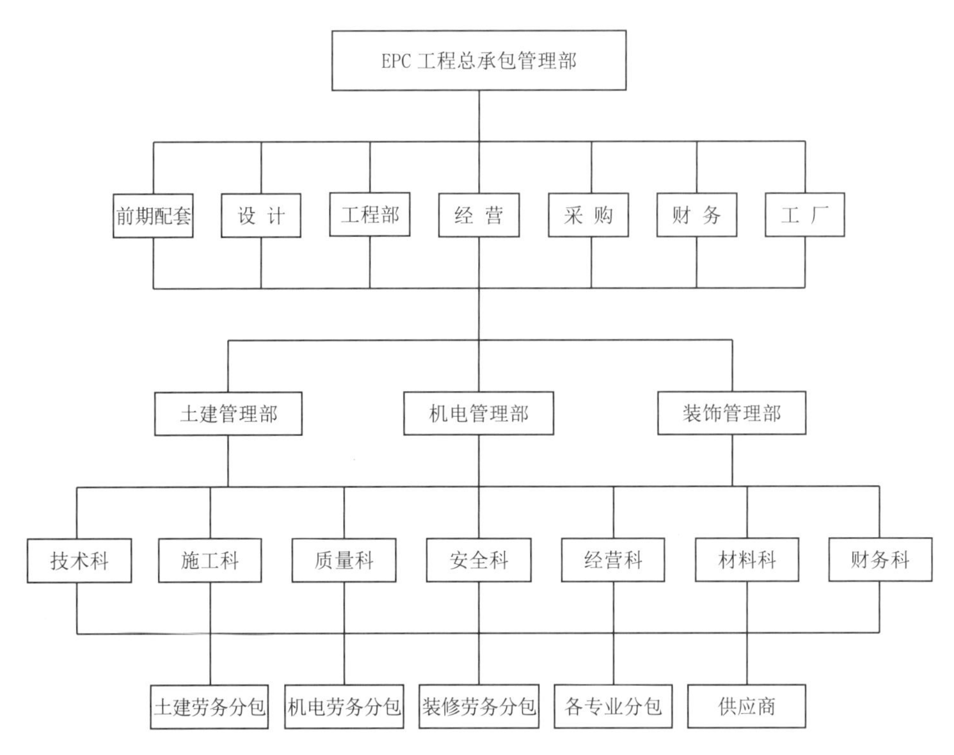

图4　EPC总承包组织结构图

3　建筑设计

由于南通市政务中心配套建设不全，尤其是停车位严重不足，因而影响了政务中心的正常运行。项目原设计为现浇框架剪力墙结构，为了让停车综合楼尽早投入运行，由EPC总承包单位龙信建设集团有限公司牵头对原建筑施工图按照装修一体化装配式整体框架结构从以下方面进行了优化调整。

优化建筑方案，减少构件规格

本项目按照装配式建筑“简单、规整”的设计原则，对原建筑方案进行了优化调整。总承包项目管理部按照“少规格、多组合”的思路，对原建筑方案的标准层平面布局、楼梯布置、外立面进行了优化调整。

（1）优化总平面布局，减少预制梁、柱规格

在满足建筑使用功能情形下，对原方案柱网进行了优化和调整，方案调整后，X方向柱网尺寸由7600、8300、8400、8100、7800五种规格调整为7800、8200、8400三种，Y方向柱网尺寸由7300、10400、10700、10800四种规格调整为7800、10300、11400三种，减少了预制柱的种类，预制叠合梁的规格也相应减少。

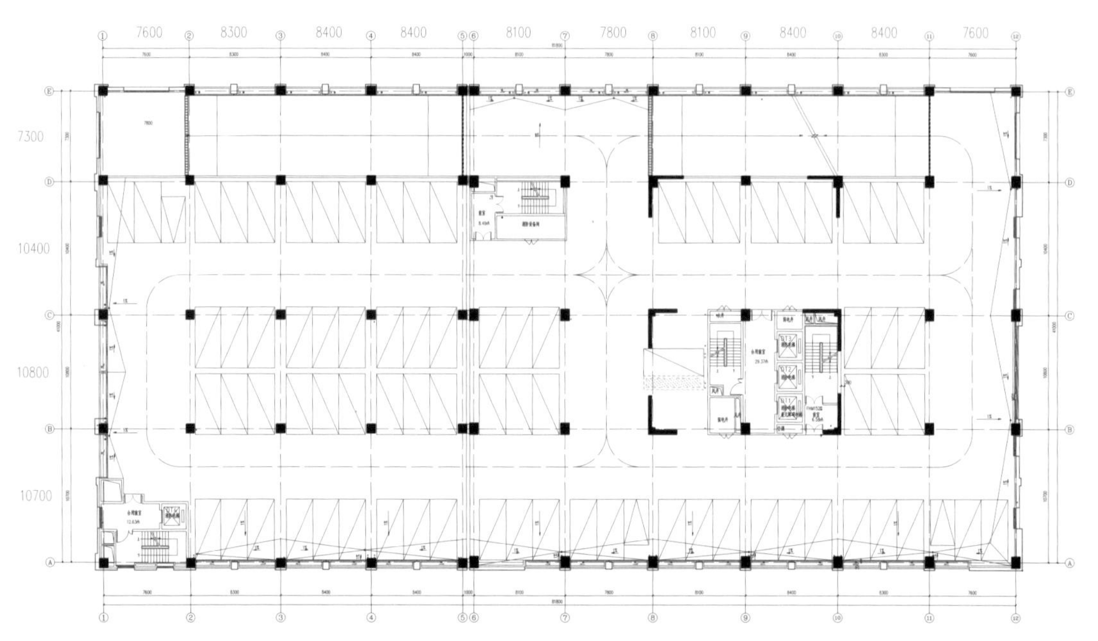

图5　原方案标准层平面图

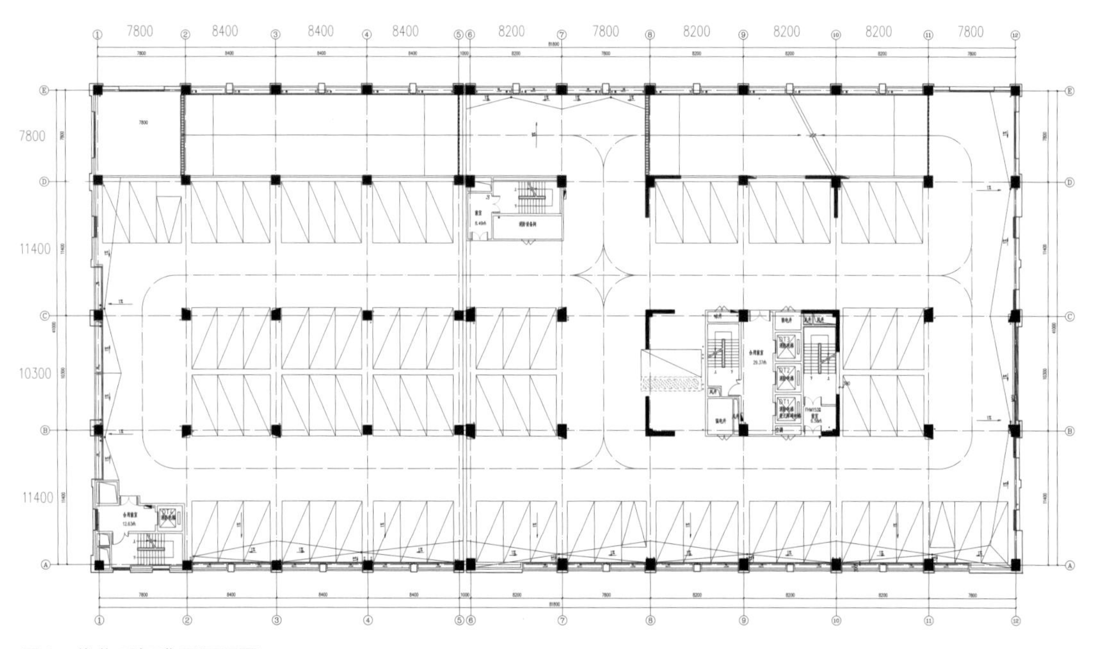

图6　优化后标准层平面图

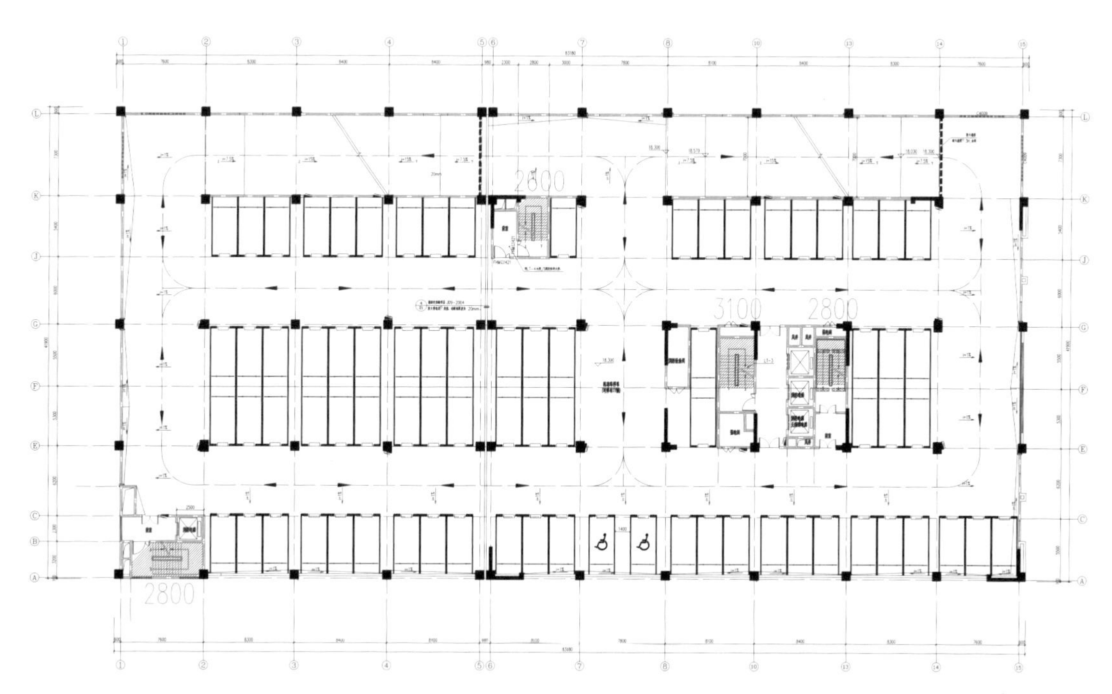

图7　原方案标准层楼梯平面布置图

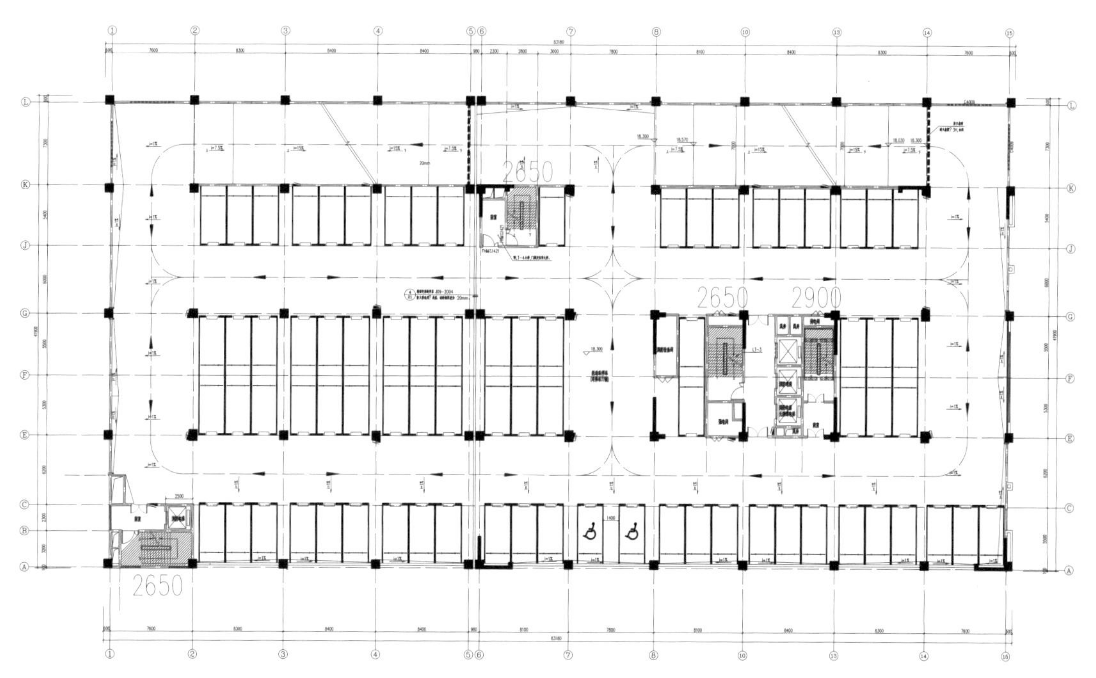

图8　优化后标准层楼梯平面布置图

（2）优化楼梯布置，减少预制梯段板规格

在满足疏散功能的前提下，三个疏散楼梯的开间由2600、3100、2800三种不同尺寸调整为2650一种开间尺寸，无障碍楼梯开间尺寸由2800调整为2900，减少了预制梯段板的种类。

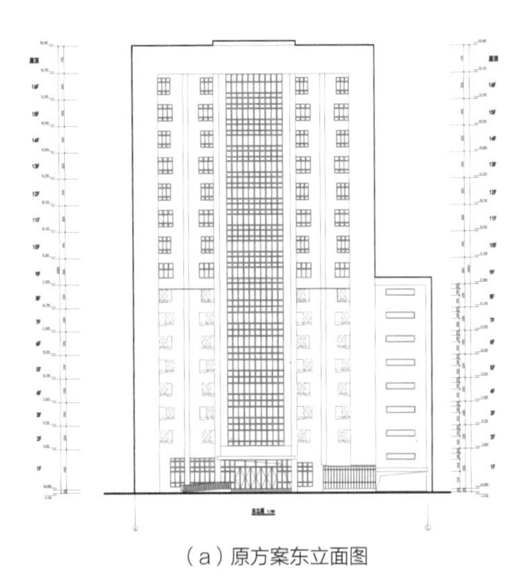

（a）原方案东立面图

（b）优化后东立面图

图9　东立面优化前后对比图

（3）优化外立面，减少预制墙板、花池规格

原方案东立面外窗大小不一，现统一外窗规格，塑造了整体连贯的建筑形象，同时也减少了预制墙板规格。

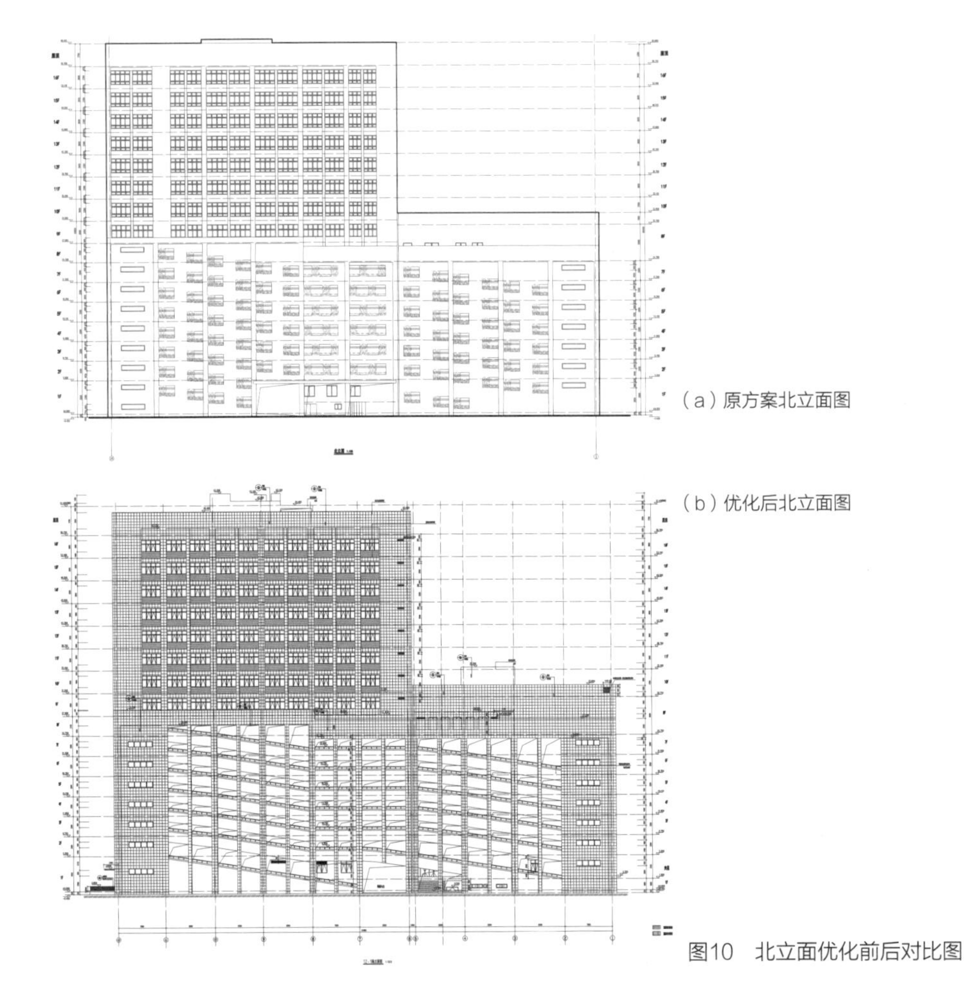

（a）原方案北立面图

（b）优化后北立面图

图10　北立面优化前后对比图

项目北侧用地开阔，北立面也是一个重要的建筑形象窗口。为了突出停车楼的个性形象，新方案取消北侧汽车坡道外墙方洞，外侧采用与南立面统一的栏杆加垂直绿化形式，并且通过坡道自身连贯的斜向线条突出了建筑的整体韵律感，同时减少了预制墙板、预制花池的规格。

优化结构体系，实施预制装配体系设计

停车库部分原为现浇方案，剪力墙较多，设置于建筑外围，需现浇，现调整为预制装配式方案后，剪力墙较少，集中设置于核心筒部位，外围梁柱全预制装配，采用一道次梁，充分发挥叠合板

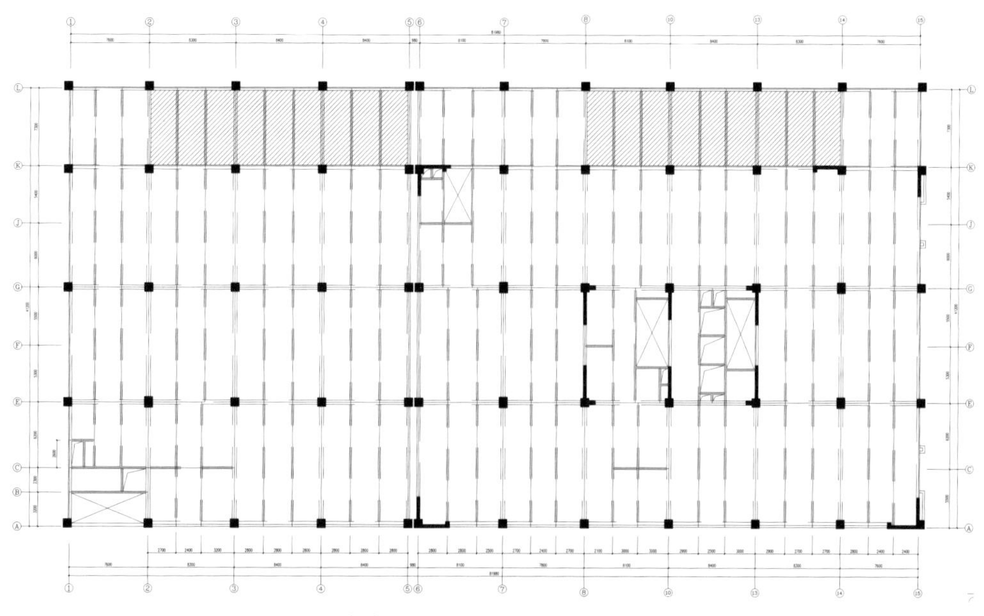

（a）车库部分原现浇结构平面布置图

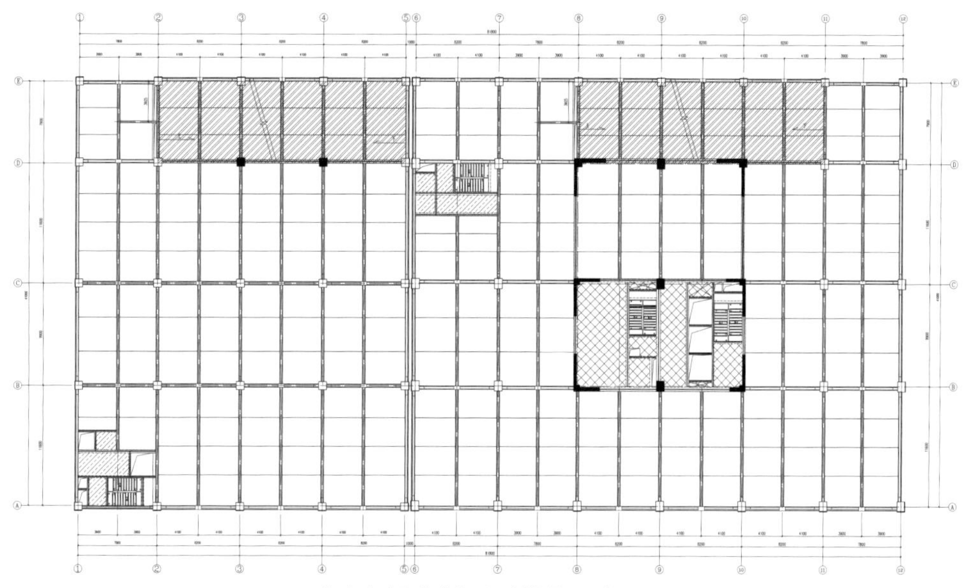

（b）车库部分优化后预制构件平面布置图

图11　车库部分优化前后对比图

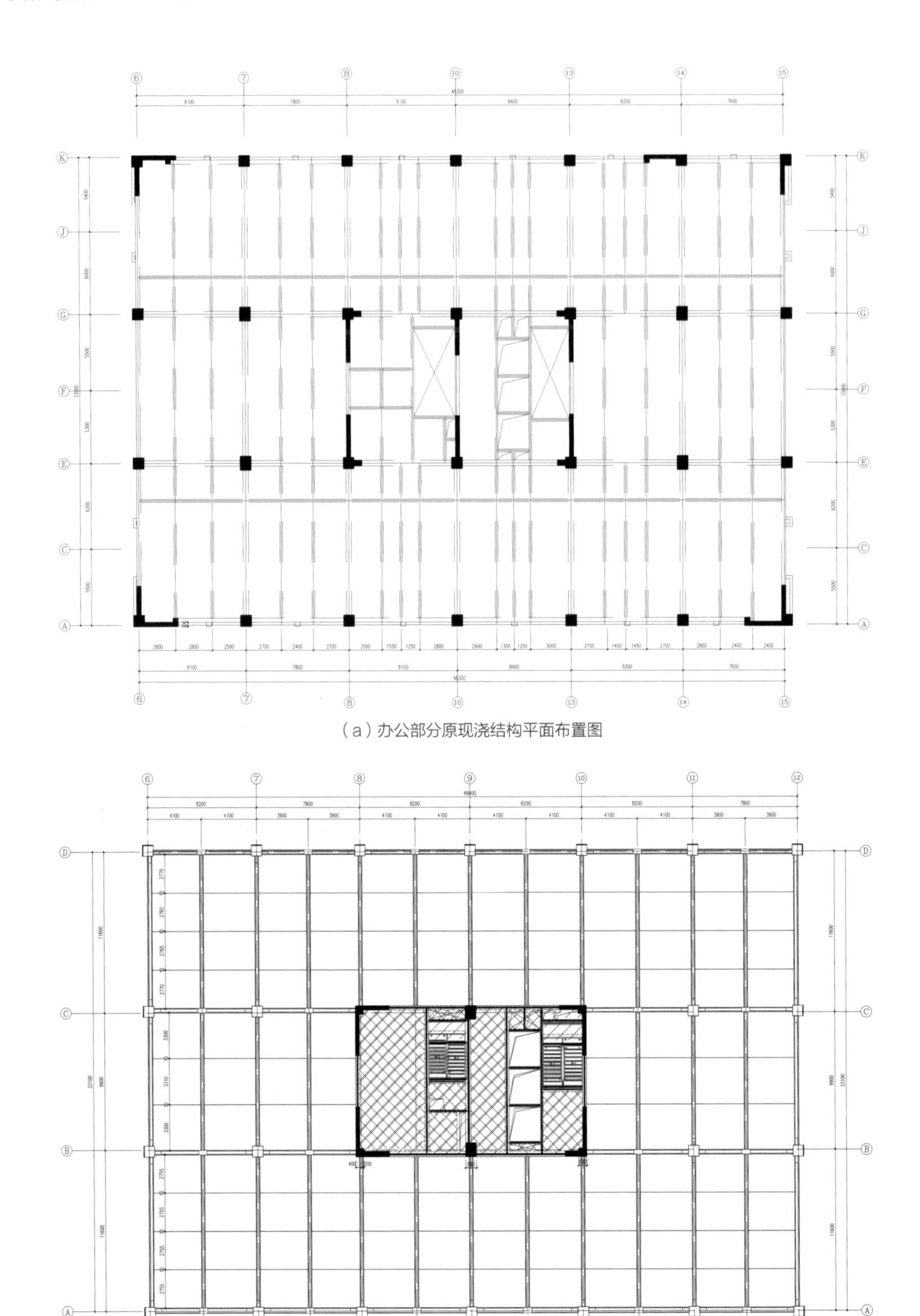

（a）办公部分原现浇结构平面布置图

（b）办公部分优化后预制构件平面布置图

图12　办公部分优化前后对比图

性能，提高吊装效率。

办公部分原为现浇方案，原方案采用200厚砌筑内墙，墙下需设置次梁。优化为预制装配式方案后，采用150厚轻质隔墙板（ALC板），取消了部分次梁。

结构体系优化后，本项目二层楼面以下为现浇框架结构，二层楼面以上为装配式框架结构，低区采用装配整体式框架结构，高区核心筒位置采用现浇剪力墙结构，其余采用装配整体式框架结构。预制装配构件的应用主要为：结构竖向构件采用预制混凝土框架柱；水平楼面梁采用预制混凝土叠合梁；楼板采用预制非预应力混凝土叠合楼板（钢筋桁架叠合楼板）；楼梯采用预制混凝土楼梯梯板；花池采用预制混凝土花池；内墙采用蒸压轻质加气混凝土板材（ALC板）；办公外墙采用幕墙及蒸压轻质加气混凝土板材。项目采用预制构件总数量为4312件，其中预制楼梯梯板82块、预制柱452根、预制花池186个、叠合梁共计1127根、叠合板共计2465块。

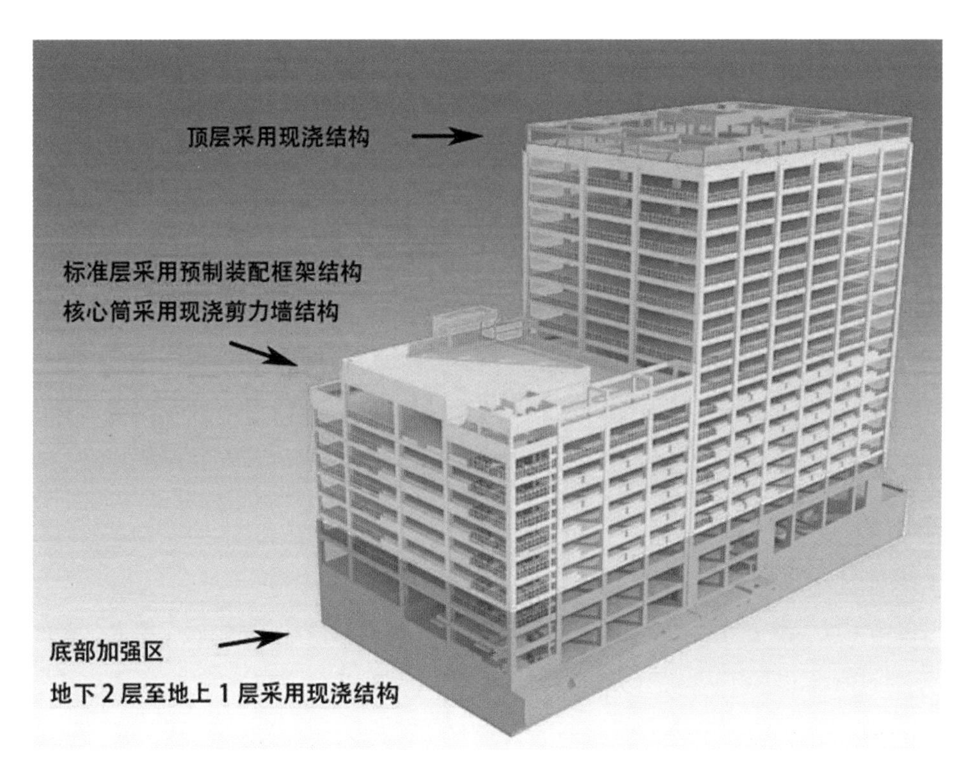

图13　结构体系图

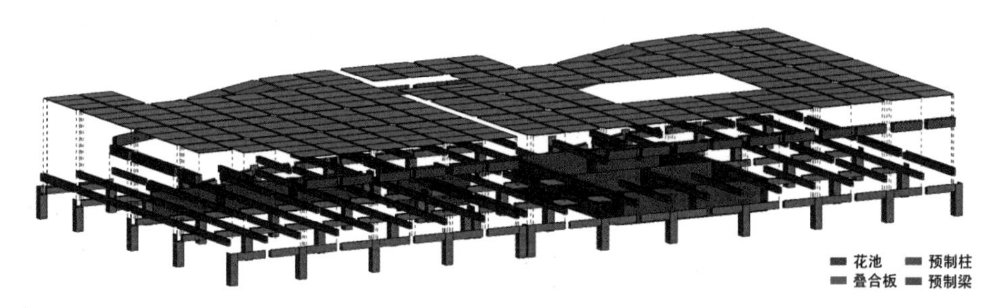

图14　标准层构件拆分图

预制构件及节点设计

预制柱

预制柱底钢筋连接采用直螺纹灌浆钢套筒；预制角柱和边柱外侧设置PC外模；预制柱根据脱膜、安装、支撑的要求留设相应的预埋件。

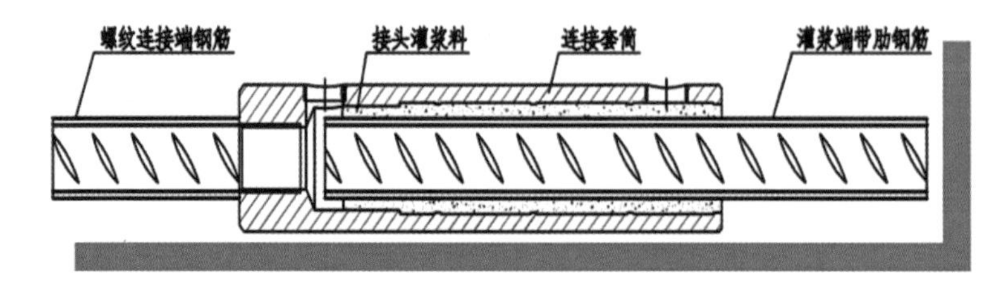

图15　柱纵筋套筒连接大样图

图16　预制柱

预制叠合梁

叠合梁两端设抗剪键槽，在外侧边和高低板连接处叠合梁高的一侧设计PC 模板；叠合梁底伸出钢筋锚入柱内。

图17　预制叠合梁

预制叠合楼板

叠合板采用预制非预应力钢筋桁架混凝土底板；受力端设置小直径钢筋锚入叠合梁内，便于叠合板的吊装就位。

图18　预制叠合板

预制楼梯

预制楼梯梯段板端部不伸出锚接钢筋；预制梯段板上端铰接连接，下端滑动于梯梁挑边上；预制梯段板制作简单，同时构件的现场吊装及固定更方便快捷。

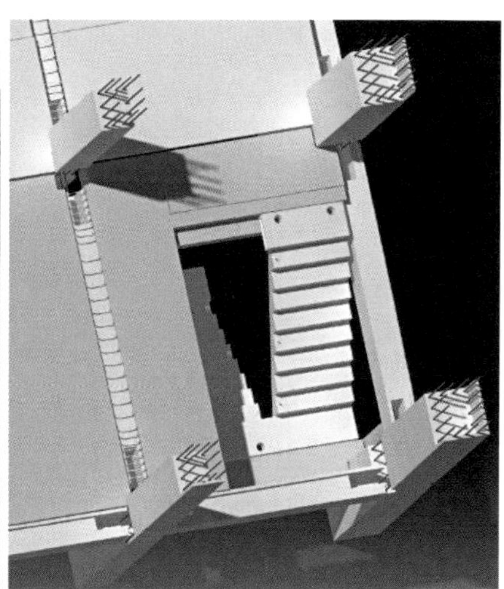

图19　预制楼梯

预制轻质加气混凝土外挂板材（ALC板）

外墙：外板100＋内板75，ALC外墙具有自保温、防水性能。

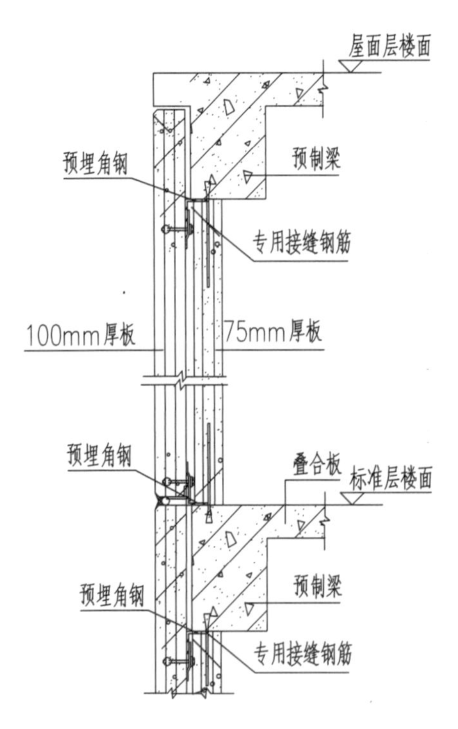

图20　预制轻质加气混凝土外挂板材（ALC板）

预制内墙板

建筑内墙采用ALC预制板材，隔墙墙厚150mm或100mm。ALC板具有自重轻、安装快捷、免抹灰等特点，建造成本略低于砌体结构。

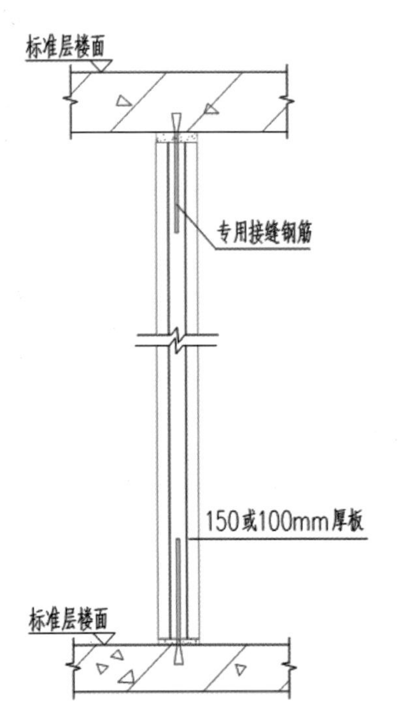

图21　预制内墙板

梁柱连接节点

根据设计要求将预制框架梁部分底部钢筋直接锚入框架节点内，减少了梁端键槽内U形钢筋的数量，提高了节点的抗震性能。

图22　梁柱连接节点施工现场场景图

该项目梁、柱连接节点构造进行了如下技术创新：

（1）预制叠合梁的下部纵筋采用高强钢筋（HTRB600），减少钢筋根数，方便梁柱节点钢筋穿插。

（2）预制混凝土梁柱节点后浇部位采用C60微膨胀细石混凝土，减小梁纵筋的锚固长度，尽量采用直锚，直锚不够时采用加端头螺帽直锚。

（3）通过调整两个方向预制叠合梁底钢筋的高度，方便节点区两个方向纵筋的交叉穿越，实现梁底钢筋拉通。

（4）预制叠合梁下部钢筋按弯矩包络图设计，部分纵筋不锚入节点区，同时保证锚入节点区的梁下部钢筋满足《建筑抗震设计规范》6.3.3条的相关要求，以减少锚入节点区预制叠合梁下部纵筋的数量。

（5）对于两个方向不等高预制叠合梁，在较小的预制叠合梁底设调平支撑钢牛腿，与预制叠合梁同宽，起侧模和临时支撑的双重作用。

框架柱上下连接节点

采用直螺纹灌浆钢套筒连接技术，预制柱层间上下钢筋连接长度仅为8d。

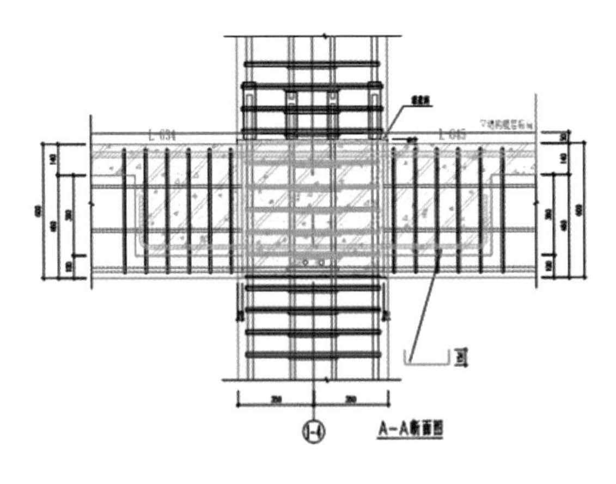

图23　框架柱上下连接节点

预制主次叠合梁连接节点

预制主次叠合梁连接通常采用后浇带连接方式，在预制主梁上留设后浇段，将预制次梁两端钢筋插入主梁后浇段内，现场浇筑后浇带混凝土，使其形成整体。此做法可达到现浇的结构同等性能，同时相对于传统水平套筒的连接方式可以降低建造成本，提高建造效率。

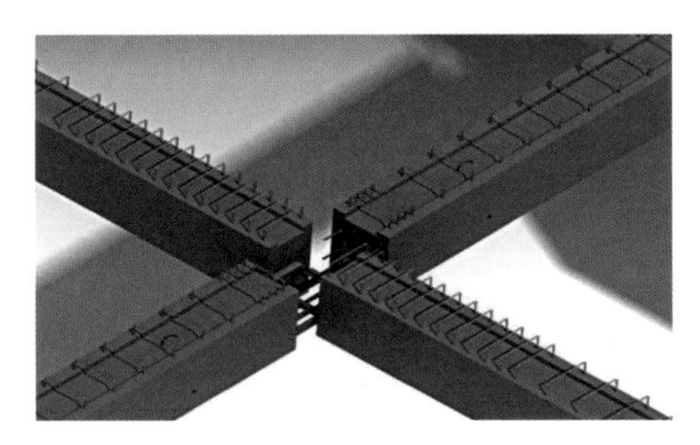

图24　主次梁连接图

水暖电及机电专业设计

项目在主体装配结构的协调技术中借助BIM技术，将机电设备采购和成套技术纳入设计程序，先用软件建立起土建的模型基本构架，再进行装修布局的建模，然后再考虑水暖电及机电专业的原始蓝图及装修后需要优化的管路进行建模，达到零碰撞后，进行预制构件的设计，在模型中有效解决工程可能出现的各种问题。

装修一体化设计

装配式建筑装修设计总体思路：装配式建筑装修后成品交付，在前期设计阶段就需要预留相关的装饰设计阶段，同时需要后期的采购、施工相关环节的全力支持，是一项全产业链的协同工作。

项目是全预制装配整体式框架全装修成品交付项目，装饰设计组首先与业主沟通确认装修标准及技术体系，其次同采购管理部沟通装修部品件选择标准，再与经营部确定装修造价合理控制范围内的装饰设计方案。

装饰设计组将业主确认后的装饰方案，提供给建筑设计组，建筑设计组将装修方案与建筑设计方案匹配协调性比照研究后，将装修方案的存在问题及时反馈装饰设计组，装饰设计组结合建筑设计组反馈意见进行装饰方案优化深化，并将装饰部品件封样与业主交流会商，确定最终装饰设计方案。

项目装修设计与建筑设计同步，不但节约了设计成本，减少了土建与装修、装修与部品之间的冲突，而且实现了设备配套精细化，提升了使用环境的舒适度，杜绝二次浪费，缩短了综合工期。重点部位技术主要包括电梯厅整体装饰系统、部品件模数化系统和室内各部位收口节点做法等。

图25　电梯厅整体装饰效果图

图26　办公室走道装饰效果图

图27　门厅装饰效果图

4　预制构件生产

在EPC管理模式下，预制构件工厂早期参与建筑方案和施工图设计，预制构件的种类得到充分优化，同时能结合构件厂的实际情况，扬长避短，充分发挥工厂流水作业、机械化加工、规模化生产的优势。

该项目叠合板采用钢筋网片，钢筋网片实现机械化生产，提高了生产效率。

图28　综合生产流水线图

图29　全自动钢筋切断机

图30　全自动钢筋弯箍机

图31　全自动钢筋网片机

预制构件厂按照构件设计图和施工进度计划，分批进行生产，严控质量关，每件构件都进行编码管理，以利构件的运输和吊装。构件运输制定了严格的运输方案，包括运输路线、运输时间、运输顺序、安全措施等，确保构件能够准时到达施工现场，不耽误构件吊装。

预制构件工厂化生产工艺流程以梁为例。

梁：绑扎钢筋→套管、吊点、支撑点等预埋→安装模板→清理模板→刷脱模剂→钢筋入模→混凝土浇筑、养护→拆模、继续养护

绑扎钢筋 → 管线、吊点、支撑点等预埋 → 清理模板 → 刷脱模剂 → 安装模板 → 钢筋入模 → 混凝土浇筑、养护 → 拆模、继续养护

图32　预制构件梁流程图

图33　预制构件厂严控隐蔽工程质量场景图

图34　工厂预制构件码放场景图

图35　构件运输图

5　装配化施工

在EPC总承包管理部协调下，工程部在设计阶段提前介入，在项目实施过程中密切配合，减少了施工中的失误，节约了工期。以设计部为核心，合理融合生产、装配等环节，有效控制建设成本，通过BIM技术的应用，保证了构件运输、塔式起重机选型与附着、工具式外挂防护架施工、构件吊装、套筒灌浆等方面的安全高效实施。

装配式整体框架结构施工的关键，首先做好塔式起重机选型和布置，其次做好构件的吊装、定位和连接节点的处理。该工程实现施工过程无外模板、无外脚手架、无砌筑、无粉刷的绿色施工。通过项目的具体实践，公司申请预制装配式框架结构等9项专利技术并编制了《预制装配式混凝土框架结构安装施工工法》等6项省级装配式施工工法。

工程1～2层全现浇结构施工采用落地式脚手架。3～16层采用外挂脚手架（工具式外挂防护架）。

主要施工流程

PC柱吊装施工流程：钢垫片垫标高→吊点安装→塔式起重机吊运→手扶平稳下降→套筒对准预留钢筋→垂直度校正→调节斜支撑→固定斜支撑

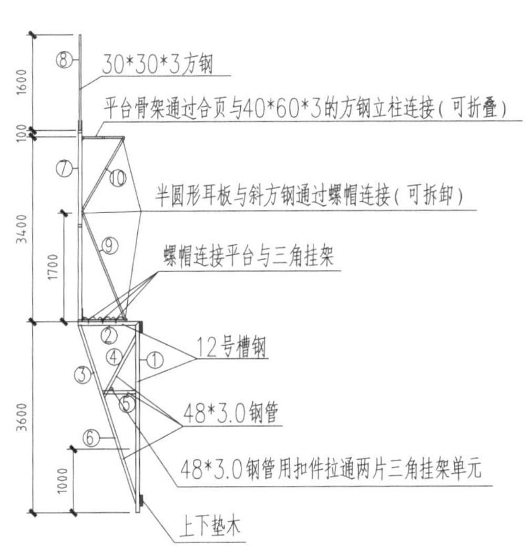

图36　工具式外挂防护架做法详图

图37　工具式外挂防护架施工现场图

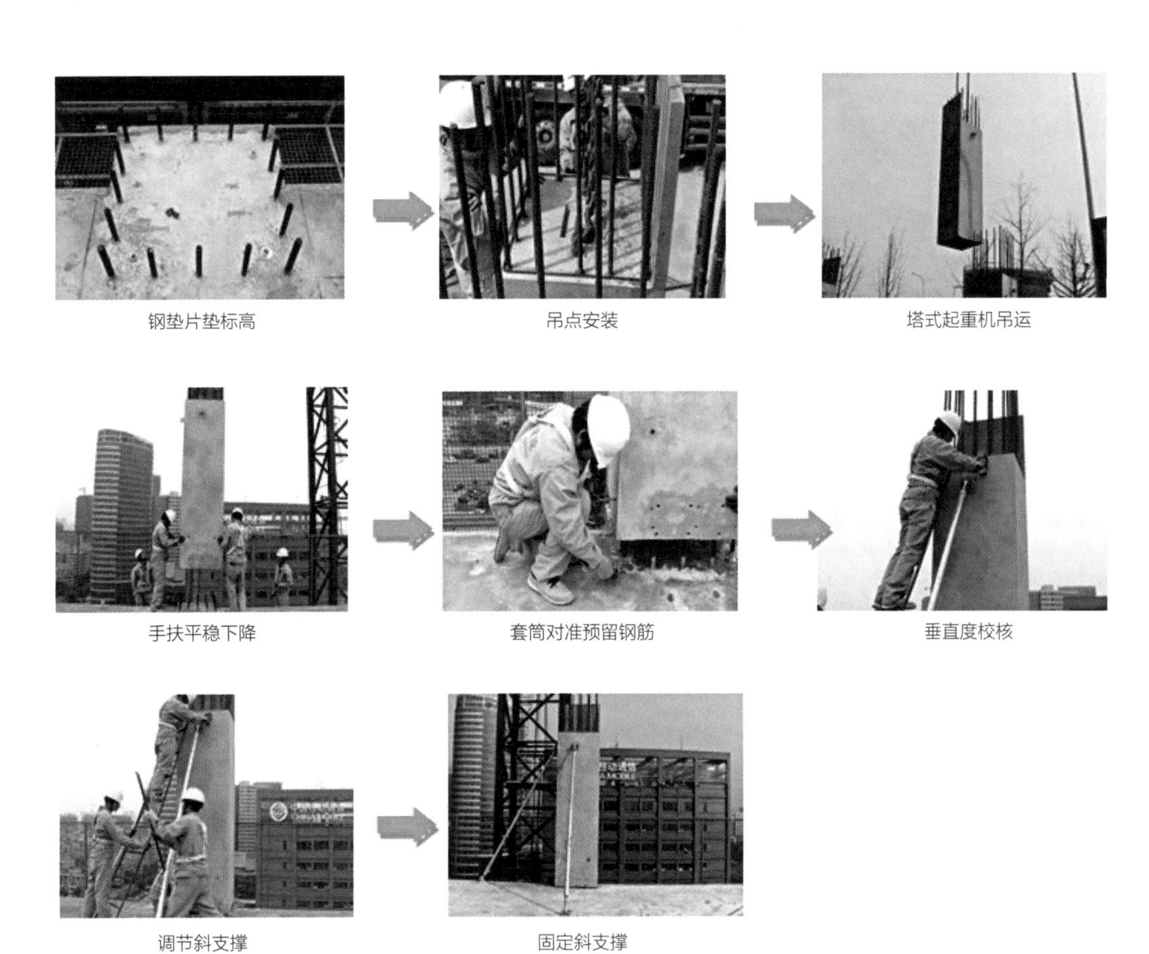

图38　PC柱吊装施工流程

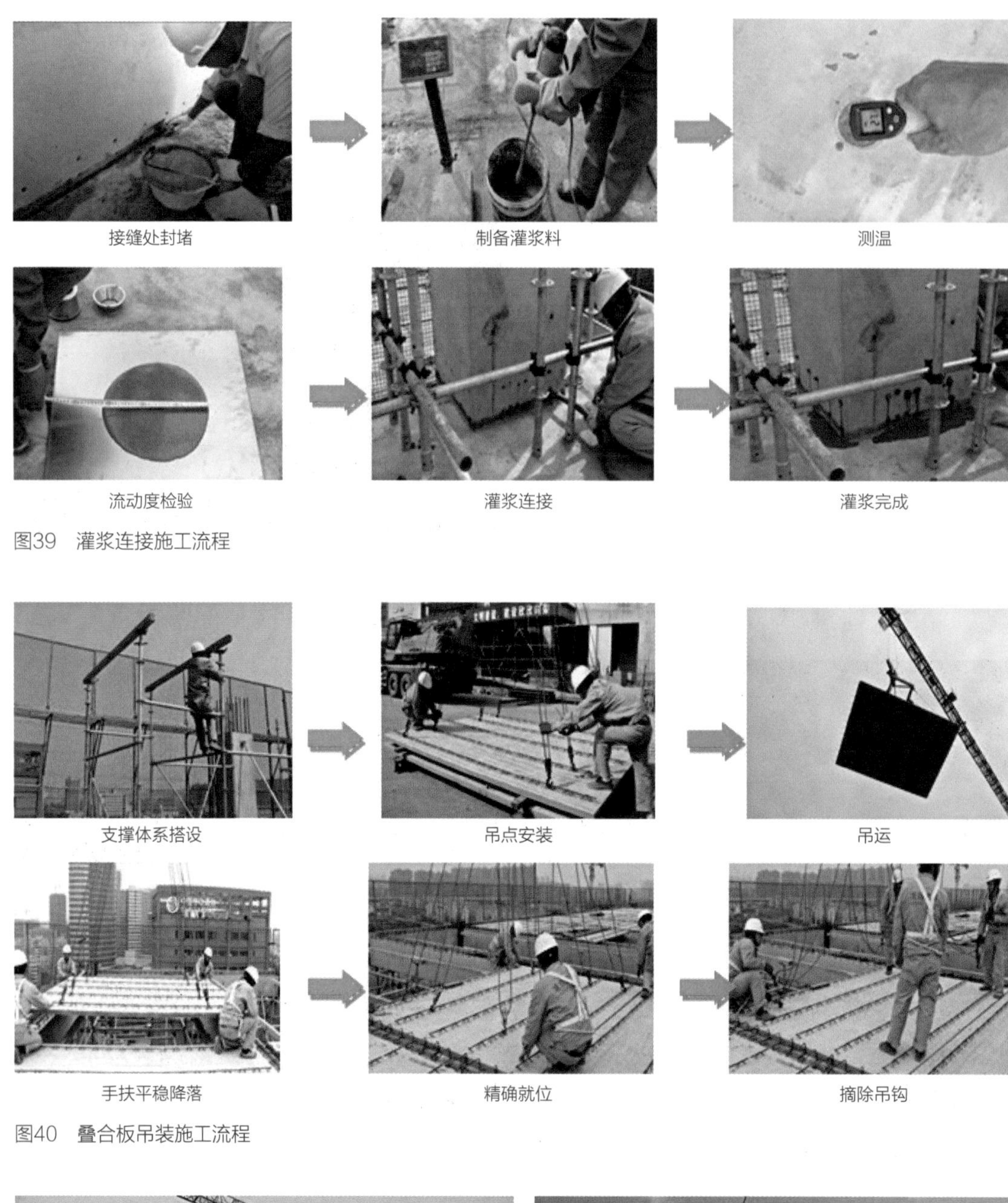

图39　灌浆连接施工流程

图40　叠合板吊装施工流程

图41　预制叠合板串吊图

图42　预制构件秤砣吊技术图

图43　钢筋偏位控制图

构件安装质量控制

柱吊装质量控制措施

预留钢筋偏位控制

为保证PC柱竖向预留钢筋位置的准确，施工现场采用了钢筋精确定位模具。钢筋精确定位模具安装完成后，模具端部采用花篮螺杆固定，且端部部分钢筋采用螺栓固定到位，再通过调整模具，精调钢筋位置，以利与上层预制墙板进行套筒灌浆连接。

图44　预留钢筋偏位控制图

安装标高控制

使用水平测量仪事先调节柱子底部的水平调节螺栓或铁垫块，按同一基数调好，允许偏差值为0～2mm。

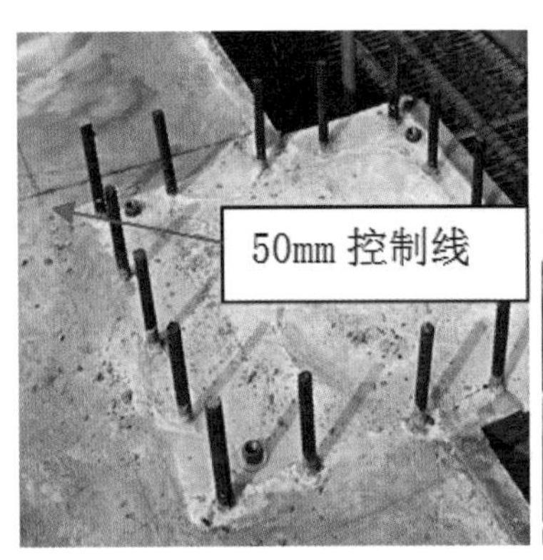

图45　安装标高控制图

安装垂直度控制

构件就位斜支撑初步固定后，将激光垂直仪垂直靠放于PC柱上方，投点，与楼面上预先测放的50mm控制线比较，通过调节斜支撑调整PC柱垂直度，固定斜支撑，摘钩。通过激光垂直仪配合微调斜支撑长度进行柱垂直调整。垂直偏差管理目标值为±3mm（临界值为±5mm）调整最终结果，倾斜度为±0。

图46　安装垂直度控制图

梁吊装质量控制措施

安装标高控制

（1）根据平面布置图，确定盘扣架支架位置后进行支架组装。

（2）组装完毕后，通过旋转上部的丝扣调整支架到规定的高度。操作时应使用马凳作业。应使用专用的连接扣件，并安装水平杠，以防止支架倒塌。

构件就位偏差控制

（1）根据平面布置图，用墨斗弹出梁位置边线及50mm控制线。

（2）梁插入柱筋后，应先安装斜支撑。斜支撑初步固定后，将激光垂直仪垂直靠放于PC梁侧面，投点，与楼面上预先测放的50mm控制线比较，通过调节斜支撑调整PC梁的位置及垂直度。

图47　吊运至指导位置后根据控制线用撬杠微调楼板，同时调整支架标高

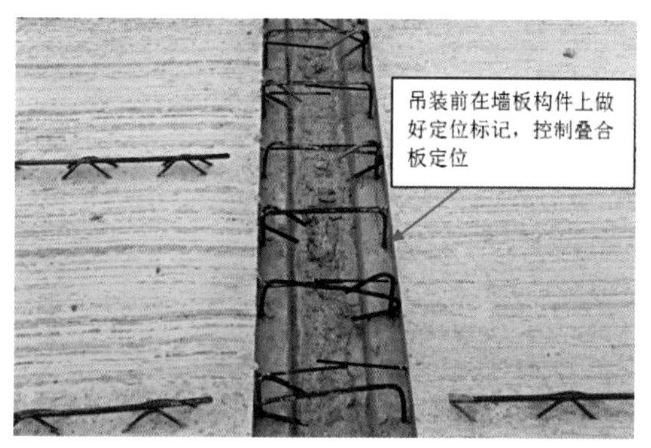

图48　叠合板位置调整完成后，板边与梁间缝隙用砂浆捂浆，捂浆必须严实，防止浇筑混凝土时产生漏浆

叠合板吊装质量控制措施

安装楼板时应使用专用的板吊具，采用滑轮组多点起吊，楼板吊离装载面（车面）300mm后停顿3s，然后再慢慢匀速起吊3m，在检查无刮碰且稳定后快速吊运到指定位置。信号工使用无线对讲机及手势暗号等方法指挥塔式起重机司机将楼板安装到指定位置。

6　全程BIM技术应用

项目全过程运用BIM技术指导设计，建立三维可视化数字管理平台，不仅通过数据支持设计，同时通过虚拟建造技术，解决了设计图纸出现的错漏碰缺，从而有效地减少工程变更，节约成本，提高效率，同时也为施工及后期运营管理提供了良好的基础。

项目从项目初期建模开始，到项目成本、质量与技术、进度、安全以及后期的运维管理，全程运用BIM技术进行项目管理。

成本管理方面，利用初期完成的各专业模型进行各专业成本分析，包括土建专业工程量计算、钢筋工程量计算、安装专业工程量计算等。

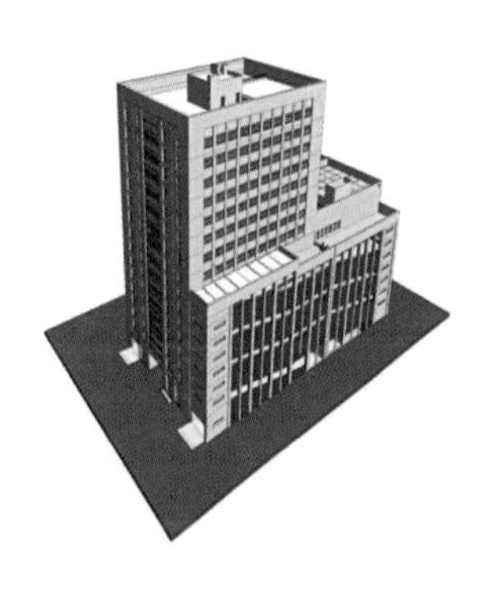

（a）建筑模型

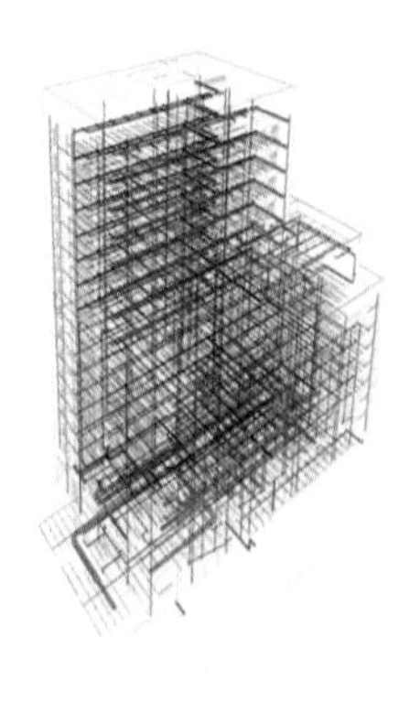
（b）结构模型

（c）机电模型

图49　BIM建模图

PC专项BIM技术应用

利用BIM技术进行PC结构深化设计、构件碰撞检查以及施工方案模拟，对PC专项施工进行优化设计、指导施工，确保了施工安全性，避免返工。

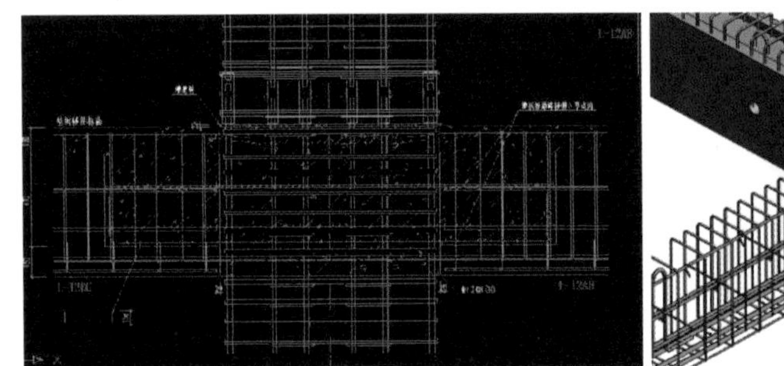

图50　梁柱节点优化设计

构件碰撞检查

传统二维PC构件拆分不能很好地考虑构件之间的整体性，可能导致预制构件之间不能准确搭接。利用BIM技术能够充分考虑构件之间的整体性，发现PC构件之间存在的土建与钢筋碰撞问题。

PC梁柱搭接不合理→ 优化→ 搭接合理

图51　PC构碰撞检查

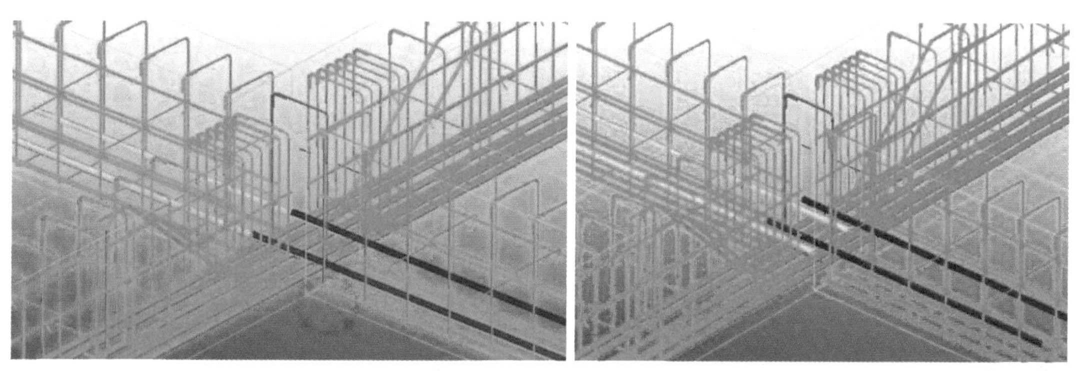

PC梁柱钢筋搭接不合理→ 优化→ 搭接合理

图51　PC构碰撞检查（续）

施工方案模拟

塔式起重机3.8m半径范围内PC梁、柱吊装采用增加负重的方式，将吊装物重心平衡到3.8m半径范围外，以利安全吊装。通过模拟，可以验证方案的可行性及对工人进行技术交底。

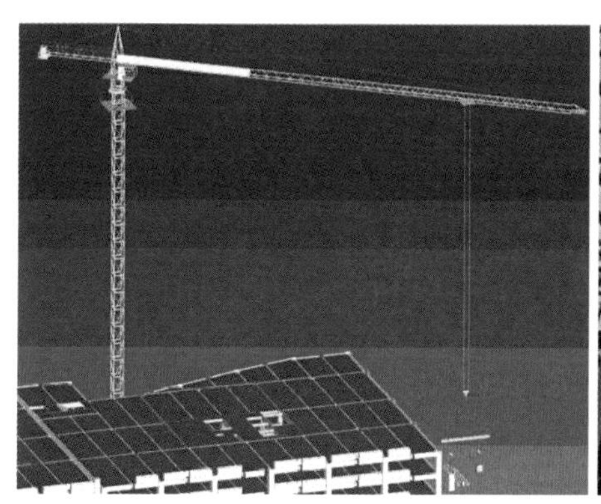

（a）模拟吊装　　（b）吊装实景

图52　模拟吊装与吊装实景图

管线综合方面，采用BIM技术进行管线综合布置，检查管线之间的碰撞（详见管线碰撞检测图），对管线进行重新排布，指导安装管线，合理避让，有效控制了空间高度，避免返工造成的材料浪费和垃圾产生，有效避免了能源浪费。

质量控制方面，按照流程将现场质量问题影像资料通过iBan客户端上传到鲁班BIM系统，并生成质量问题分析报告。通过BIM技术在施工质量控制中的应用，有效控制项目施工质量。

进度管理方面，基于BIM技术的计划进度与实际进度比对主要是通过方案进度计划和实际进度的比对，找出差异，分析原因，实现对项目进度的合理控制与优化。

安全管理方面，安全管控一直是现场重要的管理内容之一，但是传统管理方式存在执行力不够、管理效率低的问题。BIM技术在项目中的应用有效提高了项目安全管理的效率。该项目制定了基于BIM技术的安全管理流程，用以控制项目的安全问题。

运维管理方面，项目利用BIM平台将运维阶段所需要的信息与模型进行了挂接，实现运维阶段

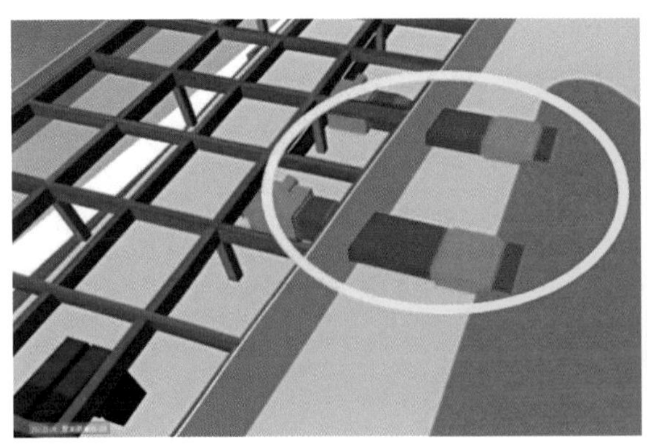

图53　管线碰撞检测图

的高效性和标准化管理。设备自动维护提醒，利用平台内置功能设置设备到指定更换、维修时间自动提醒。利用软件自动生成二维码信息张贴到设备上，后期只需简单扫描便可获取设备信息。

7　EPC总承包管理效益

项目采用EPC工程总承包模式。龙信建设集团有限公司通过优选合作单位、组建管理团队，对设计、采购、施工的统一策划、统一组织、统一协调和全过程控制，实现了设计、采购、施工之间合理有序交叉搭接，EPC总承包模式效果明显：

（1）降低工程投资。减少财务成本1420万元，虽然采用预制装配式施工成本略有增加，但总体节约投资950万元。

（2）工期明显缩短。传统现浇工期需740天，PC结构以及总承包效率的提高，工期缩短为450天，工期缩短40%。

（3）劳动力成本降低。传统现浇结构，结构部分每天需施工人员50人，PC结构每天施工人员为20人，PC结构施工人员需求量较传统现浇框架结构减少60%，节约了劳动力成本。

（4）BIM技术全程应用。项目从设计开始建模，到成本管理、质量、进度、安全控制以及后期的运维管理，都采用BIM技术管理，避免了管线碰撞、优化了设计图纸，大大减少了设计变更，降低了返工等资源浪费，提高了管理效率。

（5）部门统筹协调。EPC管理模式下，设计、施工、采购、工厂各部门均在统一的管理体系下开展工作，信息、资源共享，项目实现设计标准化、现场施工装配化、结构装修一体化、部品生产工厂化、过程管理信息化，突破以往传统管理模式，真正实现设计、采购、施工资源的有效整合，减少了沟通协调工作量，从而调高效率，减少工期，节约了投资。

（6）现场湿作业少。项目主体结构、楼板、墙板、楼梯板、花池均为预制，极大地减少了现场湿作业施工，工程质量得到保证，节约工期，减少了环境污染。

（7）全装修技术应用。项目将装修设计与建筑设计同步，节约了设计成本，减少了土建与装修、装修与部品之间的冲突和通病，实现设备配套精细化，提升了使用环境舒适度，杜绝了二次浪费，缩短了综合工期。

项目小档案

项 目 名 称：南通政务中心停车综合楼

地 点：南通市工农路西侧洪江路南

建 设 单 位：南通国盛城镇建设发展有限公司

总 承 包 单 位：龙信建设集团有限公司

EPC项目负责人：龚咏晖

EPC合作团队：龚咏晖 樊裕伟 邵建其 柳 海 陈 健
张周强 姜雪鹏 陈 平 黄 新

建 筑 主 创：彭 婷

建 筑：袁征兵 张 果

结 构：吴敦军 徐鉴明

机 电：范青枫 卞维峰 张 聪

B I M：张周强

P C：柳 海 黄 新 陈 健

摄 影：陈 健

整 理：汤 冲

装配式建筑打造“环境的舒适度”

——评南通市政务中心停车综合楼项目

南通市政务中心停车综合楼项目，总建筑面积48972.21m^2，采用了预制装配整体式框架结构体系，装配率达到70%，在全国混凝土结构装配式建筑项目总承包领域起到了很好的示范效果。

该项目主要优点和特色如下：

（1）“绿色”理念贯穿于项目全过程。该项目按绿色三星建筑设计，采用了太阳能光伏系统、太阳能热水系统、节能、节水器具和垂直绿化、屋顶绿化、雨水循环利用等海绵城市技术；采用了无外脚手架、无外模板、装配式施工的绿色施工技术；达到了节地、节能、节水、节材和环境保护（“四节一环保”）的相关要求。

（2）采用标准化设计。该项目从技术策划入手，按照装配式建筑“少规格、多组合”的设计原则，从平面柱网尺寸到立面形式，在满足建筑使用功能的前提下，做到平面规整、立面简洁，尽可能减少预制构件规格。

（3）预制装配率高。该项目主体结构的柱、梁、楼板、外墙、内墙、花池等均采用预制构件，围护结构采用成品板材，预制率达56%，整体装配率达70%。

（4）全装修一体化。该项目装修设计与建筑设计同步，节约了设计成本，减少了土建与装修、装修与部品之间的冲突，实现了设备配套精细化，提升了使用环境的舒适度，杜绝二次浪费。

（5）信息技术全过程应用。该项目从设计、构件生产到施工安装全过程采用BIM信息技术，并贯穿于项目建设的全过程。在设计阶段采用BIM技术实现构件可视化，避免了构件与管线之间的碰撞和钢筋之间的相互碰撞问题。在构件生产阶段采用二维码管理，将每个构件全阶段生产状况信息采集录入到二维码中。在施工阶段，每个施工工序进行信息化施工模拟，节约工期，避免施工过程中可能出现的差错与返工，提高施工工效，实现了以信息化为特征的装配式建造方式。

点评专家

黄小坤

1964年出生，毕业于中国建筑科学研究院结构力学专业，研究生学历，现任中国建筑科学研究院研究员、博士生导师，中国建研科技股份有限公司总工程师兼研发中心主任，国家一级注册结构工程师，享受国务院特殊津贴专家。

长期从事高层建筑结构、混凝土结构以及建筑幕墙结构的技术研究、工程技术咨询、有关标准研究编制和管理工作，主持或参加国家级、部级和院级科研课题30多项，主编、参编国家和行业标准10多项，包括《混凝土结构设计规范》GB 50010、《装配式混凝土结构技术规程》JGJ 1等。

李新华

中国建设科技集团上海中森建筑与工程设计顾问有限公司装配式工程研究院院长、党支部书记；同济大学建筑与土木工程专业工程硕士，高级工程师，一级注册结构工程师。

设计理念

装配式建筑应紧密围绕人性化、工业化／智能化、绿色／生态环保以及高适应性等方面，理念领先与技术创新需有效结合，通过源头的建筑设计以信息化技术整合全过程功能和工艺，以BIM一体化集成手段前置统筹目标、横向纵向协调，落实全程实施的提升体验，理论优点必须让参与人员深刻感受到，才能稳步推进建筑工业化的转型升级。

图1　普洲电器厂房外观图

上海普洲电器有限公司新建厂房

设计单位	上海中森建筑与工程设计顾问有限公司
设计时间	2016年
竣工时间	2018年
总建筑面积	13500m^2
地　　点	上海市青浦区

1 项目介绍

该项目位于上海市青浦区南桥新城华新工业园区08-15地块，紧靠A5、A11高速公路，东邻虹桥交通枢纽和虹桥商务区，北靠安亭汽车城，位置优越，交通发达。南侧沿华南路已引进上海中通吉物流有限公司、国美物流中心、顺丰物流华东区域总部等企业落户，均处于已运营和建设过程中。项目基地占地面积6394.40m^2，东西向长约31.2m，南北向宽约88.6m。共设有1号、2号、3号厂房、门卫室多个子项单体。地上建筑面积为10707.82m^2，地下总建筑面积为2655.30m^2，总建筑面积为13363.12m^2。

项目所有单体的高度均控制在24m以下，1号、2号单体是主示范区域，单体预制率不低于40%。

项目是上海市第一个以设计牵头的EPC工程。已列为“十三五”国家重点研发计划课题绿色建筑及工业化重点专项示范工程，通过项目研究成果“基于BIM的装配式建筑产业化全过程效率评价体系”进行评估，设计效率提升度不低于40%。

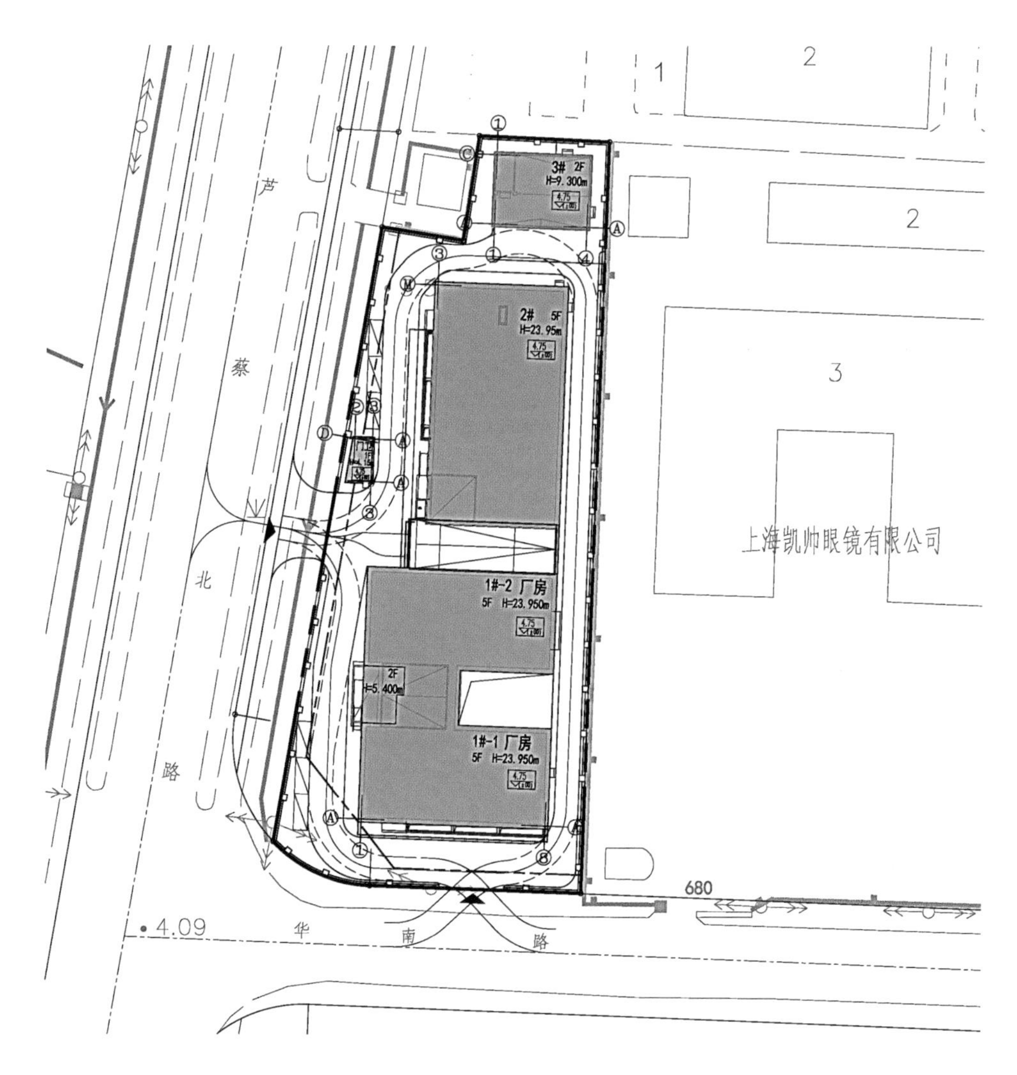

图2 普洲电器厂房项目总图

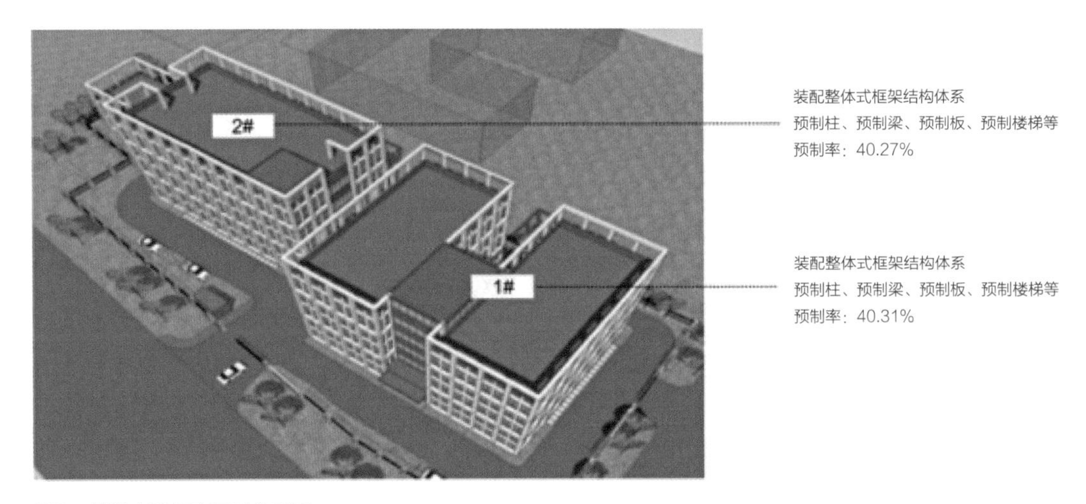

图3　普洲电器厂房项目效果图

图4　普洲电器厂房现场实景图

2　装配式建筑EPC管理模式概述

装配式建筑EPC模式是实现项目全过程精细化、集成化、一体化高效实施的有效方法，能有效整合产业链各阶段的合理有序分工，极大减少开发、设计、生产、施工等各方的界面切割问题，并能将生产、施工等后端的工艺和工程组织需求在设计前端进行提前考虑，通过EPC模式可最大化考虑产品采购及工程施工特点进行整体设计，保证项目工程实施阶段的高效流畅推进。

EPC管理模式具有合同关系简单、组织协调成本小、利于优化资源配置、缩短招标周期和建设周期等优点。装配式建筑采用EPC管理模式，将充分发挥设计主导作用，采用产业化模式生产建造，全过程实施体系优化使构件标准化、模数化，并采用方便施工的工艺以降低成本。从方案阶段加强设计对整个项目的统筹规划和协同运作，充分考虑各阶段要求，通过BIM平台集成各专业设计成果，实现精细化和一体化设计，前置解决加工及施工中的碰撞、出图、工艺及安装问题，提高工程实施效率、工程质量。

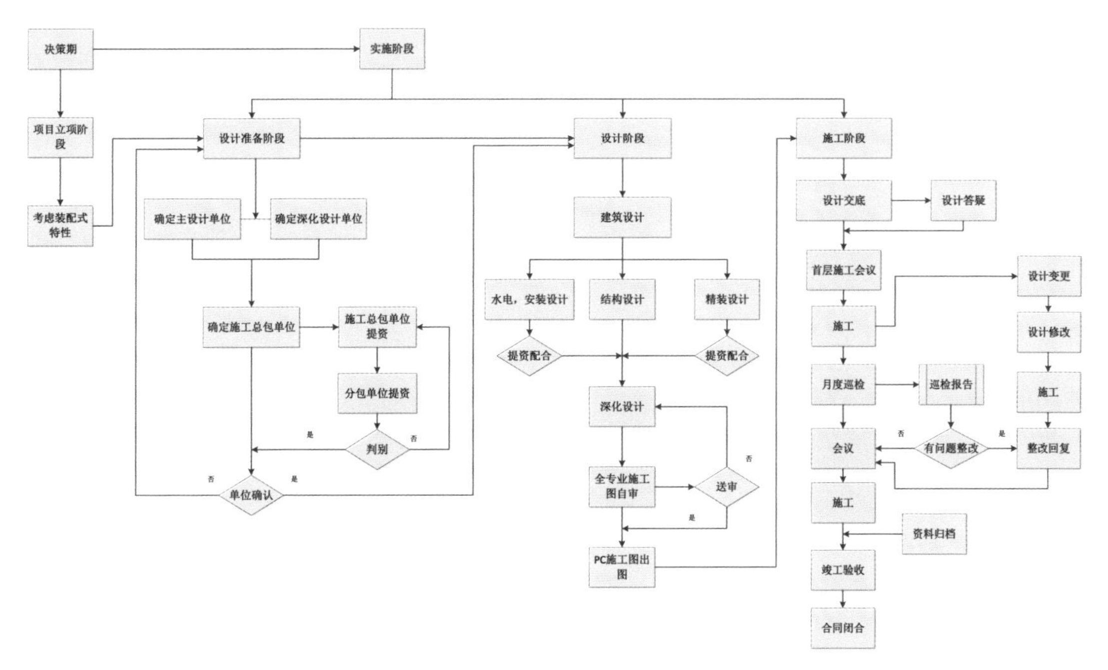

图5　一体化设计示意图

项目在全周期中，利用PKPM-BIM平台，运用一体化思维进行精细化集成设计，建立统一的三维可视化数据模型，进行各专业设计、出图、管理达到专业之间数据无损传输，提高效率，提高设计质量，同时运用PKPM-BIM进行工程量统计与优化，降低投资并最大化控制预算与决算间的差异。

在设计过程中深度融合BIM技术，管线综合、预埋预留、钢筋埋件等部位进行碰撞检查，规避常规设计各专业间错漏碰的问题。对装配式节点精细化设计，吊装质量、施工效率提高和后期运维具有重要指导意义。

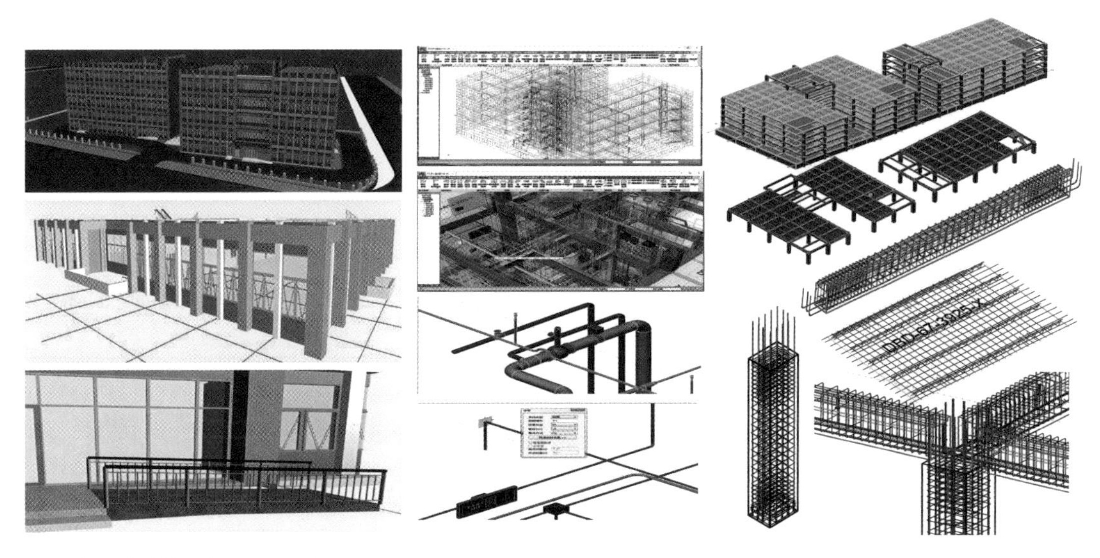

图6　装配式建筑全专业BIM设计

3 装配式建筑设计与BIM应用

本项目最初的设计方案对装配式的考虑并不充分，在确定以EPC模式实施后，我们根据工业化的特点和项目管理要求进行了较大调整，针对各专业的装配式应用要求，建立了建筑、结构、给水排水、暖通、电气等专业BIM协同模型，进行碰撞检查、三维管线综合、竖向净空优化，形成施工图设计阶段的全专业BIM模型和二维设计图纸。

建筑专业

（1）考虑场地特点和业主的功能要求，为以后的使用留有最大的灵活性，项目的主要功能为轻型电器零件生产和工业器件研发，随着地区的产业升级，后期会转变从高端研发和配套服务用途为主，用3个相对独立的体块、每层适中的面积组合形成建筑组群，方便使用和物业管理，柱网均为7.8m，层高均为4.5m，提供较好的使用舒适性，兼顾经济性，亦方便室内装修品质和办公体验提升。立面以简洁、标准的线条勾勒标准化、简单化的工业化风格，以较低投入实现较稳妥的整体形象，利用PKPM-BIM建筑模块，进行建筑精细化模型的建立，对实现的效果进行推敲修改、成果输出。

（2）经过模型的集成与专业协同碰撞检查后，进行平面图、立面图、剖面图等图纸的输出。

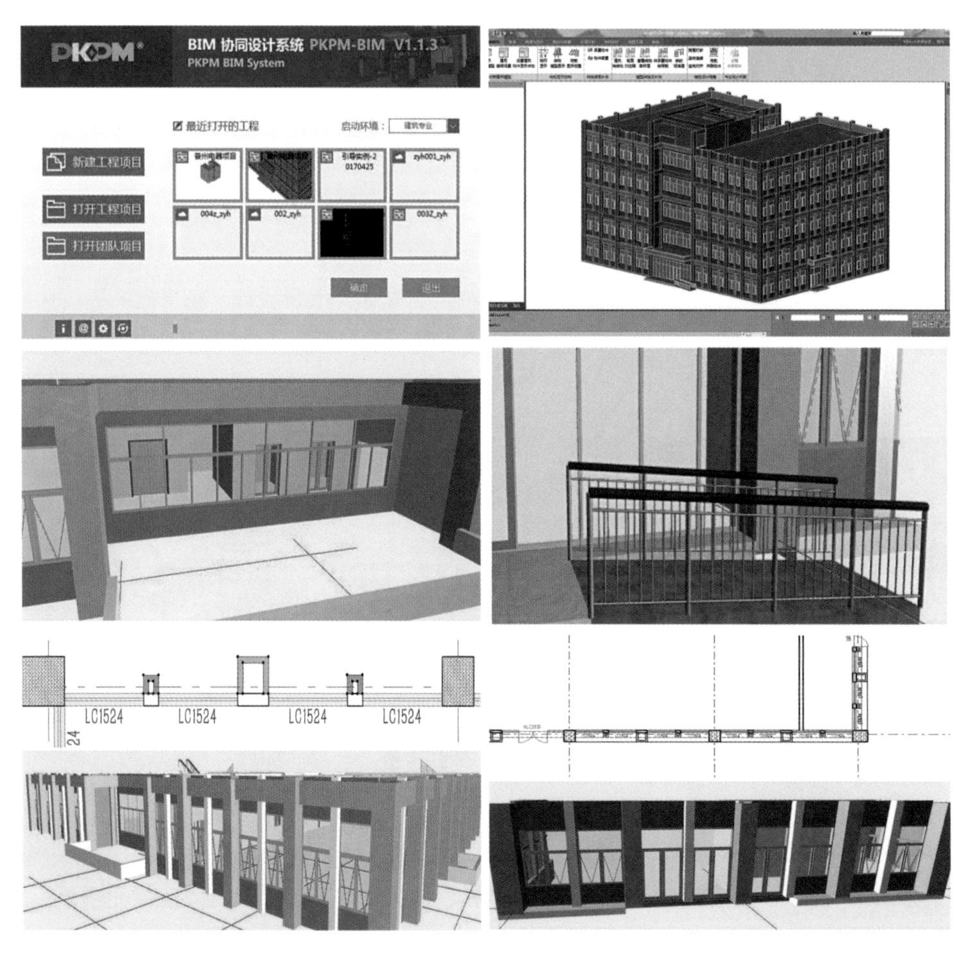

图7 PKPM-BIM建筑模块建模图

图8　现场立面效果

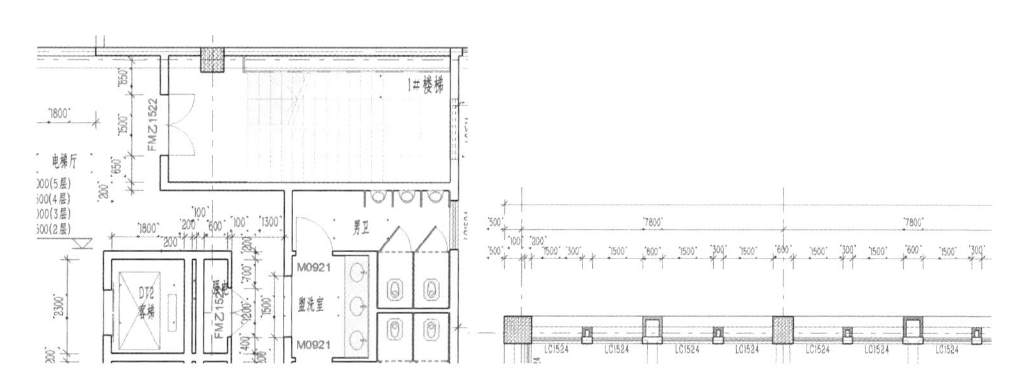

图9　建筑平面图（局部）

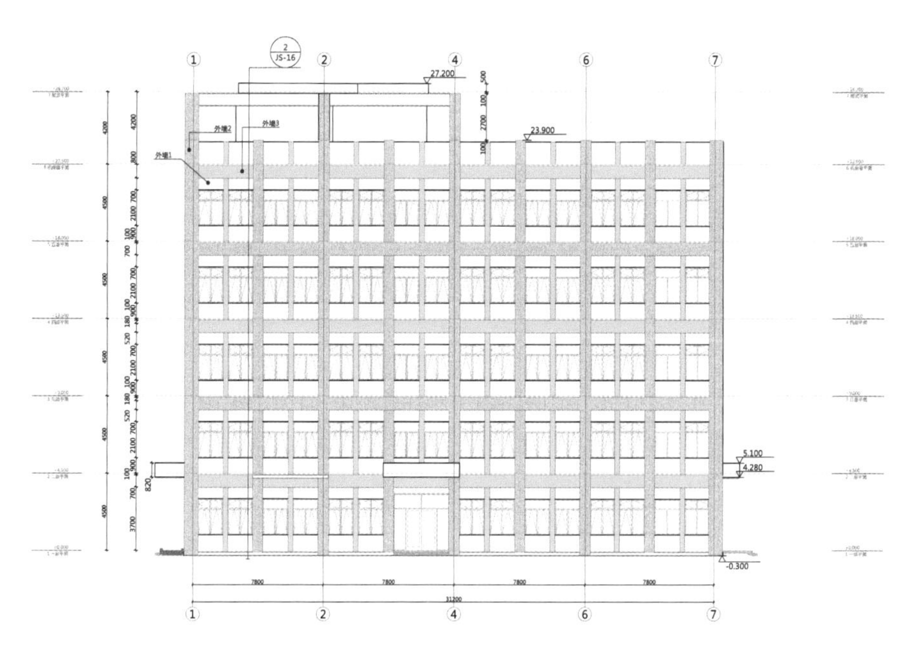

图10　建筑立面图

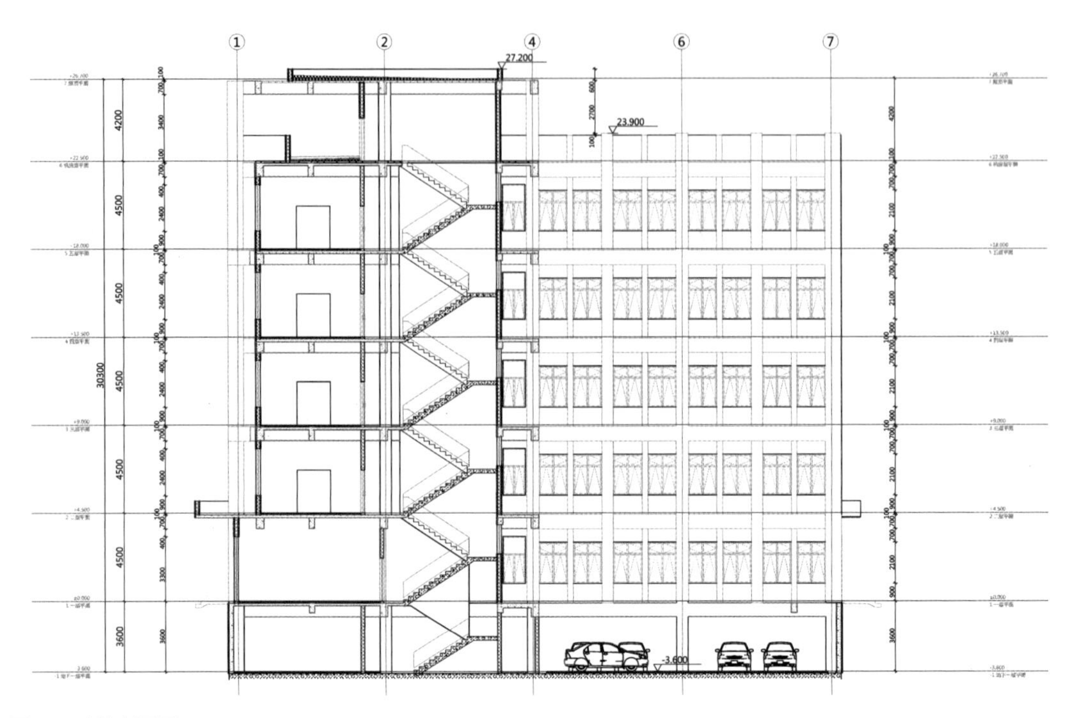

图11　建筑剖面图

（3）为精细化控制成本，通过软件进行了建筑面积与工程量的详细统计，以此指导项目预算的确定。

[11 房间面积统计]

标题选项　冻结清单标题　已选择的：0　可编辑的：0　方案设置...

房间面积统计									
楼层	房间号	房间名	净面积(M2)	房间体积(M3)	窗面积	门面积	门总宽(mm)	墙周长	墙面面积(M2)
一层									
	004	厂房	625.28	7715.67	90.24	14.86	5100	87100	255.78
	005	2#楼梯	20.11	353.91	16.56	4.95	1500	30300	102.72
	005	厂房	445.00	7715.61	90.24	13.86	4800	86300	248.97
	006	1#楼梯	35.00	563.65	2.10	6.82	3100	24400	86.66
	007	DT2 客梯	4.14	73.28	0.00	4.62	2200	14600	58.58
	008	DT1 客梯	5.22	86.02	0.00	4.62	2200	16200	61.88
	009	强电	1.38	24.43	0.00	5.04	2400	11000	43.42
	010	弱电	1.74	25.13	0.00	5.04	2400	11300	44.66
	011	洗手间	26.91	476.31	5.76	6.60	3000	22100	78.58
	012	电梯厅	62.45	997.67	0.00	32.74	15300	42000	144.13
	013	3#楼梯	22.17	353.91	16.56	4.95	1500	30300	110.02

图12　建筑面积统计表

结构专业

结构专业最大化增加标准化的构件和连接应用，减少构件规格，简化连接复杂性，框架柱只有600×800、600×600两种规格，且纵筋布置和精确定位统一，框架主梁均为400×700，次梁均为300×500，梁的钢筋定位与数量统一确定，框架梁端部底筋部分截断不进入支座，次梁端部采用钢牛腿，现场作临时支撑，梁柱节点的钢筋布置通过BIM碰撞检查，精细避让，同时框架梁底筋采用

[05 墙体统计]

标题选项

冻结清单标题

墙体统计								
楼层	墙砌体材料	厚度	高度	外表面材质	内表面材质	外表面积	内表面积	体积(M3)
一层								
	非承重-混凝土砌块砖	100	4500	001-内墙-涂料-白色	001-内墙-涂料-白色	42.87	42.87	4.27
	非承重-混凝土砌块砖	200	4500	001-内墙-涂料-白色	001-内墙-涂料-白色	379.07	368.56	74.38
	非承重-混凝土砌块砖	200	4800	001-内墙-涂料-白色	001-内墙-涂料-白色	314.12	380.74	69.47
	非承重-混凝土砌块砖	600	300	101-外墙-涂料-白色	101-外墙-涂料-白色	42.69	42.69	25.61

图13　建筑工程量统计图

可调式机械套筒连接，杜绝了现场的钢筋碰撞调整问题，大大加快了现场的节点处理效率。楼板全部采用密拼的单向叠合板，实现了免模板少支撑的楼盖效果，后期装修时板底免抹灰，降低了施工费用，也简化了装修。

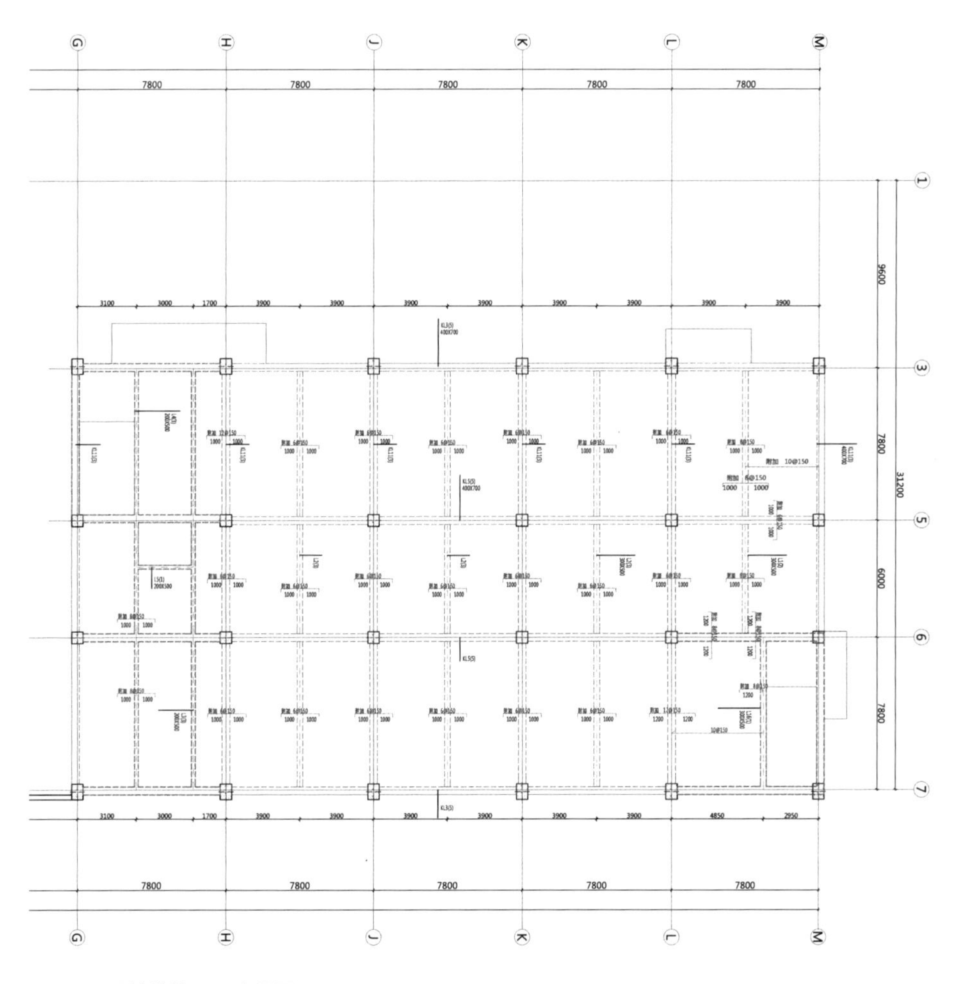

图14　1号楼结构平面布置图

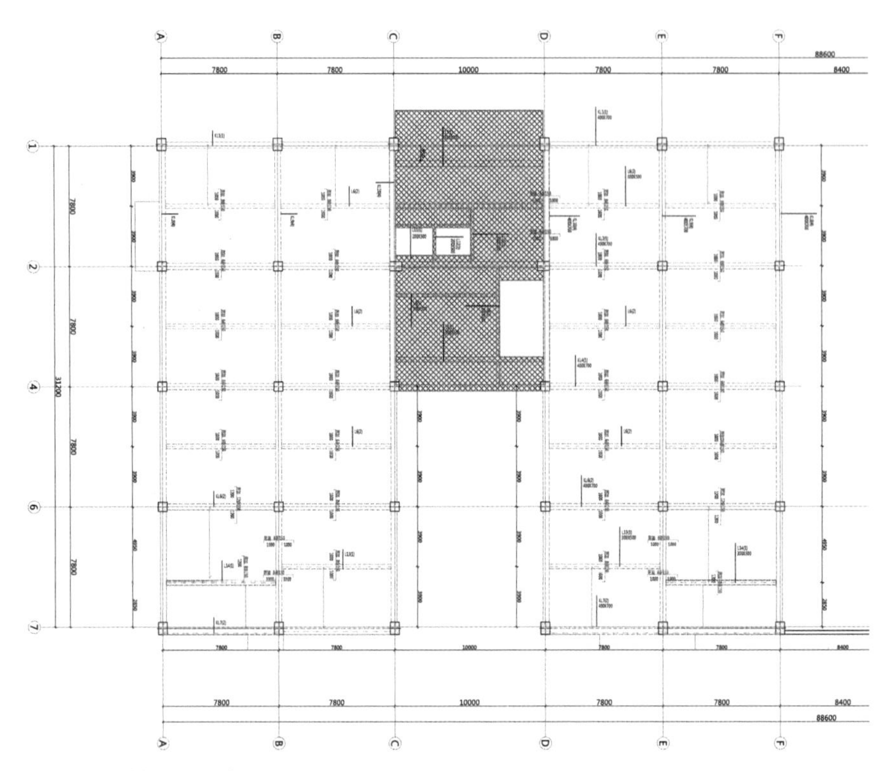

图15　2号楼结构平面布置图

设备专业

建筑专业利用PKPM-BIM机电模块，建立精细化模型，进行管道的净空优化、碰撞检查、工程量统计。

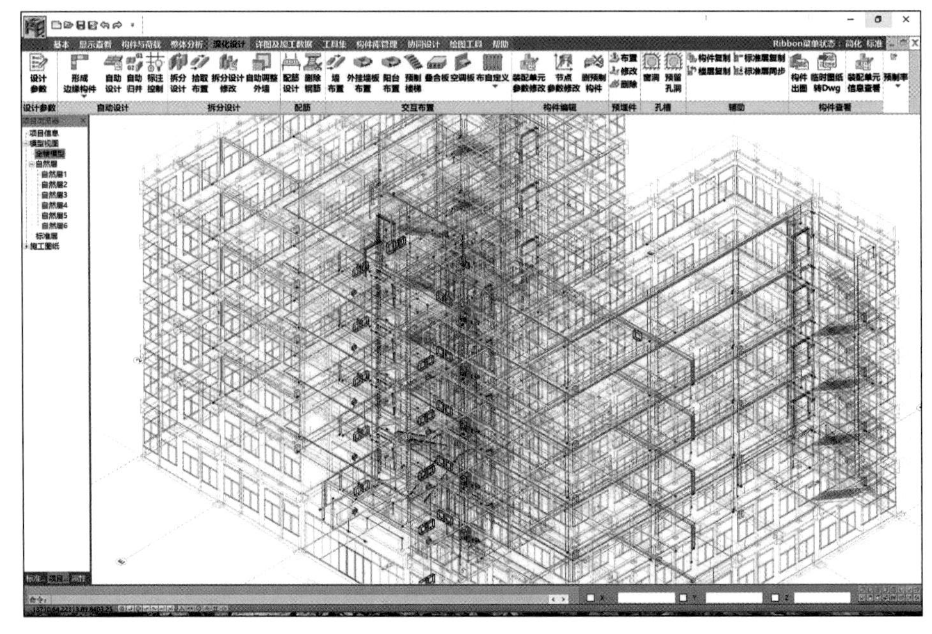

图16　机电总模型图

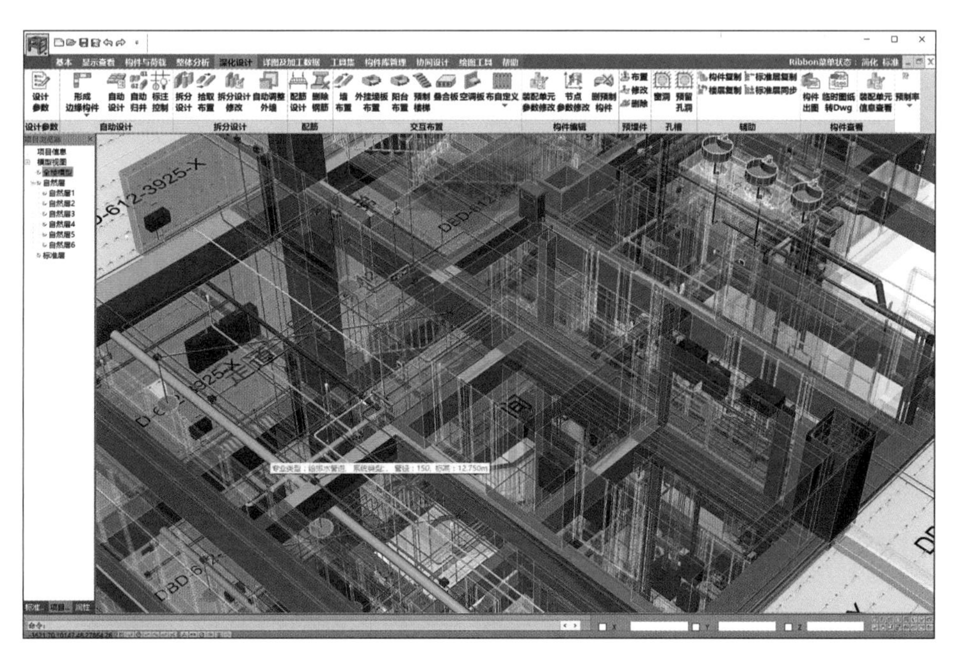

图17　机电模型局部图

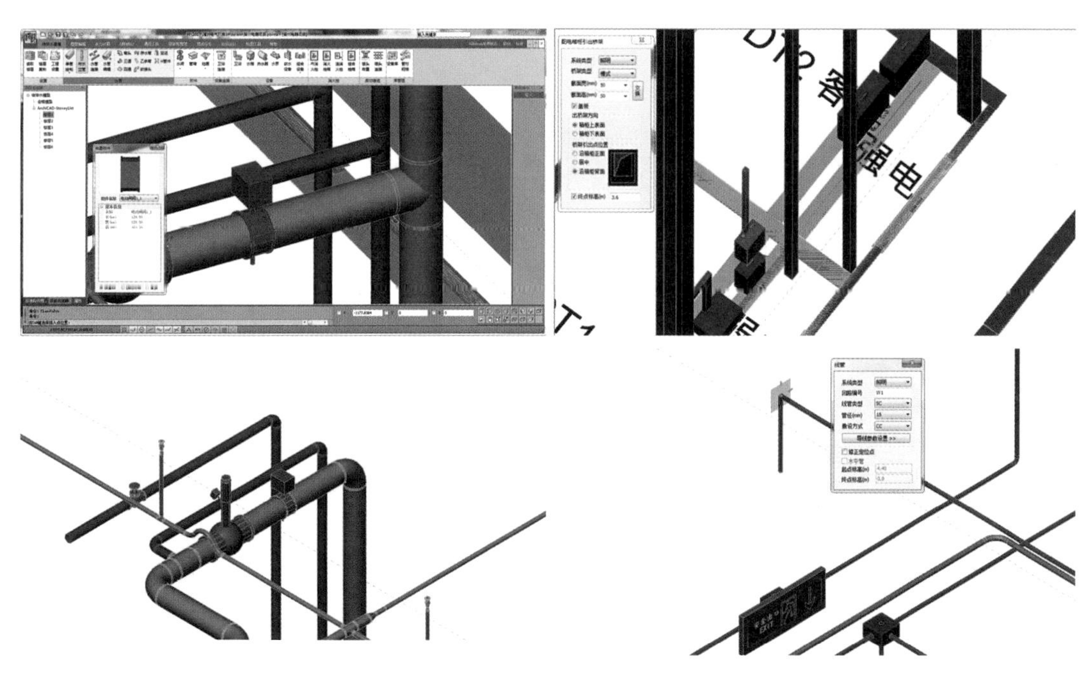

图18　机电模型细节图

装配式专项设计

建立了装配式结构及深化设计精细化模型，精确统计预制构件的体积和重量，指导预制率和装配率的计算，形成精确的各个预制构件模型，进一步进行各个专业与构件、钢筋级别的碰撞检查，直接生成构件生产图纸。

材料设备统计表

序号	名称	型号规格	单位	数量	备注
1	BV	20mm	米	321.802	
2	BV	15mm	米	5717.248	
3	BV	50mm	米	5.576	
4	槽式桥架	200mm×200mm	米	67.500	
5	槽式桥架	100mm×100mm	米	48.657	
6	槽式桥架	50mm×50mm	米	372.389	
7	线管弯头	20mm-20mm	个	102	
8	桥架槽式内直角外直角弯通	50×50mm-50×50mm	个	9	
9	双弧型风管乙字弯	100×100mm-100×100mm	个	1	
10	线管弯头	15mm-15mm	个	1175	

图19 机电工程量统计表

（1）利用PKPM-BIM平台由建筑模型直接转换为结构模型，进行结构计算。

（2）利用PKPM-BIM平台建立PC深化模型。

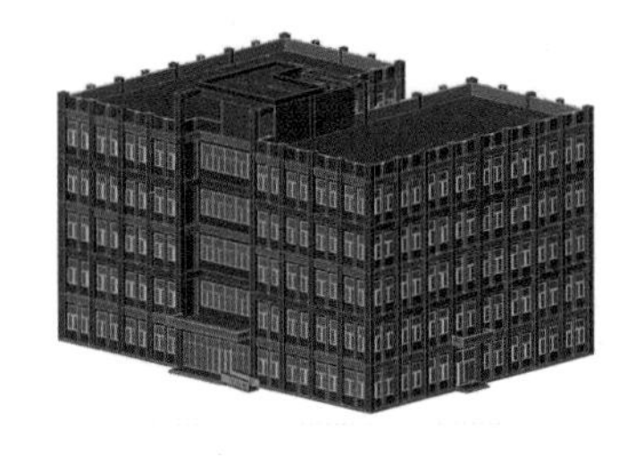

（a）建筑模型

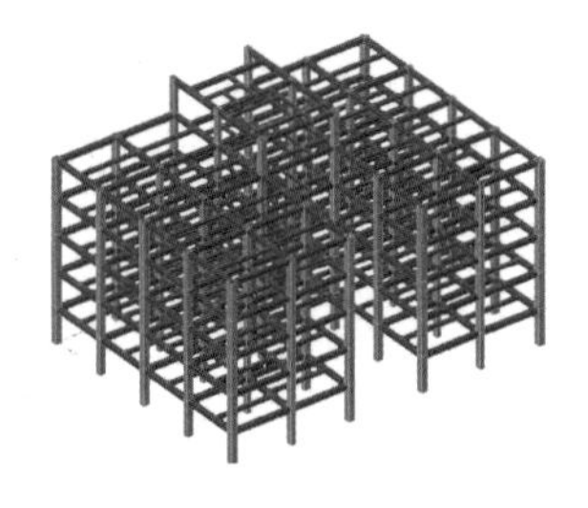

（b）结构模型　　（c）结构计算模型

图20 模型转化图

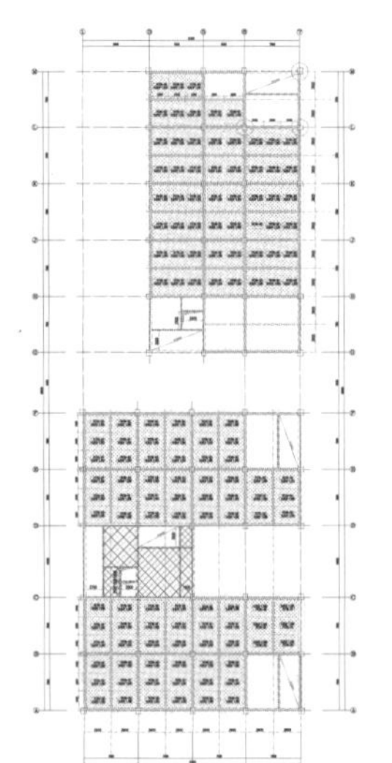

图21 装配式精细化模型图

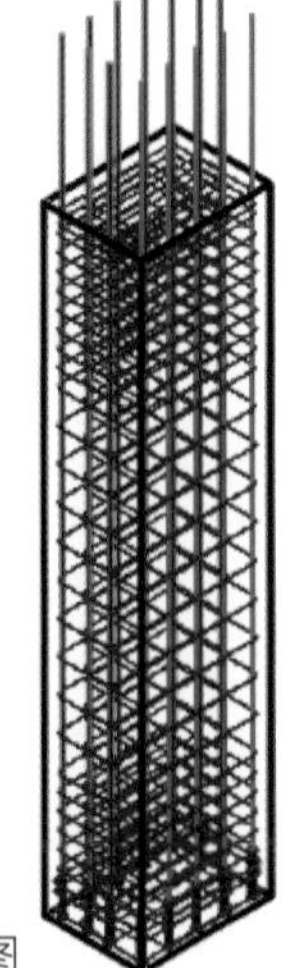

图22 柱精细化模型图

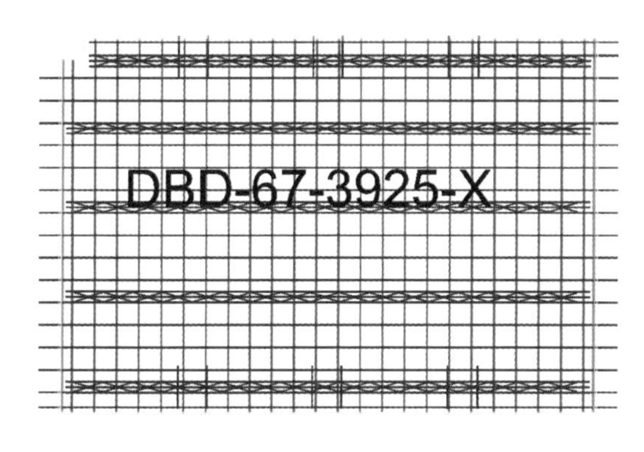

图23　板精细化模型图

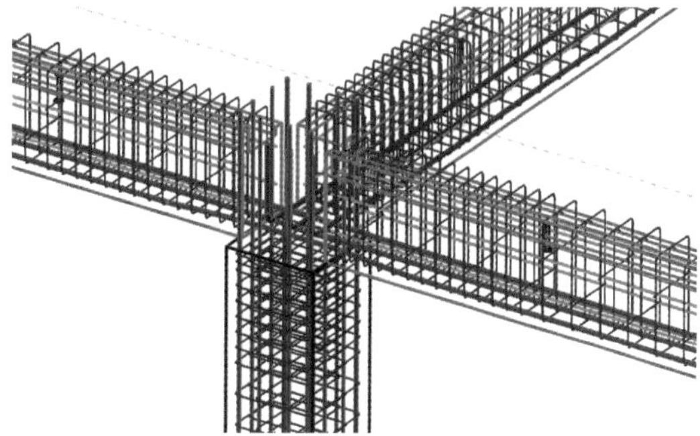

图24　节点精细化模型图

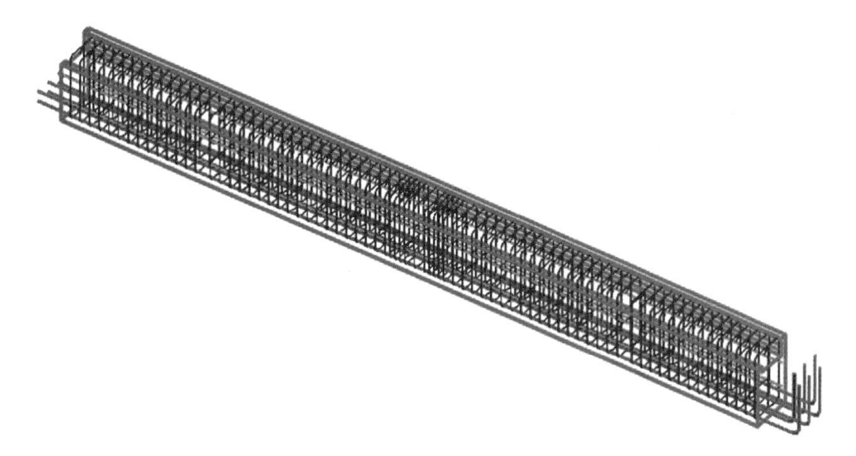

图25　梁精细化模型图

（3）节点设计模型精细化设计。

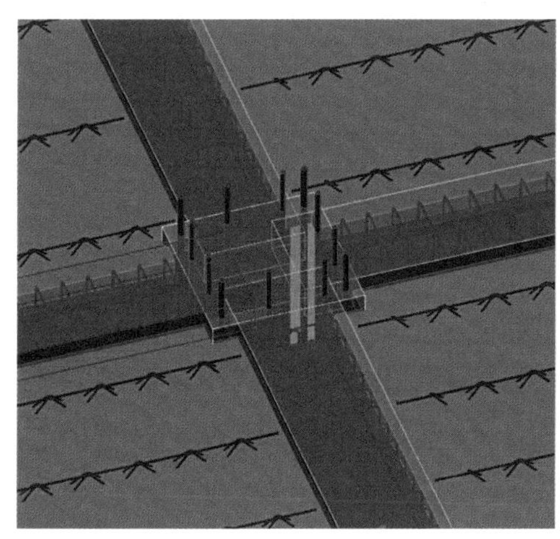

图26　节点精细化模型图与现场实际情况

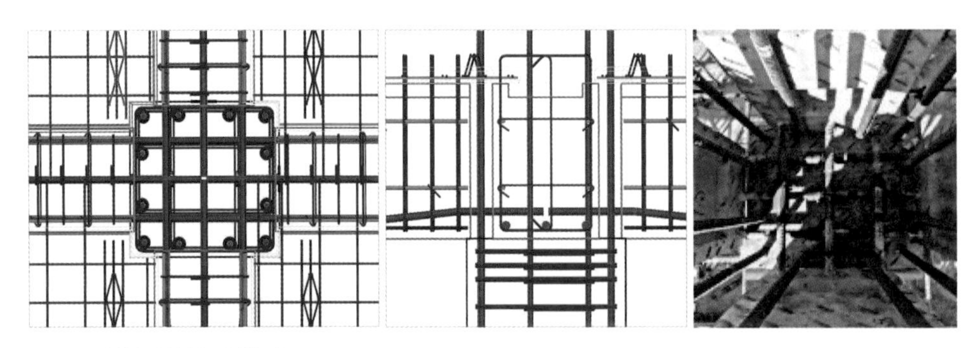

图27　中柱梁柱精细化模型图

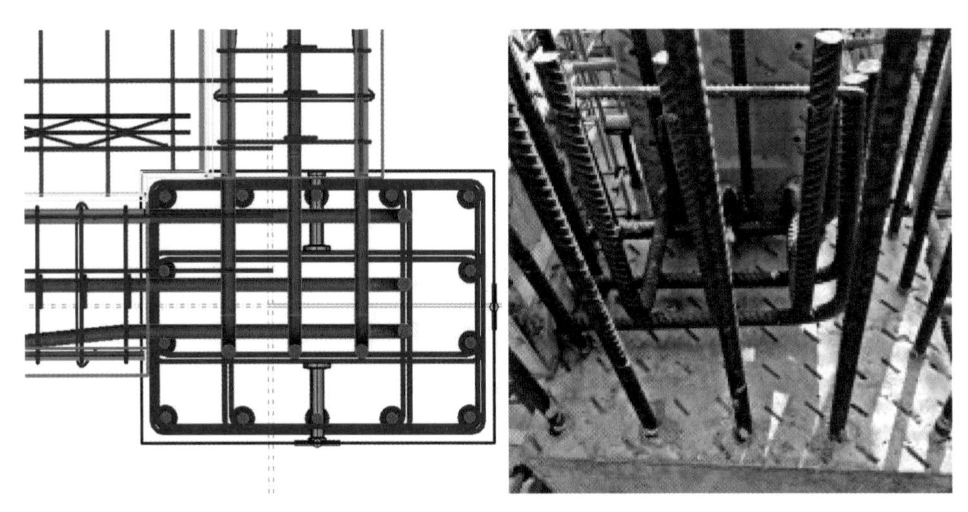

图28　角柱梁柱精细化模型

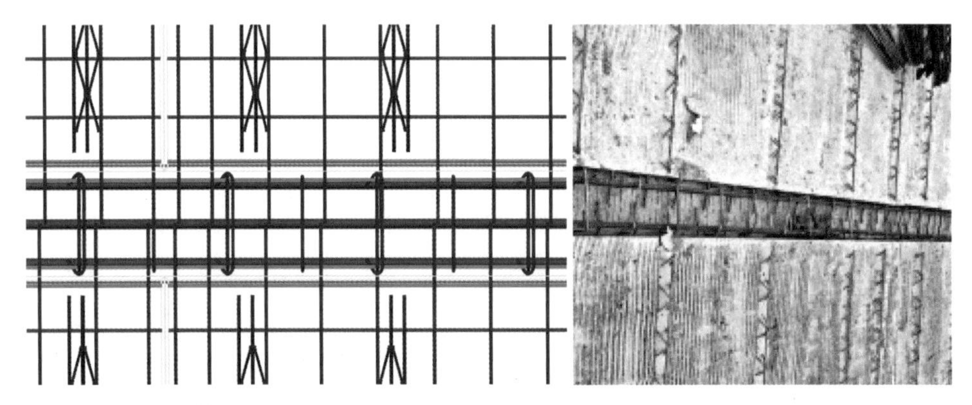

图29　梁板精细化模型图

（4）采用新型节点—可调组合钢筋连接套筒新技术，便于构件加工及安装。

可调组合钢筋连接套筒具有钢筋连接补偿功能和丝距可无级调整功能，不同心或同心度差可克服并能调整，不会产生材变和应力，连接质量可靠稳定，可在同一截面做连接。套筒安装在构件上，随构件运输到现场，构件吊装就位后，先手工旋转套筒，然后用管钳之类的工具安装达到扭力值即可。

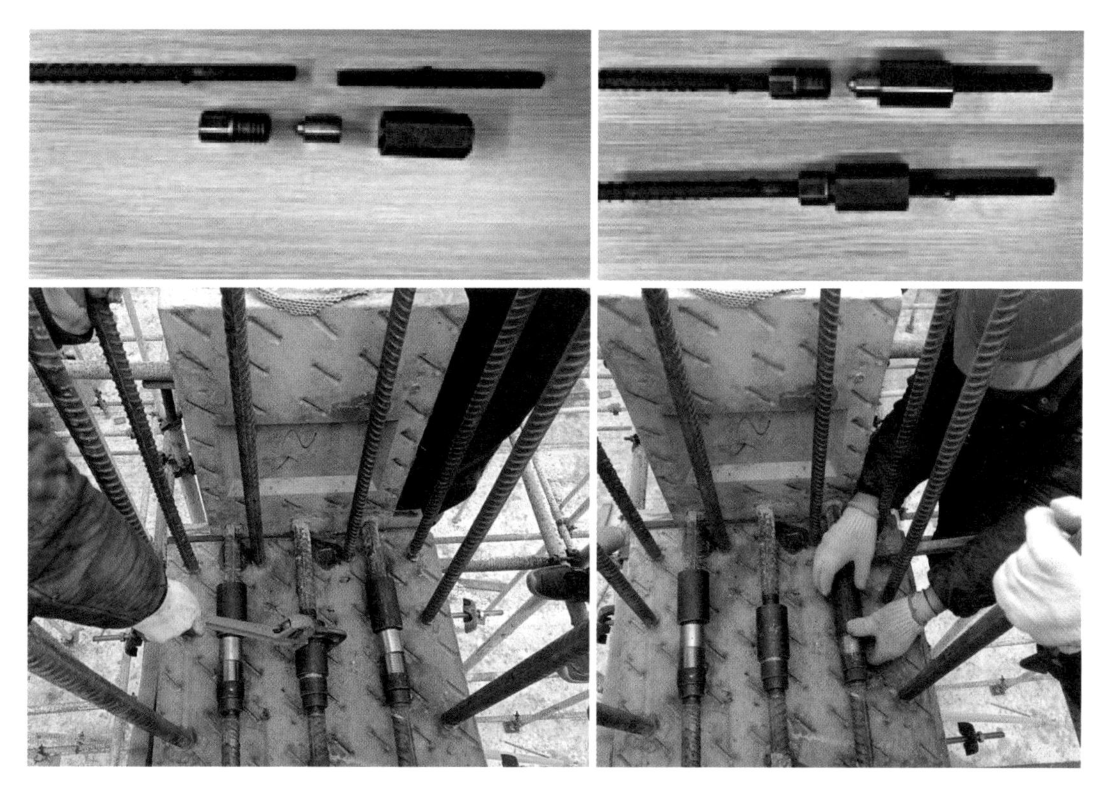

图30　可调组合钢筋接头

（5）图纸输出。

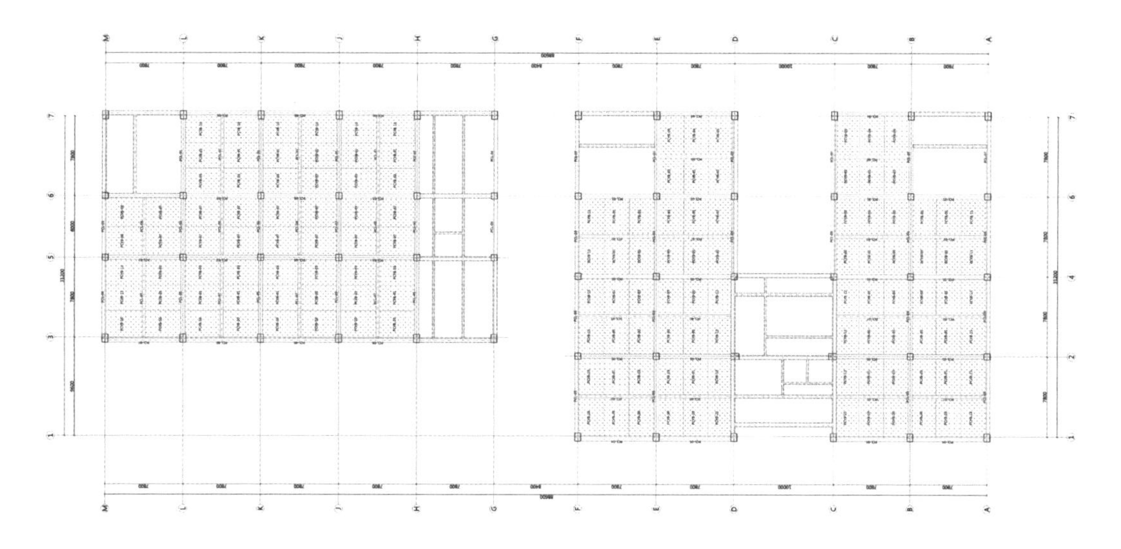

图31　预制构件平面布置图输出图

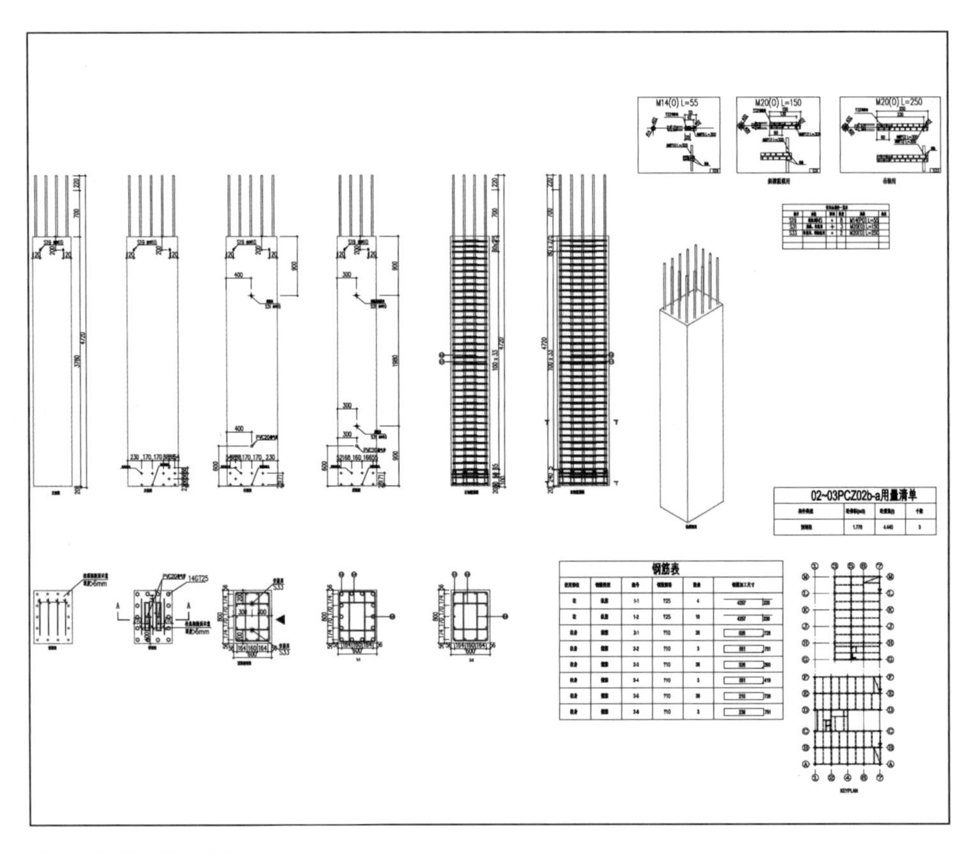

图32　预制柱详图输出图

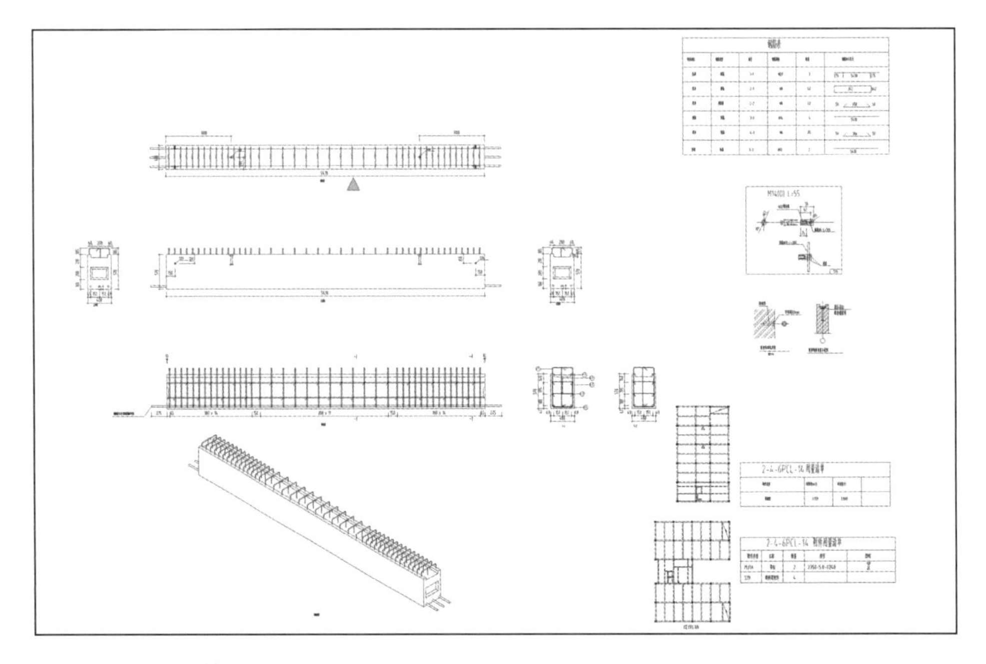

图33　预制梁详图输出图

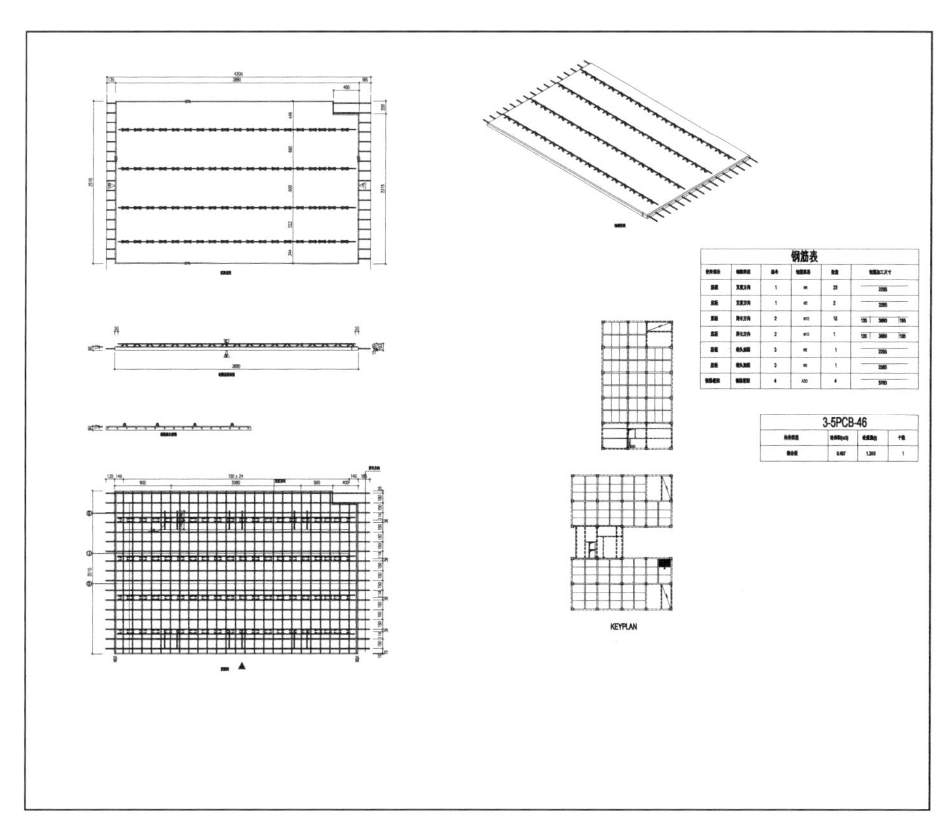

图34 预制板详图输出图

（6）工程量统计。

装配式建筑算量

钢筋统计结果汇总表

类别	项目	HPB300		HRB335			HRB400									合计
		6	10	10	20	25	6	8	10	12	14	20	25	28	32	
叠合板	长度(m)	6229.87						26772.40								33002.27
	质量(kg)	1382.74						10563.96								11946.70
柱	长度(m)			932.24	1444.18	1056.72		3524.62	4937.82				457.91			12353.50
	质量(kg)			574.76	3561.57	4071.92		1390.76	3044.35				1764.50			14407.87
梁	长度(m)						1148.93	8614.92	352.01	86.52	1831.20	136.20	528.26	1651.11	522.87	14872.03
	质量(kg)						255.01	3399.31	217.03	76.81	2212.85	335.88	2035.59	7980.91	3301.07	19814.46
楼梯板	长度(m)						0.00	199.24	61.48	31.31						292.03
	质量(kg)						0.00	78.62	37.91	27.80						144.32
合计	长度(m)	6229.87	0.00	932.24	1444.18	1056.72	1148.93	39111.18	5351.31	117.83	1831.20	136.20	986.17	1651.11	522.87	60519.83
	质量(kg)	1382.74	0.00	574.76	3561.57	4071.92	255.01	15432.65	3299.28	104.61	2212.85	335.88	3800.09	7980.91	3301.07	46313.35
柱	长度(m)		106.34	925.54	1479.41	1012.69		3524.62	4776.41				449.11			12274.11
	质量(kg)		65.56	570.63	3648.44	3902.26		1390.76	2944.83				1730.57			14253.06
梁	长度(m)						1142.48	8649.28	358.81	86.52	1831.20	136.20	533.88	1665.59	521.73	14925.70
	质量(kg)						253.58	3412.87	221.22	76.81	2212.85	335.88	2057.25	8050.88	3293.88	19915.22
合计	长度(m)	0.00	106.34	925.54	1479.41	1012.69	1142.48	12173.90	5135.22	86.52	1831.20	136.20	982.99	1665.59	521.73	27199.81
	质量(kg)	0.00	65.56	570.63	3648.44	3902.26	253.58	4803.63	3166.06	76.81	2212.85	335.88	3787.82	8050.88	3293.88	34168.27
叠合板	长度(m)	6229.87						26772.40								33002.27
	质量(kg)	1382.74						10563.96								11946.70
柱	长度(m)			932.24	1444.18	1056.72		3524.62	4937.82				457.91			12353.50
	质量(kg)			574.76	3561.57	4071.92		1390.76	3044.35				1764.50			14407.87
梁	长度(m)						547.21	4576.58	352.01	86.52	850.56	136.20	133.02	1428.68	202.07	8312.86
	质量(kg)						121.46	1805.85	217.03	76.81	1027.83	335.88	512.57	6905.75	1275.71	12278.89
楼梯板	长度(m)						0.00	199.24	61.48	31.31						292.03
	质量(kg)						0.00	78.62	37.91	27.80						144.32
合计	长度(m)	6229.87	0.00	932.24	1444.18	1056.72	547.21	35072.85	5351.31	117.83	850.56	136.20	590.93	1428.68	202.07	53960.65
	质量(kg)	1382.74	0.00	574.76	3561.57	4071.92	121.46	13839.19	3299.28	104.61	1027.83	335.88	2277.07	6905.75	1275.71	38777.78
柱	长度(m)		106.34	925.54	1479.41	1012.69		3524.62	4776.41				449.11			12274.11
	质量(kg)		65.56	570.63	3648.44	3902.26		1390.76	2944.83				1730.57			14253.06
梁	长度(m)						507.77	4418.08	358.81	86.52	793.14	136.20	137.52	1393.73	202.08	8033.85
	质量(kg)						112.70	1743.30	221.22	76.81	958.45	335.88	529.91	6736.81	1275.77	11990.87
合计	长度(m)	0.00	106.34	925.54	1479.41	1012.69	507.77	7942.70	5135.22	86.52	793.14	136.20	586.63	1393.73	202.08	20307.96
	质量(kg)	0.00	65.56	570.63	3648.44	3902.26	112.70	3134.06	3166.06	76.81	958.45	335.88	2260.48	6736.81	1275.77	26243.92
叠合板	长度(m)	6229.87						26772.40								33002.27

图35 工程量统计表

室内设计

考虑各单体及各层的使用功能灵活性，项目对公共部位进行了统一装修，对内部研发办公使用部分进行了初步处理，结合具体使用要求单独装修，公共部位的装修在建筑方案设计时就介入，对空间效果、净高控制、材料选择、机电预留做了集成模拟，保住了后期的可实施性和整体效果。

图36　大堂部位的统一装修

图37　研发办公部分的单独装修

构件生产

预制构件工厂集中生产，对于柱，严格控制出筋定位精度和伸出长度，确保套筒连接准确可靠；对于梁，主要保证梁端部底筋伸出精度和适配的可调式机械连接的装配可靠性，做好配件的成套完整，方便现场施工安装。

图38　预制柱生产

图39　预制楼梯生产

图40　预制梁进场，底筋安装好连接套筒

4　设计方案比选与工艺协调

主要利用PKPM-BIM对项目的设计方案进行数字化仿真模拟，进一步建立建筑模型，进而利用价值工程原理，结合功能、规范、目标造价要求，对功能布置、建筑材料及工程工艺进行针对性优化，有效降低成本，达到选择最优的工程设计方案。

建筑比选与调整

（1）立面及功能调整。

考虑装配式建筑特点，建筑立面由如下左图调整为如下右图形式，弧角调整为直角，材料做法做全面优化，电梯根据功能由2部电梯调整为1部。

（a）优化前　　（b）优化后

图41　立面优化前后对比图

（2）柱网合理性调整。

为适应装配式建筑的标准化、模数化设计，将柱网进行了优化调整，调整后柱网仅有一跨为6m，其他柱网均为7.8m。

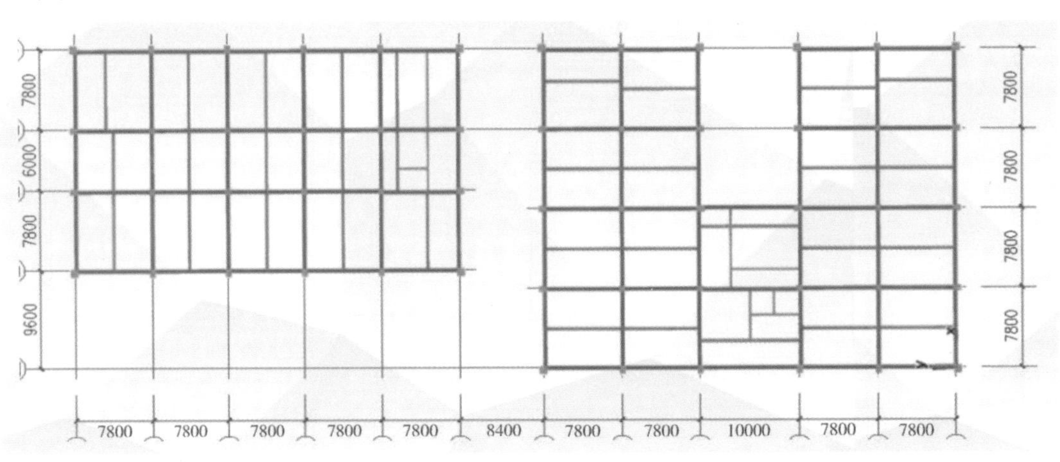

图42　柱网优化图

结构专业比选与调整

（1）截面简化。

为适应装配式建筑的标准化、模数化设计，结构布置进行了全面简单化、合理化设计：①充分利用板的承载力，将原有的十字梁布置改为单向次梁设计，②主次梁截面进行了统一设计，主梁统一为400mm × 700mm，次梁统一为300mm × 500mm，③柱截面进行了统一：角柱满足建筑立面设计要求，柱截面为600mm × 800mm，其他柱为600mm × 600mm。

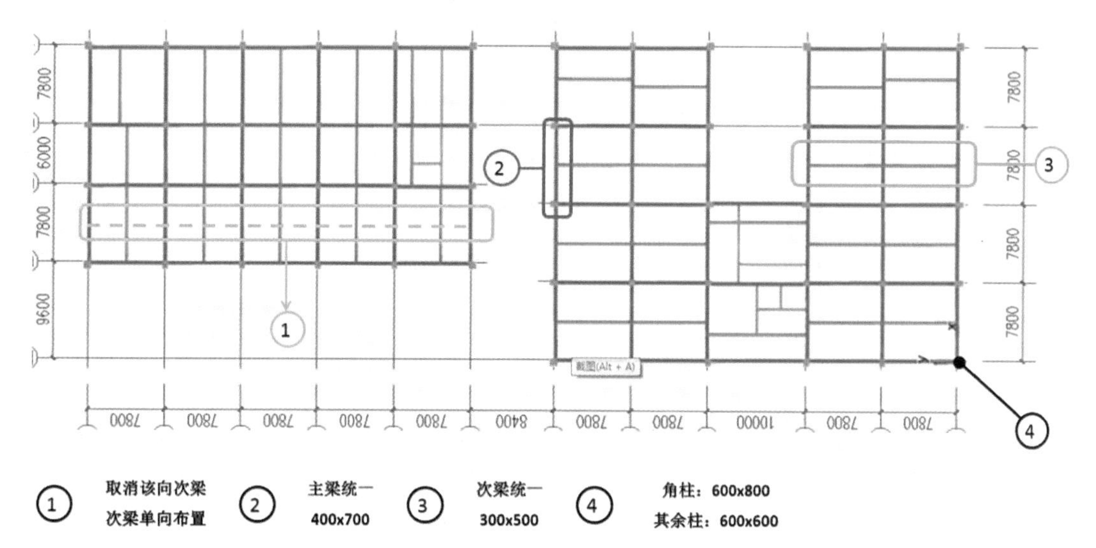

图43　截面优化图

（2）合理化配筋。

为方便施工安装，梁配筋进行全面优化，如梁底钢筋满足抗震规范构造要求的情况下，采用大直径大间距的做法，梁端在满足规范的上下面积比要求和计算值情况下，适当截断部分纵筋不进入支座，简化节点连接难度。

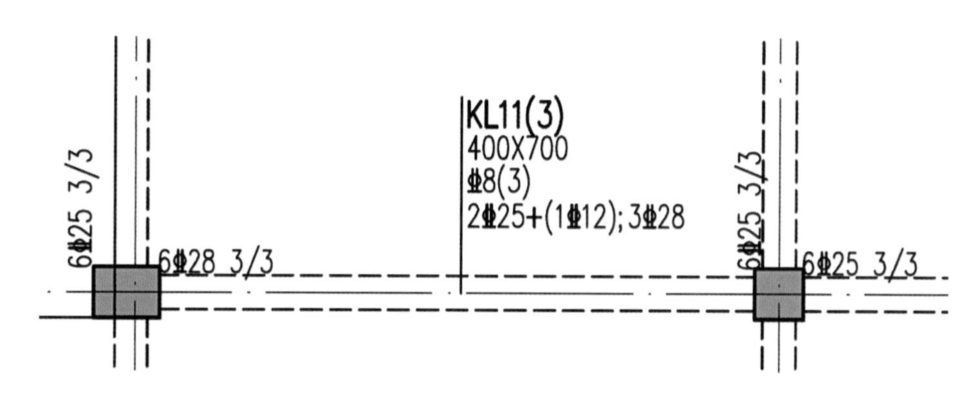

图44　梁配筋图

（3）装配式节点连接简化。

根据以前项目经验及施工调研、反馈，在装配式建筑节点连接方面进行改进：①次梁端部连接采用钢牛腿方式，②考虑建筑功能为厂房，楼板采用了标准化的密拼单向叠合板设计，让构件生产及安装更加简单高效。

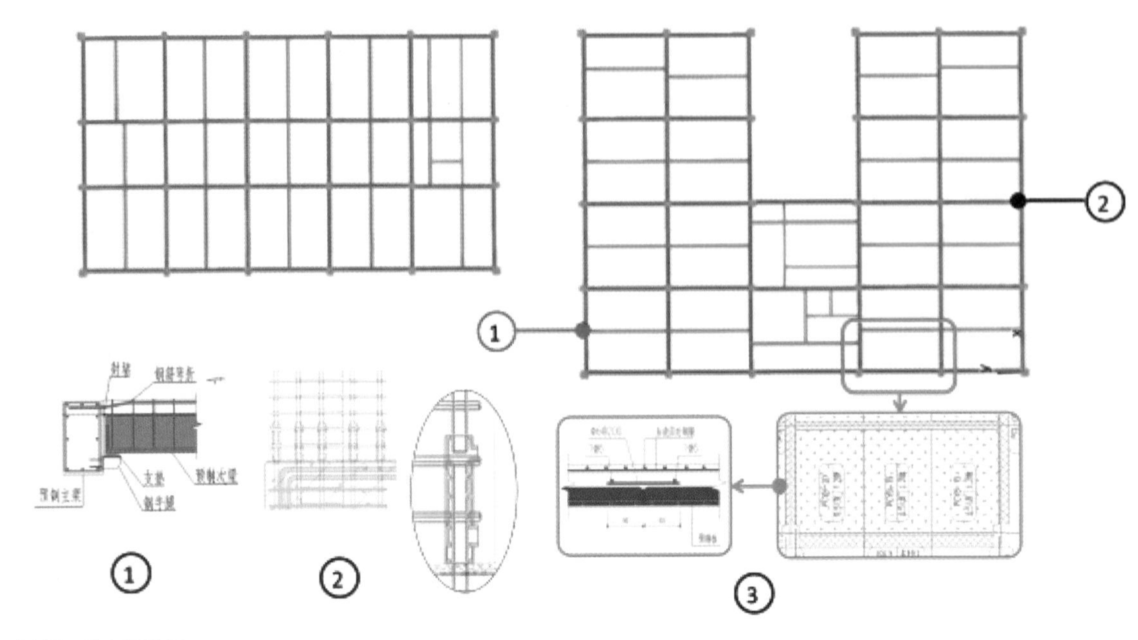

图45　节点优化图

图46　次梁端部采用钢牛腿、楼板采用密拼叠合板的建成效果

施工工艺合理化调整

在基坑开挖时，通过比较3种开挖方式：（1）四周均做搅拌桩围护；（2）一边搅拌桩、三边放坡；（3）一边搅拌桩、三边半放坡，以选取最优的一种方案，减少搅拌桩使用量，合理利用场地，降低成本。

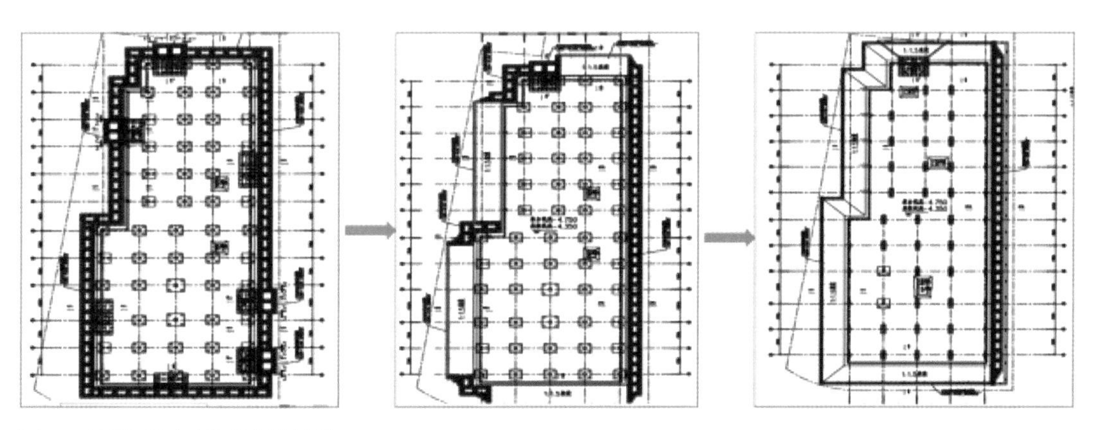

图47 基坑围护方案比选调整过程

图48 基坑部分搅拌桩围护、部分放坡，降低成本

对PC构件吊装方案工效进行优化分析，针对一台塔式起重机与两台塔式起重机的规格、构件吊装数量、吊装作业面分配、使用成本等方面进行了对比，通过平衡工期与成本，最终选择了两台TC6515塔式起重机，保证了构件吊装效率，同时降低了综合成本。

图49　施工过程图

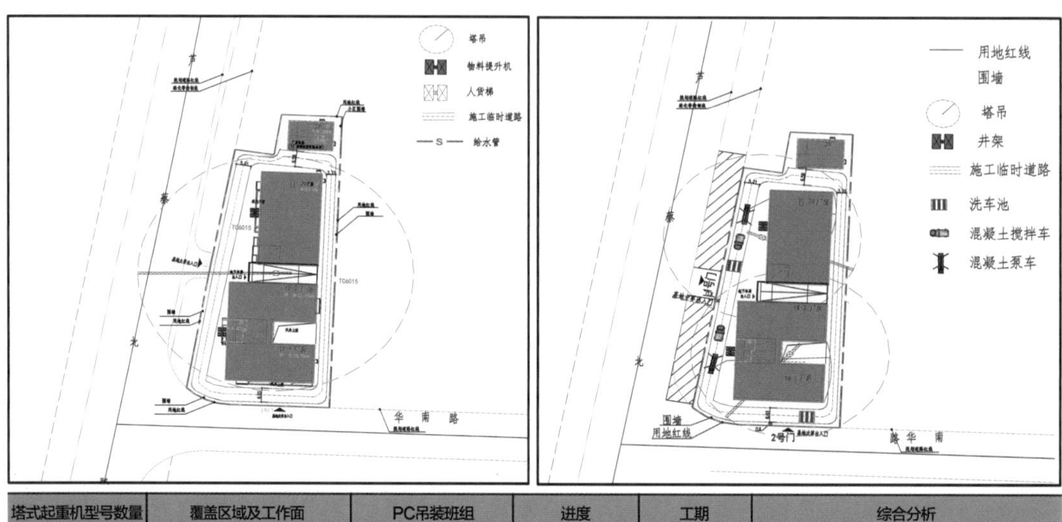

塔式起重机型号数量	覆盖区域及工作面	PC吊装班组	进度	工期	综合分析
TC6015/2台	1台/1号楼 1台/2号楼	2个PC安装班组	7d/层	35d	增加塔式起重机数量，增加施工吊装作业面，提升施工工效，缩短工期，综合成本降低
	2个工作面	平行施工			
TCT7032/1台	1台/1号、2号楼	1个PC安装班组	10d /层	60d	塔式起重机数量减少，需流水搭接施工，效率不高综合成本增加
	1个工作面	流水施工			

塔式起重机型号	进出场费	基础节预埋费	塔式起重机基础费	租赁费	塔式起重机司机费用	使用周期	总成本费用
TC7032	60000	10000	30000	60000×4	16000×4	4个月	404000
TC6515	35000×2	8000×2	16000×2	25000×2×3	16000×2×3	3个月	364000

图50　预制构件吊装工效对比

5 实施装配式EPC的管理效果

（1）节约造价：装配式结构可节省现场支模，脚手架等施工措施费，当仅考虑结构中框架构件混凝土量及钢筋用量时，与现浇结构方案相比，竣工结算费用可减少34.41元/m^2，如下图所示：

分部分项工程				
项目		装配式结构结算	现浇结构计算	装配式结构与现浇结构差值
	混凝土	61.63	113.95	-52.32
	钢筋	106.59	186.54	-79.95
构件		489.07	0.00	**489.07**
小计		657.28	300.48	**356.80**
措施费用				
模板		61.84	127.82	-65.98
脚手架		35.77	47.69	-11.92
垂直运输		58.98	35.07	**23.90**
安全文明措施费		23.33	10.67	**12.67**
其他措施费		12.75	5.83	**6.92**
小计		192.67	227.08	-34.41

图51 装配式方案与现浇方案成本对比

（2）节能环保：外立面承重柱突出造型，节省装修，2号南侧增设玻璃天窗，增加采光，减少机械送风。

图52 地下车库局部利用下沉庭院及采光天窗减少设备使用

（3）降低综合成本：利用价值工程原理，发挥设计主导作用，对功能布置，建筑材料和工艺进行优化，有效降低管理成本。

6 小结

项目作为上海市第一个以设计牵头的EPC工程设计，充分发挥顶端设计优势，全周期中深度融合PKPM-BIM技术，运用一体化思维进行精细化集成设计及全程设计优化。

方案阶段考虑装配式建筑特点，对外立面及轴网进行优化；结构布置考虑装配式建筑的标准化、模数化设计，同时优化配筋和节点。施工图阶段建立建筑、结构、给水排水、暖通、电气等专业BIM协同模型，进行碰撞检查、三维管线综合、竖向净空优化，形成施工图设计阶段的全专业BIM模型和二维设计图纸。通过采用自主BIM平台和EPC工程总承包模式，实现了项目的协同管理，成本优化，有效提高了工程效益和质量。

后期还将继续通过面向装配的设计，更加深度地利用BIM信息化手段，事先更深入的考虑生产、施工工艺要求，预留减少工序的配套部件和措施，提升工程体验，真正实现装配式建筑减少人工、节省工期、提升品质的初心。

团队合影

项目小档案

项 目 名 称：上海普洲电器有限公司新建厂房项目
项 目 地 点：上海市青浦区南桥新城华新工业园区08-15 地块（D-5-8）
开 发 单 位：上海普洲电器有限公司
设 计 单 位：上海中森建筑与工程设计顾问有限公司
施 工 单 位：江苏南通二建集团有限公司
生 产 单 位：上海大禹预制构件有限公司
设 计 团 队：
项目总负责人：李新华
建 筑：汤小舟 吴 川 沈明远 刘 胜 戴景干等
结 构：李新华 谭 刚 陆建明 顾韵宇 邱令乾 马海英 初文荣等
机 电：赵志刚 吴 祥 黄丽霞等
项 目 管 理：马立群 徐 洋
整 理：邱令乾 于洪平

专家点评

装配式建筑具有构件质量好、建筑品质高、节约人工、节能减排、绿色环保等突出优势，是实现我国传统建筑产业转型升级的重要途径之一。在装配式建筑的建造过程中，通过采用EPC工程总承包模式，整合产业链上下游资源，有利于促进相关技术的体系化应用，并实现精细化管理，进一步发挥装配式建筑的综合技术优势。

上海普洲电器有限公司新建厂房项目位于上海市青浦区南桥新城华新工业园区08-15地块，包括1号、2号和3号厂房等，地上总建筑面积为10707.82m^2，地下建筑总面积为2655.30m^2。该项目的1号和2号楼采用了装配整体式混凝土框架结构体系，预制构件包括预制柱、预制梁、预制板、预制楼梯等，单体预制装率不低于40%。该项目设计集成度高，采用BIM平台进行设计，并采用了EPC工程总承包模式。该项目充分发挥设计主导作用，通过精细化设计，进一步增强了预制构件的标准化和模数化程度，降低了预制构件生产成本。此外，通过对节点与钢筋连接方案的优化，提高了总体施工效率和工程建设质量。

上海普洲电器有限公司新建厂房项目由上海中森建筑与工程设计顾问有限公司设计，是上海市第一个以设计牵头的EPC工程，并已列为“十三五”国家重点研发计划绿色建筑及工业化重点专项的示范工程。经评估，该项目的设计效率提升超过40%。该项目的成功实践为相关工程项目提供了很好的示范。

点评专家

薛伟辰

同济大学教授，现代预应力/预制结构研究室主任，教育部长江学者特聘教授，国家“万人计划”科技创新领军人才，上海市优秀学术带头人，享受国务院政府特殊津贴。长期从事现代预应力结构和预制混凝土结构研究。现任中国建筑学会工业化建筑学术委员会副理事长、中国复合材料学会土木工程复合材料分会副理事长兼秘书长、中国工程建设标准化协会城市地下综合管廊工作委员会副主任委员、中国勘察设计协会建筑产业化分会副会长、上海市土木工程学会预制混凝土结构专业委员会主任、上海市建筑学会工业化建筑专业委员会主任等。主要成果获国家科技进步一等奖、教育部科技进步一等奖和上海市科技进步一等奖。主编国家、协会、地方标准20余部。发表论文300多篇，其中SCI、EI论文150余篇。

华阳国际设计集团
CAPOL INTERNATIONAL & ASSOCIATES GROUP

华阳国际设计集团(公司简称:华阳国际,股票代码:002949)总部位于深圳,现已形成由深圳/香港(CAN)/广州/上海/长沙/武汉/海南/广西/江西等区域公司以及粤东/粤西/东莞/珠海/惠州/佛山等城市公司、造价咨询公司、建筑产业化公司、华阳国际城市科技公司、华泰盛工程建设公司、东莞建筑科技产业园公司、东莞润阳联合智造公司组成的,覆盖建筑全产业链的集团公司,业务范围全面覆盖规划、设计、造价咨询、装配式建筑、BIM技术研究、生产制造、施工建设、全过程工程咨询、代建及工程总承包等建筑领域,员工规模超5000人。

二十年来,我们心怀创作理想、执着实践,始终坚持设计是本源,探索有态度有品位的原创建筑主张,构建类型建筑的创作体系。

我们持续创变,探索设计更多可能性、更大化价值,从平台化运作到产业链资源,兼得大平台的产业优势、技术资源,和小团体的活力、高效。

「综合体类」

在影响数亿人的时代命题,用设计赋予土地新意,施展城市抱负

「医疗类」

治愈系建筑空间,以人性关怀解题中国就医问题

「教育类」

研发迭代教育综合体,用建筑空间提升中国教育未来

「办公类」

以建筑城市的角色,创造有价值的公共空间和地标

「产业园类」

在开放X生态X场所精神中,创作复合产业园新意

「豪宅类」

持续引领豪宅潮流,持续用设计为土地增值

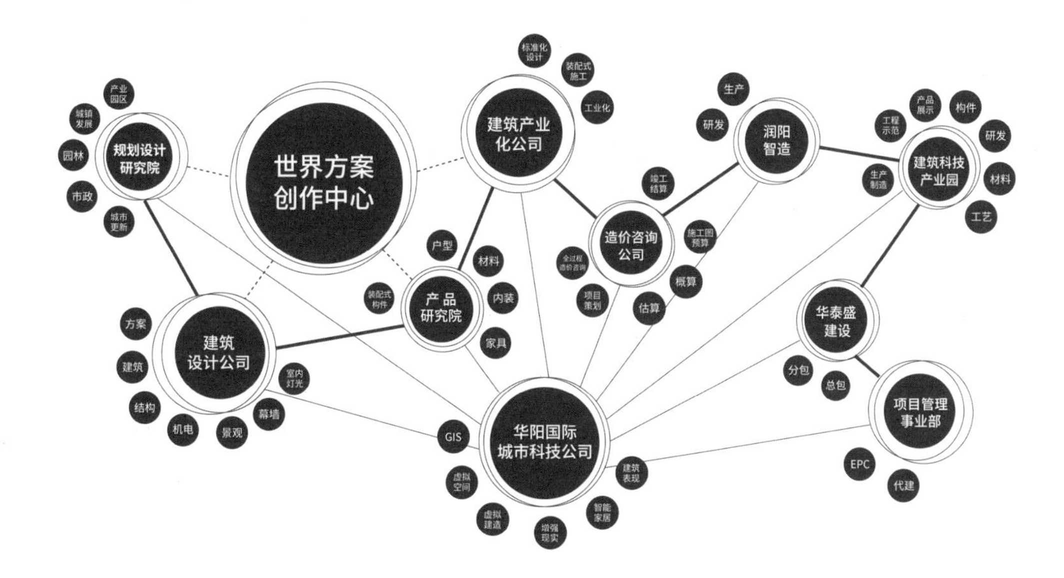

CAPOL 華陽國際

概念方案设计：AECOM

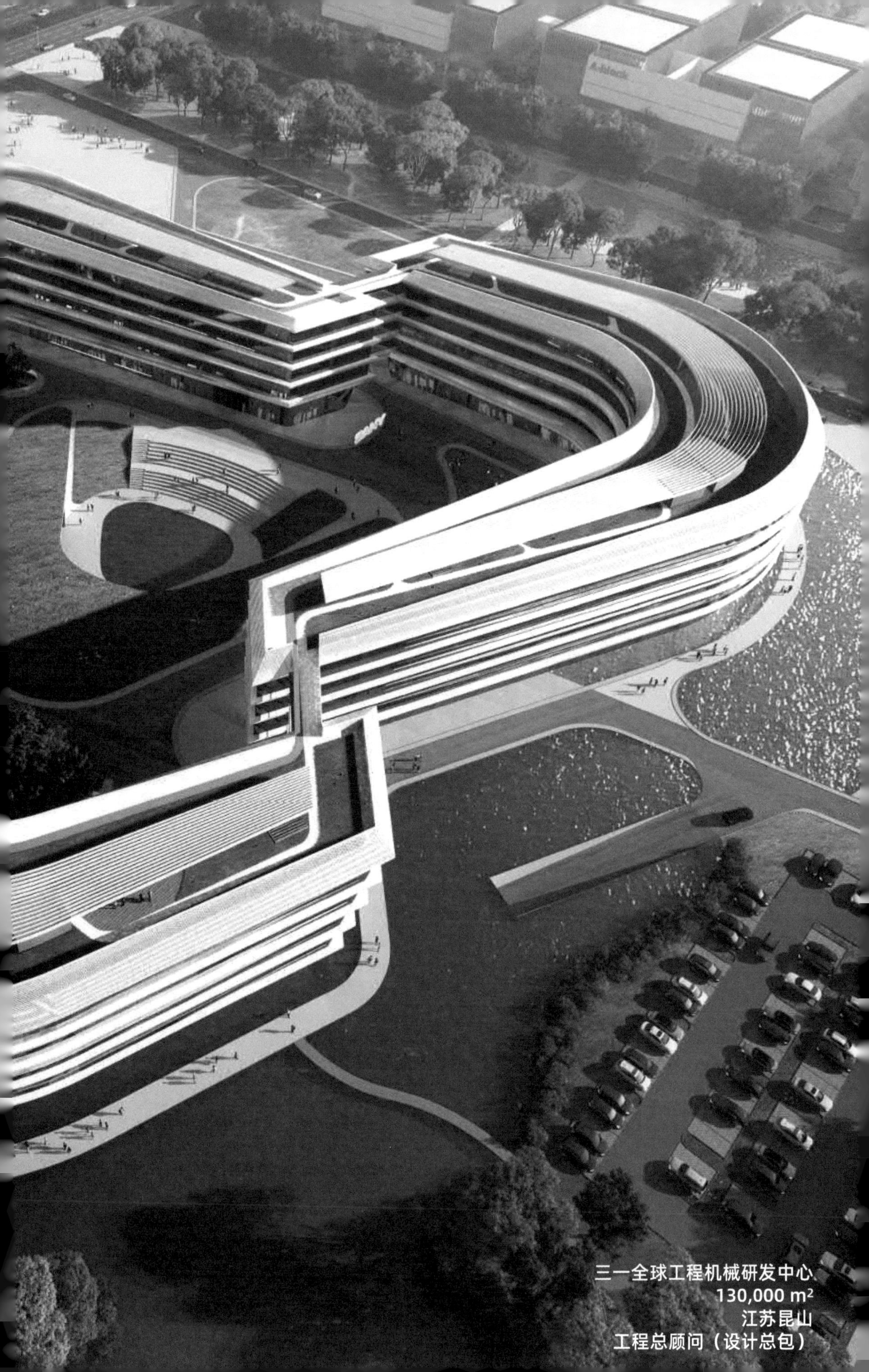

三一全球工程机械研发中心
130,000 m^2
江苏昆山
工程总顾问（设计总包）

中建科技有限公司简介

上图：深圳市坪山高新区综合服务中心项目

该项目为汉唐时期群落式建筑风格，占地面积86777m²，总建筑面积133322m²，由中建科技有限公司作为EPC工程总承包，结合装配式建筑的产业特点，创新提出并采用REMPC 五位一体工程总承包建造模式建设。项目先后获得广东省、深圳市双优工地、优质结构、装配式示范项目，深圳市绿色施工等荣誉奖项。

中建科技有限公司（以下简称“中建科技”）是全球著名建设投资企业——中国建筑股份有限公司的全资子公司，是中国建筑发展绿色智慧装配式建筑的产业平台和技术研发平台。

中建科技成立以来，以绿色智慧装配式建筑业务为核心，大力发展绿色建筑、装配式建筑、节能建筑、模块化建筑、被动式建筑、新型建筑材料，致力于打造集投资、规划、设计、生产、施工、运营、维护于一体的全生命期的绿色产业链。公司拥有装配式建筑设计研究院、装配式建筑技术研究院和绿色生态城研究院等科研机构，技术实力强劲，负责主持国家“十三五”绿色建筑与建筑工业化重大专项多个课题，主、参编装配式建筑领域的四大国家技术标准和多个省市技术标准，研发形成《中建科技装配式建筑技术标准》，系统打造了中建特色的绿色智慧装配式建筑产品成套技术。中建科技通过全面推行“设计、生产、装配一体化，建筑、结构、机电、装修一体化，技术、管理、市场一体化”的“三个一体化”理念，构建了装配式建筑全产业链合作平台，现已在全国15个省（直辖市）形成良好经营态势，并以工程总承包模式中标、建造了深圳长圳百万平米装配式建筑人才安居工程、深圳坪山15万m^2的装配式会展中心项目、南京一中15万m^2的装配式建筑新校区项目、造价达81亿元的绵阳科技城装配式综合管廊等一大批装配式民用建筑、公共建筑与基础设施项目，成为我国装配式建筑领域的“国家高新技术企业”和“全国首批装配式建筑产业基地”。

目前，中建科技已在建筑工业化领域成功实现了国内多个领先：获取住建部授牌成立“新型建筑工业化集成建造研究中心”，拥有装配式建筑设计研究院，全面引进德国PC工厂综合生产线，率先实施装配式建筑“REMPC五化一体”工程总承包模式，率先组织实施PC装配式被动房项目和PS装配式被动房项目，率先运用超低能耗被动式技术实施既有建筑节能改造。

CSCEC

中建科工

中建科工集团有限公司（原中建钢构有限公司）是中国著名的钢结构产业集团、国家高新技术企业、国家知识产权示范企业，隶属于世界500强中国建筑股份有限公司。

中建科工紧紧围绕可持续高质量发展目标，构建科技与工业核心“双引擎”，探索“产品+服务”的创新发展路径，不断延伸业务领域，向建筑工业化、智能化、绿色化迈进，致力于打造“创新型、资本型、全球型”企业。

配式·住宅系列
装配式·学校系列
②
③
④
装配式·医院系列
装配式·产业园系列

致谢

本书在编辑出版过程中，得到多位装配式建筑理论与实践领域的专家支持，每个案例的全部信息整理，呈现形式的打磨与优化，内在EPC思想的表达与推敲，均得到各位专家的大力支持。借此，我们深表感谢，他们是（排名不分先后）：

中建集团战略研究院特聘研究员、中建技术中心首席专家叶浩文，中建科技集团有限公司总建筑师樊则森；

中建科工集团有限公司（原中建钢构）总经理戴立先，装配式建筑事业部总经理许航；

香港中文大学朱竞翔教授，元远建筑项目经理、香港中文大学建筑学院高级研究员何英杰；

中建科技集团有限公司深圳分公司副总经理孙晖，唐智荣博士；

中国中冶装配式建筑（上海）技术研究院首席研究员刘威；

中国建筑西南设计研究院建筑工业化设计研究中心执行总工程师邓世斌，吴靖高级工程师；

华阳国际设计集团董事长唐崇武，集团副总裁龙玉峰；

上海建科建筑设计院有限公司书记、常务副总经理董浩明，梁晓丹高级工程师；

龙信建设集团有限公司副总经理、建筑设计研究院院长龚咏晖，汤冲高级工程师；

中国建设科技集团上海中森建筑与工程设计顾问有限公司装配式工程研究院院长李新华；

此外，还要由衷感谢对书中案例进行精彩点评的各位专家：深圳大学建筑与城市规划学院院长范悦教授、中国建筑标准设计研究院有限公司刘东卫总建筑师、同济大学现代预应力/预制结构研究室主任薛伟辰教授、中国建筑科学研究院黄小坤研究员、深圳市建筑设计研究总院有限公司装配式建筑工程研究院院长唐大为总建筑师、中国中建设计集团有限公司赵中宇总建筑师、中建建筑八局有限公司首席专家邓明胜、中国建筑一局有限公司副总工程师杨晓毅、上海中森建筑与工程设计顾问有限公司董事长严阵、中建丝路建设投资有限公司总工程师令狐延。专家们的点评全面，观点新颖，为读者更为全面深入理解装配式建筑EPC总包大有裨益。

特别感谢孟建民院士为本书作序，孟院士寄语装配式建筑EPC总包的新型建造方式与管理模式，并将其提升至方法论层面，为未来全专业协同，全过程统合点明了方向，提升了理论与实践高度。

衷心感谢中国建筑学会工业化建筑学术委员会主任娄宇大师、温凌燕博士，中国建筑学会建筑产业现代化发展委员会主任叶浩文先生、秘书长叶明先生、姜楠博士，安必安新材料集团有限公司顾骁先生，上海宾孚数字科技集团翟超先生，为本书的出版给予大力支持。

感谢北京交通大学建筑与艺术学院胡映东老师、同济大学建筑城规学院胡向磊老师、建筑师马树新先生、姜延达先生、廖方先生、王丹先生，对本书的修改提出许多很好的建议。感谢肖毅、李华坤、武涛、郑樊登、丁洪平、刘继、郑晓磊，为案例提供了部分素材和整理工作；也感谢尹亚东、许锐、杨胜乾、曾春生、贾霄、周萌、金磊、王威等同学积极参与。

感谢中国建筑出版传媒有限公司（中国建筑工业出版社）对丛书的大力支持，感谢副社长欧阳东先生、李东女士、陈夕涛先生、徐昌强先生为书稿付出的辛勤努力和巨大帮助。

最后向“装配式建筑”丛书的读者致敬，感谢您们的支持，希望多提宝贵意见，大家的支持是我们丛书编著的动力和鞭策。

图书在版编目（CIP）数据

装配式建筑EPC总包管理 = Prefabricated Building EPC Management / 齐奕，顾勇新编著．—北京：中国建筑工业出版社，2020.10

（装配式建筑丛书 / 顾勇新主编）

ISBN 978-7-112-25316-6

Ⅰ.①装… Ⅱ.①齐… ②顾… Ⅲ.①建筑工程－承包工程－工程管理 Ⅳ.①TU723

中国版本图书馆CIP数据核字（2020）第127929号

国家自然科学基金青年基金项目（51908360）资助
广东省自然科学基金项目（2018A030310430）资助

责任编辑：李　东　陈夕涛　徐昌强
责任校对：张　颖

装配式建筑丛书
丛书 主　编　顾勇新
丛书 副主编　胡映东

装配式建筑EPC总包管理
Prefabricated Building EPC Management
齐　奕　顾勇新　编著

*

中国建筑工业出版社出版、发行（北京海淀三里河路9号）
各地新华书店、建筑书店经销
北京锋尚制版有限公司制版
临西县阅读时光印刷有限公司印刷

*

开本：787毫米×1092毫米　1/16　印张：17¾　字数：452千字
2021年3月第一版　2021年3月第一次印刷
定价：**98.00**元
ISBN 978-7-112-25316-6
（36093）